国家示范（骨干）高职院校重点建设专业

优质核心课程系列教材

数字电子技术案例教程

主　编　刘晓阳　王　平

副主编　李　翠　滕丽丽　康存勇
邱迎迎　闫　青　陈建忠

中国水利水电出版社
www.waterpub.com.cn

内 容 提 要

"数字电子技术"是高职院校工科类特别是电类各专业必修的一门专业基础课，目的是使学生掌握数字电路的基本知识、基本元件、基本电路单元及其分析方法，使学生具备初步的数字集成电路的分析与开发能力。

本书以案例教学为特色，根据高职高专教学的基本要求，在保证知识体系完整的基础上，共穿插介绍了数字电路工程实例40余个。全书内容精简、逻辑清晰、图表规范、说明性强。

全书共分为四个模块：基础篇，主要介绍数字电路基础知识、逻辑门电路；应用篇，主要介绍组合逻辑电路基本单元、时序逻辑电路基本单元、脉冲信号的产生与整形、A/D、D/A转换、半导体存储器；仿真篇，介绍了仿真软件 Multisim 及其应用；实践篇，集中介绍了多个数字电路的综合实用案例。本书既能有利于零基础的读者通读，以掌握本课程的全面内容，又方便具备一定专业知识的读者根据自身需求选读，以把握重点、查漏补缺。

本书适合高职高专电子、电气类、计算机类、机电类、通信类、自动化类等专业学生使用，也可供广大初、中级工程技术人员和对电子技术爱好的读者自学参考。

图书在版编目（CIP）数据

数字电子技术案例教程 / 刘晓阳，王平主编. -- 北京：中国水利水电出版社，2012.6
国家示范（骨干）高职院校重点建设专业优质核心课程系列教材
ISBN 978-7-5084-9388-6

Ⅰ. ①数… Ⅱ. ①刘… ②王… Ⅲ. ①数字电路－电子技术－高等职业教育－教材 Ⅳ. ①TN79

中国版本图书馆CIP数据核字(2011)第281486号

策划编辑：石永峰　责任编辑：杨元泓　加工编辑：丁 琪　封面设计：李 佳

书 名	国家示范（骨干）高职院校重点建设专业优质核心课程系列教材 数字电子技术案例教程
作 者	主 编 刘晓阳 王 平 副主编 李 翠 滕丽丽 康存勇 邱迎迎 闫 青 陈建忠
出版发行	中国水利水电出版社 （北京市海淀区玉渊潭南路 1 号 D 座 100038） 网址：www.waterpub.com.cn E-mail：mchannel@263.net（万水） sales@waterpub.com.cn 电话：（010）68367658（发行部）、82562819（万水）
经 售	北京科水图书销售中心（零售） 电话：（010）88383994、63202643、68545874 全国各地新华书店和相关出版物销售网点
排 版	北京万水电子信息有限公司
印 刷	三河市铭浩彩色印装有限公司
规 格	184mm×260mm 16 开本 15.25 印张 395 千字
版 次	2012 年 6 月第 1 版 2012 年 6 月第 1 次印刷
印 数	0001—3000 册
定 价	28.00 元

前　言

目前，高职院校工科类特别是电类各专业，普遍开设了“数字电子技术”课程，目的是使学生掌握数字电路的基本知识、元件、电路单元、分析方法，为其进行后续的数字集成电路的分析与开发能力的培养打下基础。但是作为一门专业基础课，本身基础性、预备性的知识比较多，理论性比较强，学生不大容易提起兴趣，老师也不易讲出特色。

为此，本书的主要作者近几年主持和参与了山东省教育厅高等学校教学改革立项项目“《数字电子技术》案例式教学研究”（项目编号：C05124），其初衷就是希望探索一条以实用案例为特色，理论课上突出实践性、突出应用能力培养、改进专业基础课教学的道路。教改项目结题后，于 2009 年荣获“山东省高等教育教学成果奖”。但是，由于能力和时间所限，当时的研究也存在诸多遗憾和不足，并且随着科研和实践的积累，已建成的案例库又有调整和扩充。因此，在课题基础上修订出版了本书《数字电子技术案例教程》，书中加入了作者最新教研成果和工程案例，在体例上采用更契合高职特色的项目导向、任务驱动的模式。本书由校企联合打造，作者既包括高职院校的一线教师，又加入了企业的工程技术人员。书中在保证知识体系完整的基础上，共穿插介绍了数字电路工程实例 40 余个。全书内容精简、逻辑清晰、图表规范、说明性强。

本书按照 50～70 学时编写，共分为四个模块。模块一：基础篇，主要介绍数字电路的基础知识、分立元件门电路。内容为必要的基础知识、背景知识，以理论综述、案例分析为主。模块二：应用篇，是全书的主体部分，主要介绍组合逻辑电路基本单元、时序逻辑电路基本单元、脉冲信号的产生与整形电路、A/D、D/A 转换电路、半导体存储器。篇内分设若干项目，每一项目介绍一类基本数字逻辑单元，部分项目又下设若干子项目。每一项目（子项目）分成【案例导入】→【知识链接】→【扩展应用】三段。【案例导入】为案例精讲，以开篇案例以及必要的案例分析，引出讲解内容；【知识链接】是对案例相关基本知识点、能力点进行必要讲解，前后呼应进行案例回顾；【扩展应用】对本章节相关扩展知识点进行讲解，辅以必要的补充拓展案例，同时本章节中理论性、原理性较强的知识点也放在此，本部分内容可根据课时量情况进行选讲。模块三：仿真篇，介绍了仿真软件 Multisim 和仿真实验。模块四：实践篇，集中介绍了多个数字电路的综合实用案例。

四个模块的内容既紧密联系又相对独立，因而既能有利于零基础的读者通读，以掌握本课程的全面内容，又方便具备一定专业知识的读者根据自身需求选读，以把握重点、查漏补缺。本书适合高职高专电子、电气类、计算机类、机电类、通信类、自动化类等专业学生使用，也可供广大初、中级工程技术人员和对电子技术爱好的读者自学参考。

本书由济南职业学院电子工程系刘晓阳、王平任主编。济南职业学院李翠、滕丽丽，青岛海信通信公司康存勇，宝世达控股集团有限公司邱迎迎，山东商业职业技术学院闫青，山东交通学院陈建忠等任副主编。全书由刘晓阳统稿。2012 年适逢济南职业学院“国家骨干高职院校”项目建设的启动之年。本书同时也是该项目重点建设专业——应用电子技术专业的建设成果之一。

本书在编写过程中参考了兄弟院校、相关企业和科研院所的一些教材、资料和文献，在此向有关作者一并致谢。

书中内容尚有不少待改进之处，恳请广大读者和专家批评指正。

编　者

2012 年 3 月

目　　录

前言

模块一　基础篇 ……1

项目一　数字信号与数字电路……1

一、模拟信号与数字信号……1

二、数字电路……1

项目二　数制与码制……2

一、数制……2

二、数制的转换……3

三、常用编码……5

项目三　逻辑代数基础……7

一、概述……7

二、逻辑代数基本运算……7

三、案例分析：声光控照明电路……12

项目四　逻辑函数及其化简……13

一、概述……13

二、逻辑函数的表示方法……13

三、逻辑函数表示方法的相互转换举例……14

四、逻辑代数运算规则……16

五、逻辑函数的公式化简法……18

六、逻辑函数的卡诺图化简法……20

项目五　分立元件门电路……29

一、二极管门电路……29

二、三极管门电路……32

三、MOS 管门电路……35

项目六　逻辑电路的分析与设计……37

一、组合逻辑电路概述……37

二、组合逻辑电路的分析与设计……37

三、案例分析：智能抢答器……42

项目七　逻辑电路的竞争冒险……43

一、竞争冒险的产生……43

二、竞争冒险的判别……43

三、竞争冒险的消除……44

习题一……46

模块二　应用篇……50

项目一　集成门电路……50

一、TTL 集成门电路……50

二、CMOS 集成门电路……60

项目二　加法器……68

项目三　数值比较器……73

项目四　编码器……77

项目五　译码器……80

项目六　数据选择器与分配器……88

项目七　触发器……96

一、基本 RS 触发器……96

二、时钟触发器……105

项目八　计数器……109

项目九　寄存器……126

项目十　脉冲信号的产生与整形电路……132

一、多谐振荡器……132

二、施密特触发器……138

三、单稳态触发器……143

项目十一　模/数与数/模转换电路……148

一、模/数转换电路……148

二、数/模转换电路……157

项目十二　半导体存储器……163

一、只读存储器（ROM）……163

二、随机存取存储器（RAM）……170

习题二……174

模块三　仿真篇……184

项目一　Multisim 8 概述……184

一、Multisim 8 基本介绍……184

二、Multisim 8 的安装……185

项目二　Multisim 8 窗口界面……186

一、基本界面……186

二、菜单栏……186

三、标准工具栏……193
四、元件工具栏……194
五、仪器工具栏……197
项目三　Multisim 8 操作使用方法……203
一、电路的创建……203
二、仿真实例……204
习题三……206
模块四　实践篇……207
项目一　带门铃的编码电子锁……207
一、电路分析……207
二、元器件选型与调试……208
项目二　3 位计数、译码和显示电路……209
一、电路分析……209
二、元器件选型与调试……209
项目三　红外线自控水龙头电路……212
一、电路分析……212
二、元器件选型与调试……213
项目四　数字频器计……216
一、电路分析……216
二、元器件选型与调试……218
项目五　数字电子钟……220
一、电路分析……220
二、元器件选型与调试……223
项目六　红外线遥控器……224
一、电路分析……224
二、元器件选型与调试……227
习题四……228
习题参考答案……229
习题一……229
习题二……232
参考文献……235

模块一

基础篇

项目一　数字信号与数字电路

一、模拟信号与数字信号

在自然界中有形形色色的物理量，它们性质各异，就其变化规律的特点而言，可分为两大类：数字量和模拟量。

模拟量是指物理量的变化在时间和数量上都是连续的，这种物理量一般是指模拟真实世界的物理量，如连续发出的声音、持续的光照、我们周围的温度等都在时间和空间上是连续的，处理模拟量和模拟信号的电路称为模拟电路。用波形表示时，模拟信号是一条连续的曲线，处理这类信号时，考虑的是放大倍数、频率失真、非线性失真、相位失真等，着重分析波形的形状、幅度和频率如何变化。

数字量是指物理量的变化在时间和数量上是离散的，也就是说它们的变化在时间上是不连续的，同时它们的数值每次变化都是某一最小数量单位的整数倍，处理数字量和数字信号的电路称为数字电路。用波形表示时，数字信号是一系列高、低电平组成的脉冲波，即信号总是在高电平和低电平之间来回变化，在这里，重要的是能正确区分出信号的高、低电平，并正确反应电路的输出、输入之间关系，至于高、低电平的数值精确为多少则无关紧要。

二、数字电路

（一）数字电路的特点

（1）电路结构简单，稳定可靠。数字电路只要能区分高电平和低电平即可，对元件的精度要求不高，因此有利于实现数字电路集成化。

（2）数字电路抗干扰能力强，不易受外界干扰影响。因为数字信号是采用高、低电平二值信号进行传递的。

（3）数字电路可以完成数值和逻辑两种运算，因此数字电路又称为数字逻辑电路或数字电路与逻辑设计。

（4）数字电路中的元件处于开关状态，功耗较小。

（5）数字电路具有体积小、重量轻、可靠性高、便于集成化、价格便宜等特点。

由于数字电路具有上述特点，故发展十分迅速，在计算机、数字通信、自动控制、数字仪器及家用电器等技术领域中得到广泛的应用。

（二）数字电路的分类

（1）按电路组成结构分为分立元件和集成电路两大类。其中集成电路按集成度（在一块硅片上包含的逻辑门电路或元件的数量）可分为小规模（SSI）、中规模（MSI）、大规模（LSI）和超大规模（VLSI）集成电路，如表 1.1.1 所示。

表 1.1.1　集成电路分类

集成电路分类	集成度	电路规模与范围
小规模集成电路 SSI	1～10 个门/片或 10～100 个元件/片	逻辑单元电路 包括：逻辑门电路、集成触发器
中规模集成电路 MSI	10～100 个门/片或 100～1000 个元件/片	逻辑功能部件 包括：译码器、编码器、选择器、计数器、寄存器、比较器等
大规模集成电路 LSI	>100 个门/片或>1000 个元件/片	数字逻辑系统 包括：中央处理器、存储器、串并行接口电路等
超大规模集成电路 VLSI	>1000 个门/片或>10 万个元件/片	高集成度的数字逻辑系统 例如：在一个硅片上集成一个完整的微型计算机

（2）按电路所用器件分为双极型（如 TTL、ECL、I2L、HTL）和单极型（如 NMOS、PMOS、CMOS）电路。

（3）按电路逻辑功能分为组合逻辑电路和时序逻辑电路。

项目二　数制与码制

一、数制

用数字量表示物理量的大小时，仅用一位数码往往不够，因此经常需要用进位技术的方法组成多位数码使用，把多位数码中每一位的构成方法以及从低位到高位的进位规则称为数制。日常生活中习惯用的数制是十进制，而在数字信号处理系统中进行数字的运算和处理，采用的是二进制数、八进制数、十六进制数。

（一）十进制数

十进制数是人们日常生活中最常使用的计数进位制。在这种计数进位制中，每一位由 0～9 十个数码中的一个组成，计数基数为 10，按照“逢十进一”的规律排列起来，表示数的大小。

例如：$152.25=1\times10^2+5\times10^1+2\times10^0+2\times10^{-1}+5\times10^{-2}$

因此，对任一个十进制的正整数$[N]_{10}$可以表示为

$$[N]_{10}=K_{n-1}\times10^{n-1}+K_{n-2}\times10^{n-2}+\cdots+K_1\times10^1+K_0\times10^0=\sum_{i=0}^{n-1}K_i\times10^i \tag{1.2.1}$$

式中：K_i 为第 i 位的系数，它是 0～9 十个数码中任意一个；10^i 为第 i 位的权，这个表达式也就是数字的加权系数之和的形式。

（二）二进制数

在数字电路中应用最广的则是二进制，因为构成计数电路的基本想法是把电路的状态与数码对应起来，十进制数需要 10 个数码，要找到区分 10 种状态的器件与之对应，是十分困难的，但要找到能够区分两种状态的器件就很多。例如灯泡的亮与灭；开关的接通与断开；晶体管的饱和与截止等。二进制中每位由 0 和 1 两个数码组成，计数的基数是 2，计数规律是“逢二进一”即 1+1=10（读作“壹零”）。二进制数各位的权为 2 的幂。

所以，一个 n 位二进制数$[N]_2$的按权展开式为

$$[N]_2 = K_{n-1}\times 2^{n-1} + K_{n-2}\times 2^{n-2} + \cdots + K_1\times 2^1 + K_0\times 2^0 = \sum_{i=0}^{n-1} K_i\times 2^i \qquad (1.2.2)$$

式中：K_i 为第 i 位的系数，它是 0 或 1 两个数码中任意一个；2^i 为第 i 位的权。

用这个方法也就计算出它表示的十进制数的大小。

例如：$[10111.1]_2=[1\times2^4+0\times2^3+1\times2^2+1\times2^1+1\times2^0+1\times2^{-1}]_{10}=(16+0+4+2+1+0.5)_{10}=(23.5)_{10}$

从上例可以看出，采用二进制数便于机器识别和运算，但位数太长，人们既难记忆，又不便于读写。所以在数字系统中为了便于读写，有时用八进制或十六进制数表示二进制数。

（三）八进制数

八进制数的基数是 8，每位采用 0～7 八个数码。计数规律是“逢八进一”。八进制数各位的权为 8 的幂。

所以，一个 n 位八进制数$[N]_8$的按权展开式为

$$[N]_8 = K_{n-1}\times 8^{n-1} + K_{n-2}\times 8^{n-2} + \cdots + K_1\times 8^1 + K_0\times 8^0 = \sum_{i=0}^{n-1} K_i\times 8^i \qquad (1.2.3)$$

例如：$[234]_8=[2\times8^2+3\times8^1+4\times8^0]_{10}=[128+24+4]_{10}=[156]_{10}$

（四）十六进制数

十六进制数的基数是 16，采用 0～9 和 A～F 十六个数码。其中，A 到 F 表示 10 到 15。计数规律是“逢十六进一”。十六进制数各位的权为 16 的幂。

所以，一个 n 位十六进制数$[N]_{16}$的按权展开式为

$$[N]_{16} = K_{n-1}\times 16^{n-1} + K_{n-2}\times 16^{n-2} + \cdots + K_1\times 16^1 + K_0\times 16^0 = \sum_{i=0}^{n-1} K_i\times 16^i \qquad (1.2.4)$$

例如：$[9C.3]_{16}=[9\times16^1+12\times16^0+3\times16^{-1}]_{10}=[156.1875]_{10}$

二、数制的转换

（一）二进制数、八进制数、十六进制数转换为十进制数

在进行转换时只要将二进制数、八进制数、十六进制数按权展开形式展开，然后把各项的数值按十进制数进行相加，就可以得到等值的十进制数。

例如，二—十进制转换：

$[101.01]_2=[1\times2^2+0\times2^1+1\times2^0+1\times2^{-2}]_{10}=(4+0+1+0.25)_{10}=(5.25)_{10}$

（二）十进制数转换为二进制数

1. 整数部分的转换（除二取余法）

方法：把十进制数逐次地用 2 除，取余数，一直除到商数为零。然后将每次所得到的余数从后向前排列倒序读出，即为所求的二进制整数。

【例 1.2.1】 将十进制整数$[75]_{10}$转换为二进制数。

解

除法	余数	
2 | 75		
2 | 37	……………1	最低位
2 | 18	……………1	↑
2 | 9	……………0	
2 | 4	……………1	
2 | 2	……………0	
2 | 1	……………0	
0	……………1	最高位

所以$[75]_{10}=[1001011]_2$

2. 小数部分的转换（乘二取整法）

方法：用 2 逐次乘以十进制数小数，取其整数，直到小数为 0 或达到转换所要求的精度为止。然后将所得的整数从高到低正序读出。

【例 1.2.2】 将十进制小数$[0.875]_{10}$转换为二进制数。

解

0.875 × 2 = 1.750	………1	最高位
0.750 × 2 = 1.500	………1	↓
0.500 × 2 = 1.000	………1	最低位

所以，$[0.875]_{10}=[0.111]_2$

十进制数转换为八进制数、十六进制数过程比较繁琐，一般先将十进制数转换为二进制数，再转换为八进制数、十六进制数。

3. 二进制数转换为八进制数

由于 3 位二进制数恰好有 8 个状态，因此把 3 位二进制数看作一个整体，恰好是逢八进一，即可以看作一位八进制数。转换时将二进制数从小数点开始，分别向两侧每 3 位一组，若整数最高位不足一组，在左边加 0 补足一组，小数最低位不足一组，在右边加 0 补足一组，然后将每组二进制数转换为八进制数，组成的数既是该数的八进制数。反之可以把一位八进制数视为 3 位二进制数。

【例 1.2.3】 将二进制数$[1101101010.0110101]_2$转换为八进制数。

解 $[1101101010.0110101]_2=[001/101/101/010.011/010/100]_2=[1552.324]_8$

【例 1.2.4】 将八进制数$[236.74]_8$转换为二进制数。

解 $[236.74]_8=[010011110.111100]_2=[10011110.1111]_2$

4. 二进制数转换为十六进制数

由于 4 位二进制数恰好有 16 个状态，因此把 4 位二进制数看作一个整体，恰好是逢十六进一，即可以看作一位十六进制数。转换时将二进制数从小数点开始，分别向两侧每 4 位一组，若整数最高位不足一组，在左边加 0 补足一组，小数最低位不足一组，在右边加 0 补足一组，然后将每组二进制数转换为十六进制数，组成的数既是该数的十六进制数。反之可以把一位十六进制数视为 4 位二进制数。

【例 1.2.5】 将二进制数$[1101101010.0110101]_2$ 转换为十六进制数。

解 $[1101101010.0110101]_2=[0011/0110/1010.0110/1010]_2=[36A.6A]_{16}$

【例 1.2.6】 将十六进制数$[A6C.63]_{16}$ 转换为二进制数。

解 $[A6C.63]_{16}=[101001101100.01100011]_2$

三、常用编码

不同的数码不仅可以表示数量的不同大小，而且还能用来表示不同的事物。在后一种情况下，这些数码已没有表示数量大小的含意，只是表示不同事物的代号而已，这些数码称之为代码。

例如，在举行长跑比赛时，为便于识别运动员，通常给每个运动员编一个号码。显然这些号码仅仅表示不同的运动员，已失去了数量大小的含意。

在数字电路中，我们常用二进制数表示各种文字、符号等信息，这样的过程叫做编码，用来进行编码之后的二进制数码称为二进制代码。编制代码要遵循一定的规则，规则不同，编码的形式也就很多，这里只介绍常见的二一十进制（BCD）码和格雷码。

（一）二一十进制（BCD）码

二一十进制（BCD）码，是用 4 位二进制数表示一位十进制数的编码方式。因为 4 位二进制代码有 $2^4=16$ 种状态组合，若从中取出 10 种组合表示 0～9 可以有多种方式。因此 BCD 码有多种。表 1.2.1 列出几种常用的二一十进制（BCD）码。

表 1.2.1 几种常用的二一十进制（BCD）码

十进制数	有权码					无权码
	8421 码	5421 码（a）	5421 码（b）	2421 码（a）	2421 码（b）	余 3 码
0	0000	0000	0000	0000	0000	0011
1	0001	0001	0001	0001	0001	0100
2	0010	0010	0010	0010	0010	0101
3	0011	0011	0011	0011	0011	0110
4	0100	0100	0100	0100	0100	0111
5	0101	0101	1000	0101	1011	1000
6	0110	0110	1001	0110	1100	1001
7	0111	0111	1010	0111	1101	1010
8	1000	1011	1011	1110	1110	1011
9	1001	1100	1100	1111	1111	1100

1. 8421 码

8421 码是一种有权代码，是使用最多的一种编码，在用 4 位二进制数码表示一位十进制数时，每一位二进制数的权从高位到低位依次为 8、4、2、1。

【例 1.2.7】 将十进制数$[168]_{10}$用 8421BCD 码表示。

解 $[168]_{10}=[000101101000]_{8421BCD}=[101101000]_{8421BCD}$

【例 1.2.8】 将 8421BCD 码[10000111.0110]用十进制数表示。

解 $[10000111.0110]_{8421BCD}=[87.6]_{10}$

2. 5421 码

5421 码也是一种有权代码，在用 4 位二进制数码表示一位十进制数时，每一位二进制数的权从高位到低位依次为 5、4、2、1。这种编码有两种形式 5421（a）码和 5421（b）码，见表 1.2.1。

【例 1.2.9】 将十进制数 168 用 5421（b）BCD 码表示。

解 $[168]_{10}=[000110011011]_{5421(b)BCD}$

3. 2421 码

2421 码也是一种有权代码，在用 4 位二进制数码表示一位十进制数时，每一位二进制数的权从高位到低位依次为 2、4、2、1。因此它也有两种编码方式，分为 2421 码（a）和 2421 码（b），见表 1.2.1。

4. 余 3 码

余 3 码是一种无权代码，也是 4 位二进制数码表示，与 8421 码相比，对应同样的十进制数，但多出$[0011]_2$，即$[3]_{10}$，因此称余 3 码。

【例 1.2.10】 将十进制数 168 用余 3 码表示。

解 $[168]_{10}=[010010011011]_{余3码}$

（二）格雷码

格雷码是一种无权码，即各位表示的 0 和 1 已经没有固定的权值，其优点是任意两个相邻的码只有一位不同，其余的各位数码均相同。

一位格雷码与一位二进制数码相同，是 0 和 1。由一位格雷码得到两位格雷码的方法是将一位格雷码的 0 和 1 以虚线为轴折叠，反射出 1、0，然后在虚线上方的数字前面加 0，虚线下方数字前面加 1，便得到了两位格雷码 00、01、11、10，分别表示十进制数 0～3。同样的方法可以得到 3 位、4 位格雷码，如图 1.2.1 所示。以此类推，由此反射循环的过程生成各位的格雷码，因而格雷码又称反射循环码。

```
          二位                 三位
加        0 0                 0 0 0
0         0 1                 0 0 1
轴线  ...............         0 1 1
加        1 1                 0 1 0
1         1 0              ...............
                              1 1 0
                              1 1 1
                              1 0 1
                              1 0 0
```

图 1.2.1 格雷码

项目三　逻辑代数基础

一、概述

数字电路主要研究电路输入、输出状态之间的相互关系，即逻辑关系。分析和设计数字电路的数学工具是逻辑代数，它是英国数学家布尔于 1849 年提出的，也称布尔代数。

逻辑代数是分析和设计数字电路的一个数学工具，是学习数字电路的基础。因为在数字电路中，一位二进制数码的 0 和 1 不仅可以表示数量的大小，而且可以表示两种不同的逻辑状态。当两个二进制数码表示两个数量大小时，它们之间可以进行数值运算，这种运算成为算术运算；当两个二进制数码表示不同的逻辑状态时，它们之间可以按照指定的某种因果关系进行所谓的逻辑运算。

1894 年，英国数学家乔·布尔（George Boole）首先提出了描述客观事物逻辑关系的数学方法：布尔代数。后来由于布尔代数被广泛地应用于解决开关电路和数字逻辑电路的分析和设计中，所以又把布尔代数叫做开关代数或逻辑代数，和普通代数有一个共同的特点，就是都用英文字母 A、B、C、…、X、Y、Z 等表示变量，如：$Y=F(A、B、……)$；不同之处在于在逻辑代数中，变量的取值范围仅为 0 和 1 两个值，没有第三种可能，这种变量称为“逻辑变量”。但是在逻辑代数中，0 和 1 不再表示具体的数量大小，而只是表示两种不同的逻辑状态，如灯的亮或灭，开关的开或关，电压的高或低，晶体管的饱和或截止，事件的是或非等。除此以外逻辑代数和普通代数的运算规则也不完全相同。

二、逻辑代数基本运算

逻辑代数的基本逻辑关系有与、或、非三种，为便于理解它们的含意，就以图 1.3.1 中 3 个指示灯的控制电路为例来说明。在图 1.3.1（a）中只有当两个开关同时闭合时，指示灯才会亮；在图 1.3.1（b）电路中，只要有任意一个开关闭合，指示灯就亮；而在图 1.3.1（c）中，开关断开时灯亮，开关闭合时反而不亮。

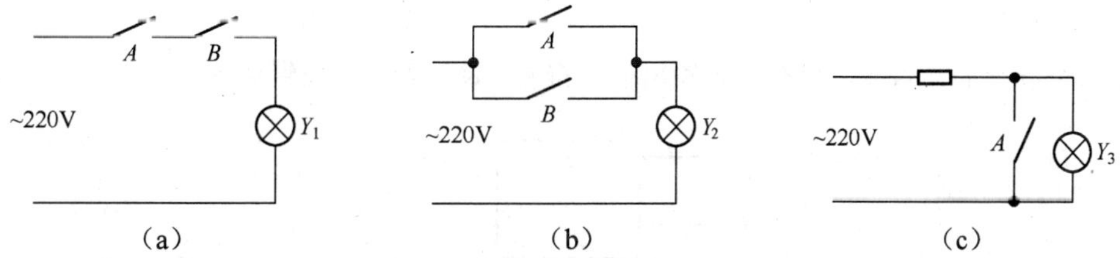

图 1.3.1　逻辑代数的基本运算举例

如果把开关闭合作为条件（或导致事物结果的原因），把灯亮作为结果，那么图 1.3.1 中的 3 个电路就代表了 3 种不同的因果关系：

图 1.3.1（a）表明，只有决定事物结果的全部条件同时具备时，结果才发生。这种因果关系叫做逻辑与，或者叫逻辑相乘。

图 1.3.1（b）表明，只要决定事物结果的诸多条件中有任何一个满足时，结果就会发生。这种因果关系叫做逻辑或，或者叫逻辑相加。

图 1.3.1（c）表明，只要条件具备了，结果便不会发生，而条件不具备时，结果一定发生。这种因果关系叫做逻辑非，或者叫逻辑求反。

图 1.3.1 对应的功能表如表 1.3.1 所示。

表 1.3.1　图 1.3.1 电路的功能表

开关 A	开关 B	灯 Y_1	灯 Y_2	灯 Y_3
断开	断开	灭	灭	亮
断开	闭合	灭	亮	
闭合	断开	灭	亮	灭
闭合	闭合	亮	亮	

若以 A、B 表示开关的状态，1 表示开关闭合，0 表示开关断开；以 Y 表示指示灯的状态，并以 1 表示灯亮，以 0 表示不亮，则可以列出以 0、1 表示的与或非逻辑关系的图表，如表 1.3.2 所示，这种图表叫做逻辑真值表，简称为真值表。

表 1.3.2　图 1.3.1 电路的真值表

开关 A	开关 B	灯 Y_1	灯 Y_2	灯 Y_3
0	0	0	0	1
0	1	0	1	
1	0	0	1	0
1	1	1	1	

（一）与逻辑、与运算、与门

与运算也称逻辑乘。与运算的逻辑表达式为

$$Y = A \cdot B \tag{1.3.1}$$

或 $Y = AB$（“·”号可省略）。

与逻辑的运算规律为：输入有 0 得 0，全 1 得 1。

在数字电路中，用来完成与逻辑运算的电路叫与门。逻辑符号如图 1.3.2 所示。一个与门电路有两个或两个以上的输入端，只有一个输出端。符号“&”表示与逻辑运算。

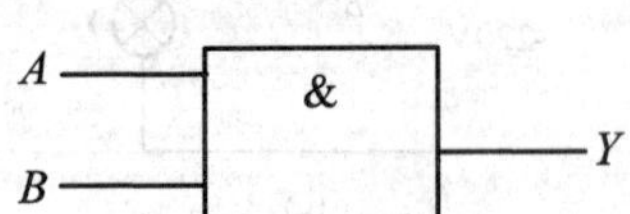

图 1.3.2　与逻辑符号

（二）或逻辑、或运算、或门

或运算也称逻辑加。或运算的逻辑表达式为

$$Y = A + B \tag{1.3.2}$$

或逻辑运算的规律为：有 1 得 1，全 0 得 0。

在数字电路中，用来完成或逻辑运算的电路叫或门。逻辑符号如图 1.3.3 所示。一个或门电路有两个或两个以上的输入端，只有一个输出端。符号“≥1”表示或逻辑运算。

（三）非逻辑、非运算、非门

非运算也称反运算。非运算的逻辑表达式为

$$Y=\overline{A} \tag{1.3.3}$$

非逻辑运算的规律为：0 变 1，1 变 0，即“始终相反”。

实现非逻辑运算的电路叫非门，逻辑符号如图 1.3.4 所示。逻辑符号中用小圆圈代表“非”，“1”表示缓冲。

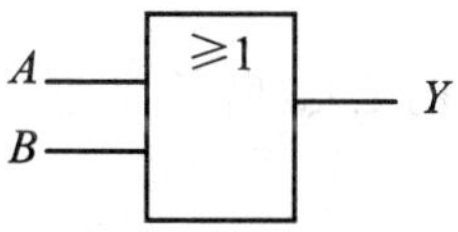

图 1.3.3　或逻辑符号

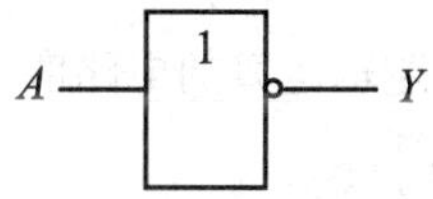

图 1.3.4　非逻辑符号

上述与门、或门、非门 3 种基本电路，是数字电路系统中最基础的逻辑元件。除此之外，将“与”、“或”、“非”3 种基本运算加以组合，还可扩展出“与非”逻辑、“或非”逻辑、“与或非”逻辑、“异或”逻辑、“同或”逻辑等多种逻辑运算。此类扩展的逻辑电路也在数字电路系统中有着广泛的应用。

（四）与非逻辑

“与非”逻辑运算是由“与”和“非”两种逻辑运算复合而成的一种复合逻辑运算，逻辑表达式为

$$Y=\overline{AB} \tag{1.3.4}$$

实现“与非”逻辑运算的电路叫“与非”门，逻辑符号如图 1.3.5 所示。

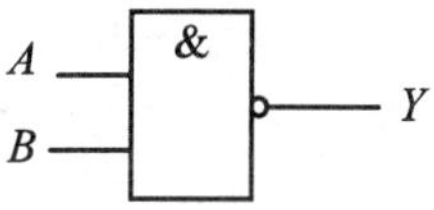

图 1.3.5　与非门逻辑符号

由表 1.3.3 与非逻辑真值表可见，只要输入变量 A、B 中有一个为 0，函数 Y 就为 1，只有输入 A、B 全为 1，输出 Y 才为 0。

表 1.3.3　与非逻辑真值表

A	B	Y
0	0	1
0	1	1
1	0	1
1	1	0

（五）或非逻辑

“或非”逻辑运算是“或”和“非”两种逻辑运算复合而成的一种复合逻辑运算。其逻辑函数为

$$Y=\overline{A+B} \tag{1.3.5}$$

由真值表 1.3.4 可见，只要变量 A、B 有一个为 1，函数 Y 就为 0，只有 A、B 全部为 0 时，输出 Y 才为 1。

表 1.3.4　或非门逻辑真值表

A	B	Y
0	0	1
0	1	0
1	0	0
1	1	0

实现“或非”逻辑运算的电路叫“或非”门，逻辑符号如图 1.3.6 所示。

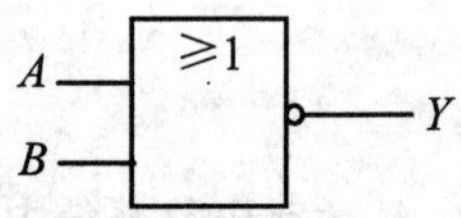

图 1.3.6　或非门逻辑符号

（六）与或非逻辑

“与或非”逻辑运算是“与”、“或”和“非”3 种逻辑运算复合而成的一种复合逻辑运算，实现与或非逻辑运算的门电路称为与或非门，如图 1.3.7 所示。

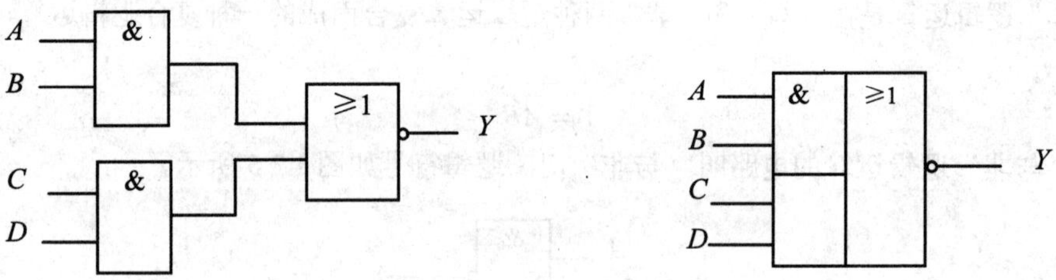

（a）与或非逻辑图　　（b）逻辑符号

图 1.3.7　与或非门

与或非逻辑的函数表达式为

$$Y = \overline{AB + CD} \tag{1.3.6}$$

与或非逻辑的真值表可由式（1.3.6）得出，如表 1.3.5 所示。由真值表得出与或非逻辑的逻辑功能是：当输入端的任何一组全为 1 时，输出为 0；只有任何一组输入有 0 时，输出端才为 1。

表 1.3.5　与或非门逻辑真值表

A	B	C	D	Y
0	0	0	0	1
0	0	0	1	1
0	0	1	0	1
0	0	1	1	0
0	1	0	0	1
0	1	0	1	1
0	1	1	0	1

续表

A	B	C	D	Y
0	1	1	1	0
1	0	0	0	1
1	0	0	1	1
1	0	1	0	1
1	0	1	1	0
1	1	0	0	0
1	1	0	1	0
1	1	1	0	0
1	1	1	1	0

（七）异或逻辑和同或逻辑

在决定事件发生的各种条件中，有奇数个条件具备时事件就会发生，这种因果关系叫异或逻辑运算；有偶数个条件具备时事件就会发生，这种因果关系叫同或逻辑运算。异或逻辑和同或逻辑互为反函数，因而同或逻辑运算又称为异或非逻辑运算。它们的逻辑符号如图 1.3.8 所示。

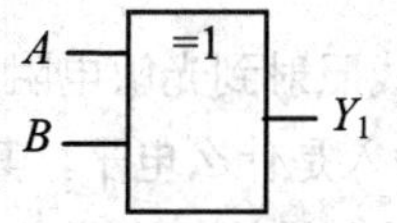

（a）异或逻辑符号

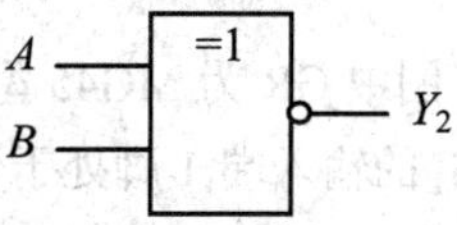

（b）同或逻辑符号

图 1.3.8　同或、异或门电路

异或逻辑函数表达式为

$$Y_1 = A\overline{B} + \overline{A}B\text{，通常写作 } Y_1 = A \oplus B \tag{1.3.7}$$

同或逻辑函数表达式为

$$Y_2 = AB + \overline{A}\,\overline{B}\text{，通常写作 } Y_2 = A \odot B \tag{1.3.8}$$

符号“⊕”表示异或运算，符号“⊙”表示同或运算。根据公式（1.3.7）和（1.3.8），可简单归纳异或逻辑的特性为“输入变量同态为 0、异态为 1”，反之同或逻辑的特性为“输入变量同态为 1、异态为 0”。其真值表如表 1.3.6 所示，查表可更直观的反映此类运算的特性。

表 1.3.6　异或、同或逻辑真值表

A	B	Y_1	Y_2
0	0	0	1
0	1	1	0
1	0	1	0
1	1	0	1

三、案例分析：声光控照明电路

如图 1.3.9 所示电路中，VD_3－VD_6 为整流电路，R_7、C_3、VD_2 组成滤波电路，三极管 VT_1 从 R_2 获得正向偏置。

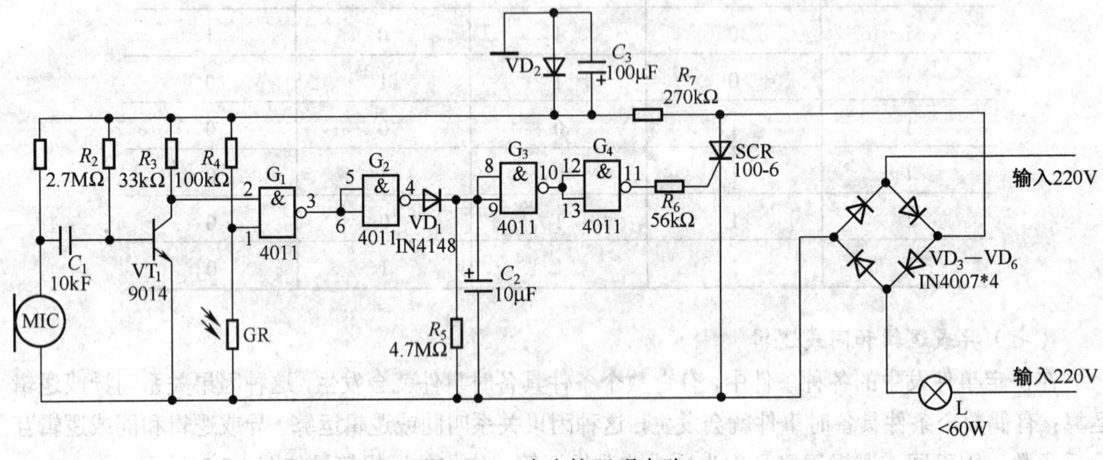

图 1.3.9　声光控照明电路

电路分析：图中 GR 为 MG45 型光敏电阻。当有较强光线照射到光敏电阻 GR 上时，GR 阻值变小，与非门 G_1 的输入端 1 脚处于低电平，此时不管 2 脚输入是什么电平，其输出端 3 脚均为高电平，与非门 G_2 输出端为低电平，此时，与非门 G_3 的两个输入端为低电平，其输出端为高电平，与非门 G_4 输出端为低电平，晶闸管 SCR 是关断的，电灯 L 不亮。

当光线较弱时，光敏电阻 GR 阻值变大，近似于断开状态，与非门 G_1 的输入端 1 脚处于高电平状态，但如果没有声音信号，驻极体话筒 MIC 阻值较大，三极管 VT_1 的基极电位较高，VT_1 呈导通状态，与非门 G_1 的输入端 2 脚处于低电平，与非门 G_1 输出端仍高电平，电灯不亮。

只有光线较弱且有声音信号存在时，声音信号使得 MIC 产生电信号。此信号经 C_1 耦合到三极管 VT_1 的基极，使 VT_1 瞬间截止，与非门 G_1 的 2 脚输入为高电平，这时与非门 G_1 的两个输入端都是高电平，输出端为低电平，与非门 G_2 输出为高电平，使 VD_1 导通，C_2 迅速充电，与此同时，与非门 G_3 输入端为高电平，输出端为低电平，与非门 G_4 输出端为高电平，使得晶闸管 SCR 经 R_6 获得高电平而导通，电灯 L 点亮。

一般的声音信号存在时间较短，所以 VT_1 的截止时间较短，但灯 L 要求有一定的点亮时间，这就需要一定的时间延迟，其工作过程是：当声音信号消失后，与非门 G_1 输入端 2 脚恢复到低电平状态，与非门 G_1 的输出端变为高电平，与非门 G_2 的输出为低电平，VD_1 截止，这时充足了电的 C_2 开始时仍有电压，其高电位加到与非门 G_3 的输入端，使与非门 G_3 输出为低电平，与非门 G_4 输出为高电平，L 继续点亮，同时 C_2 通过 R_5 开始放电，随着时间的推移，C_2 两端的电压逐渐降低，当低到一定电平时，促使与非门 G_3 的输入端为低电平而输出变为高电平，SCR 立即关断，电灯 L 熄灭。

项目四 逻辑函数及其化简

一、概述

（一）逻辑函数及其运算顺序

在数字逻辑电路中，如果输入变量 A、B、C…的取值确定之后，输出变量 Y 的值也被唯一地确定了；或者说，如果某逻辑变量 Y 是由其他逻辑变量 A、B、C…经过有限个基本逻辑运算确定的，那么 Y 就称作是 A、B、C…的逻辑函数。逻辑函数的一般表达式可以写为 $Y=f(A、B、C\cdots)$，它的基本运算是与、或、非。但在实际的运用中，往往是多种运算组合构成一种复杂的运算形式。

在一个逻辑函数中，往往包含有几种基本逻辑运算，在执行这些运算时应按照一定的顺序进行。逻辑运算的优先顺序规定如下：当式中有括号时，先进行括号里的运算；没有括号时，按非、与、或的次序依次进行。同或、异或运算的优先级介于与、或之间。

（二）逻辑函数相等的概念

所谓 Y_1 和 Y_2 这两个函数相等是指两个逻辑函数 Y_1 和 Y_2 都含有 n 个变量，对应 n 个输入变量的全部取值组合，输出函数 Y_1 和 Y_2 的值相等；两个相等的函数应当具有相同的真值表，这也是证明逻辑函数相等的一个最简单的方法。

【例 1.4.1】 证明 $Y_1 = A + BC$，$Y_2 = (A+B)(A+C)$ 相等。

解 将 3 个变量 A、B、C 的 8 种取值组合（$2^3=8$），分别代入逻辑函数表达式中进行计算，求得对应的 Y_1 和 Y_2 的值，即得表 1.4.1 所示的真值表。

表 1.4.1 例 1.4.1 真值表

A	B	C	$A+BC$	$(A+B)(A+C)$
0	0	0	0	0
0	0	1	0	0
0	1	0	0	0
0	1	1	1	1
1	0	0	1	1
1	0	1	1	1
1	1	0	1	1
1	1	1	1	1

由于真值表中两表达式的结果完全相同，所以 $Y_1 = Y_2$。

二、逻辑函数的表示方法

逻辑函数有多种表示方法，通常有逻辑函数真值表、表达式、逻辑图、卡诺图、波形图等 5 种。它们各有特点，而且可以相互转换。

（一）逻辑表达式

逻辑函数表达式是指用与、或、非等基本的和常用的逻辑运算来表示逻辑变量之间关系的代数式。逻辑函数表达式有多种形式，如式（1.3.1）～式（1.3.8）都是最基本的逻辑函数表达式。逻辑函数表达式简称逻辑表达式、或逻辑式、或表达式。

优点是书写简洁、方便，可以用公式和定理十分灵活的进行运算；缺点是在逻辑函数比较复杂时，难以直接从变量取值看出函数的值，没有真值表和卡诺图直观。

（二）真值表

真值表是将输入变量的各种可能取值和对应的函数值，以表格的形式一一列举出来，这种表格就叫做真值表。每一个变量均有 0、1 两种取值，n 个变量共有 2^n 种不同取值，将其按顺序(一般按二进制数递增规律)排列起来，同时在相应位置写上函数的值，便可得到逻辑函数的真值表。如项目三中就列举了很多真值表。

优点是能够直观、明了地反映了变量取值和函数值之间的对应关系。而且从实际的逻辑问题写真值表也比较容易。缺点主要是，变量多时，写真值表比较繁琐。

（三）逻辑电路图

逻辑电路图是用相应的逻辑符号将逻辑函数式的运算关系表示出来得到的图形，简称逻辑图。如图 1.3.2～图 1.3.8 就是最简单的逻辑图。

优点是逻辑符号和实际电路、器件有着明显的对应关系，能方便的按逻辑图构成实际电路图；缺点是不能用公式和定理进行运算和变换，所表示的逻辑关系没有真值表和卡诺图直观。

（四）卡诺图

卡诺图可以说是真值表的一种方块图表示形式，只不过变量取值必须按照格雷码的顺序排列而已，与真值表有严格的一一对应关系，因此也叫做真值方格图。它将在后续章节中详述。

（五）波形图

如果已知输入变量取值随时间变化的波形，就可以根据逻辑函数表达式、真值表、逻辑图表达的逻辑关系，画出输出变量随时间变化的波形。这种能反映输入变量和输出变量随时间变化的图形称为波形图，又叫时序图。如图 1.4.1 所示是表达式 $Y=AB+BC+AC$ 波形图。

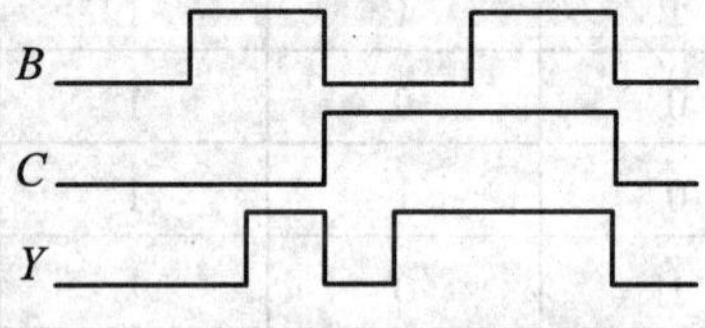

图 1.4.1　$Y=AB+BC+AC$ 波形图

波形图能直观的表达出变量和函数之间随时间变化的规律，可以帮助掌握数字电路的工作情况和诊断电路故障。

三、逻辑函数表示方法的相互转换举例

（一）真值表与表达式的转换

1. 已知逻辑函数表达式列真值表

根据逻辑函数表达式确定输入变量个数（n）以及真值表的行数（有 2^n 行），输入变量取值按

二进制数排列。然后，将每一行的输入变量取值代入逻辑函数表达式，求出输出变量的值，列在真值表的右侧即得到我们要求的真值表。

【例 1.4.2】 列出逻辑函数表达式 $Y = A\overline{B}C + B + \overline{A}C$ 的真值表。

解 因为有 3 个输入变量 A、B、C，则真值表有 $2^3 = 8$ 行，然后，将输入变量的所有组合代入逻辑函数表达式进行计算，得到真值表如表 1.4.2 所示。

表 1.4.2 例 1.4.2 真值表

A	B	C	Y
0	0	0	0
0	0	1	1
0	1	0	1
0	1	1	1
1	0	0	0
1	0	1	1
1	1	0	1
1	1	1	1

2. 已知真值表求表达式

根据真值表中输入变量和输出变量的对应关系，先确定输出变量等于 1 的行，再将等于 1 的每一行的输入边量写成一个乘积项，每个乘积项中输入变量取值为 1 的，写成原变量，输入变量取值为 0 的，写成反变量。再将输出变量等于 1 的几个乘积项相加即得与或表达式。

【例 1.4.3】 已知真值表如表 1.4.3 所示，试写出其表达式。

表 1.4.3 例 1.4.3 真值表

A	B	Y
0	0	0
0	1	1
1	0	1
1	1	0

解 $Y = \overline{A}B + A\overline{B}$

（二）逻辑图与表达式的转换

已知逻辑函数表达式画逻辑图，根据逻辑函数的表达式和对应的门电路的关系，画出相应的逻辑图。

【例 1.4.4】 已知逻辑函数表达式 $Y = B \oplus (\overline{A}C)$，试画出其逻辑图。

解 根据逻辑函数表达式，画出逻辑图如图 1.4.2 所示。

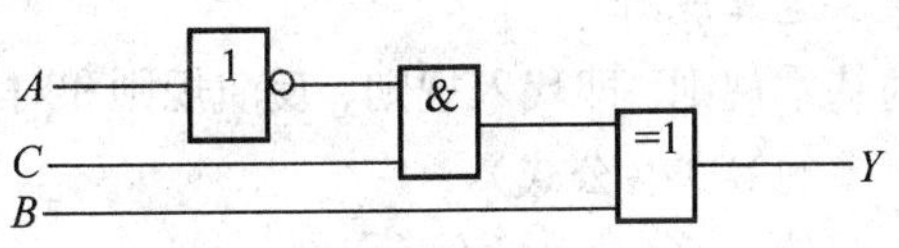

图 1.4.2 例 1.4.4 的图

已知逻辑图求逻辑函数表达式，因每一个逻辑图的输出与输入之间的关系，均可以用相应的逻辑函数表达式来表示，可以根据已知的逻辑图，从输入到输出逐级写出逻辑函数表达式即可。

四、逻辑代数运算规则

（一）逻辑代数基本公式

逻辑代数的基本公式如表 1.4.4 所示，读者可运用前述逻辑函数相等的概念加以证明。

表 1.4.4　逻辑代数基本公式

1．常量和常量的公式	$1\cdot1=1$　$1\cdot0=0$　$0\cdot1=0$　$0\cdot0=0$ $1+1=1$　$1+0=1$　$0+1=1$　$0+0=0$ $\overline{1}=0$　$\overline{0}=1$
2．常量和变量的公式	$A\cdot1=A$　$A\cdot0=0$　$A+0=A$　$A+1=1$
3．变量和变量的公式	（1）互补律　$A\cdot\overline{A}=0$　$A+\overline{A}=1$ （2）重叠律　$A\cdot A=A$　$A+A=A$ （3）交换律　$A\cdot B=B\cdot A$　$A+B=B+A$ （4）结合律　$(A\cdot B)\cdot C=A\cdot(B\cdot C)$　$(A+B)+C=A+(B+C)$ （5）分配律　$A\cdot(B+C)=A\cdot B+A\cdot C$　$A+B\cdot C=(A+B)(A+C)$ （6）非非律　$\overline{\overline{A}}=A$ （7）反演律（德・摩根定律）$\overline{A\cdot B}=\overline{A}+\overline{B}$　$\overline{A+B}=\overline{A}\cdot\overline{B}$

【例 1.4.5】 证明公式 $A+B\cdot C=(A+B)(A+C)$。

证明　方法一：用真值表证明，见例 1.4.1。

方法二：用公式证明

右边$=(A+B)(A+C)=A\cdot A+A\cdot C+B\cdot A+B\cdot C=A+B\cdot C=$左边。

【例 1.4.6】 证明反演律。

证明　反演律见表 1.4.4。用真值表证明，如表 1.4.5 所示。

表 1.4.5　例 1.4.6 的真值表

A	B	$\overline{A\cdot B}$	$\overline{A}+\overline{B}$	$\overline{A+B}$	$\overline{A}\cdot\overline{B}$
0	0	1	1	1	1
0	1	1	1	0	0
1	0	1	1	0	0
1	1	0	0	0	0

由表中可以看出，两个等式的左右两边的表达式的真值表完全相同，故反演律等式成立。

（二）逻辑代数的 3 个基本运算规则

逻辑代数中有 3 个重要的基本规则，即代入规则、反演规则和对偶规则。运用这些规则，可以利用已知的基本公式推导出更多的等式（公式）。

1. 代入规则

在任何一个逻辑等式中，如果等式两边所有出现某一变量的地方，都用某一个函数表达式代替，则等式仍然成立。

代入规则在推导公式中用处很大，因为将已知等式中某一变量用任意一个函数代替后，就得到了新的等式，从而扩大了等式的应用范围。

如已知等式$\overline{A\cdot B}=\overline{A}+\overline{B}$。若用$Y=BC$代替等式中的$B$，根据代入规则，等式仍然成立。即：$\overline{A(BC)}=\overline{A}+\overline{BC}$。由此也可见，反演律对任意多个变量均成立。

2. 反演规则

对于任意一个函数表达式Y，若将Y中所有的“·”换成“+”，“+”换成“·”；0换成1，1换成0；原变量换成反变量，反变量换成原变量，即得原函数表达式Y的反函数$\overline{Y}$。这个规则叫反演规则。

反演规则的意义在于，利用它可以比较容易的求出一个逻辑函数的反函数。

例如函数表达式为$Y=\overline{A}B+CD$，则它的反函数为$\overline{Y}=(A+\overline{B})(\overline{C}+\overline{D})$。

3. 对偶规则

对于任意一个函数表达式Y，若将Y中所有的“·”换成“+”，“+”换成“·”；0换成1，1换成0；而变量保持不变，即得一个新的函数表达式Y'。我们称函数Y'为原函数Y的对偶函数。实际上对偶是相互的，故Y也是Y'的对偶函数。

例如函数$Y=AB+C$的对偶函数$Y'=(A+B)\cdot C$；

函数$Y=A+\overline{B}\cdot C$的对偶函数$Y'=A\cdot(\overline{B}+C)$。

对偶规则：如果两个函数相等，则它们各自的对偶函数也相等。

在运用反演规则和对偶规则时应注意以下两点：

（1）为保证逻辑表达式的运算顺序不变，可适当增加或减少括号。

（2）长非号要保持不变。

对偶规则的用途比较广泛。利用对偶规则，可以使需要证明和记忆的公式数目减小一半。

（三）逻辑代数常用公式

运用基本公式和上述3个基本规则，可以得到更多的公式，如表1.4.6所示。

表1.4.6　逻辑代数常用公式

1. 还原律	$AB+\overline{A}B=B$	$(A+B)(\overline{A}+B)=B$
2. 吸收律	$A+AB=A$	$A(A+B)=A$
3. 消去律	$A+\overline{A}B=A+B$	$A(\overline{A}+B)=A\cdot B$
4. 冗余律	$AB+\overline{A}C+BC=AB+\overline{A}C$ 推论：$AB+\overline{A}C+BCD=AB+\overline{A}C$	$(A+B)(\overline{A}+C)(B+C)=(A+B)(\overline{A}+C)$
5. 与或转换律	$AB+\overline{A}C=(A+C)(\overline{A}+B)$	$(A+B)(\overline{A}+C)=AC+\overline{A}B$
6. 异或与同或关系	$\overline{A\overline{B}+\overline{A}B}=AB+\overline{A}\,\overline{B}$	$\overline{AB+\overline{A}\,\overline{B}}=A\overline{B}+\overline{A}B$

【例1.4.7】 证明还原律$AB+\overline{A}B=B$。

证明　$AB+\overline{A}B=(A+\overline{A})B=B$

【例 1.4.8】 证明吸收律　$A+AB=A$。

证明　$A+AB=A(1+B)=A$

【例 1.4.9】 证明消去律 $A+\overline{A}B=A+B$。

证明　$A+\overline{A}B=A+AB+\overline{A}B=A+(\overline{A}+A)B=A+B$

【例 1.4.10】 证明冗余律 $AB+\overline{A}C+BC=AB+\overline{A}C$ 及其推论 $AB+\overline{A}C+BCD=AB+\overline{A}C$。

证明　$AB+\overline{A}C+BC=AB+\overline{A}C+(A+\overline{A})BC$

$$=AB+\overline{A}C+ABC+\overline{A}BC$$

$$=(AB+ABC)+(\overline{A}C+\overline{A}BC)$$

$$=AB+\overline{A}C$$

$$AB+\overline{A}C+BCD=AB+\overline{A}C+BC+BCD$$

$$=AB+\overline{A}C+BC$$

$$=AB+\overline{A}C$$

【例 1.4.11】 证明与或转换律 $AB+\overline{A}C=(A+C)(\overline{A}+B)$。

证明　右边 $=(A+C)(\overline{A}+B)=A\overline{A}+AB+C\overline{A}+BC$

$$=AB+\overline{A}C+BC=AB+\overline{A}C=\text{左边}$$

利用以上逻辑代数的基本公式、常用公式和 3 个基本规则，可以对逻辑函数进行化简。

五、逻辑函数的公式化简法

（一）化简的意义与标准

1. 化简的意义

在进行逻辑运算时常常会看到，同一个逻辑函数可以写成不同的逻辑式，而这些逻辑式的繁简程度又相差甚远。逻辑式越是简单，它所表示的逻辑关系越明显，同时也有利于用最少的电子器件实现这个函数。例如一个简单的函数表达式 $Y=AB+AC$ 就有 3 种不同的形式：

$$Y=AB+AC=A(B+C)=\overline{\overline{AB+AC}}=\overline{\overline{AB}\ \overline{AC}}$$

相应的逻辑电路也就不同，如图 1.4.3 所示。

在图 1.4.3（a）、（b）中采用与门、或门，但图 1.4.3（b）比较简单，图 1.4.3（c）全用与非门。可见，函数表达式的简繁程度不同，实现它所用的逻辑门电路也有简单与否之分。一般而言，如果逻辑函数表达式比较简单，实现它的逻辑门电路也就简单，逻辑电路所用的器件也最节省。所以，逻辑函数的化简是有重要的现实意义的。

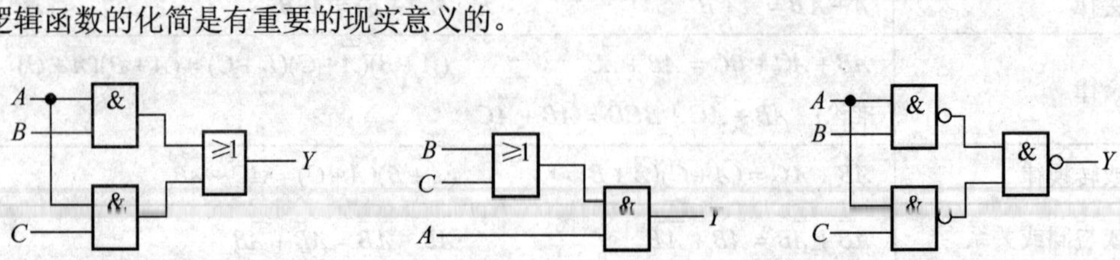

（a）用与门实现　　（b）用或门实现　　（c）用与非门实现

图 1.4.3　逻辑图

2. 逻辑函数的最简表达式

一个逻辑函数的最简表达式，常按照始终变量之间运算关系不同，分成最简与或式、最简与非—与非式、最简或与式、最简或非—或非式、最简与或非式等 5 种。那么，究竟使用哪种形式的表达式，要看组成逻辑电路时使用什么形式的门电路。在进行逻辑函数的化简时，一般以与或表达式的形式为标准进行逻辑函数的化简。最后再转换成我们需要的表达式的形式。其原因有：

（1）任意一个逻辑函数表达式均可展开为与或表达式；

（2）由与或表达式可以方便的得到其他任何形式的表达式。

与或逻辑函数表达式 $Y = AB + \overline{A}C$ 向其他形式的表达式转换的结果为：

$Y = AB + \overline{A}C$（与或表达式）$= (A+C)(\overline{A}+B)$（或与表达式）$= \overline{\overline{AB}\cdot\overline{\overline{A}C}}$（与非与非表达式）

$= \overline{\overline{A+C}+\overline{\overline{A}+B}}$（或非或非表达式）$= \overline{\overline{A}\cdot\overline{C}+A\cdot\overline{B}}$（与或非表达式）

3. 最简与或表达式标准

（1）乘积项的个数最少。

（2）每个乘积项中的变量个数最少。

（二）公式化简法的主要方法

逻辑函数的公式化简法又称代数法，就是利用逻辑代数的基本公式、常用公式和 3 个重要规则，对逻辑函数进行化简。常用的方法有合并项法、吸收法、消去法和配项法。

1. 合并项法

利用公式 $AB + \overline{A}B = B$，将两个乘积项合并成一项，并消去一个变量，其中 A 和 B 都可以是任何复杂的逻辑式。

【例 1.4.12】 化简函数 $Y = A\overline{B} + ACD + \overline{A}\overline{B} + \overline{A}CD$。

解 $Y = A(\overline{B}+CD) + \overline{A}(\overline{B}+CD) = (A+\overline{A})(\overline{B}+CD) = \overline{B}+CD$

2. 吸收法

利用公式 $A + AB = A$ 消去多余的乘积项 AB，A 和 B 同样也可以是任何一个复杂的逻辑式。

【例 1.4.13】 化简函数 $Y = (\overline{\overline{A}B}+C)ABD + AD$。

解 $Y = [(\overline{\overline{A}B}+C)B]AD + AD = AD$

3. 消去法

利用公式 $A + \overline{A}B = A + B$ 和公式 $AB + \overline{A}C + BC = AB + \overline{A}C$，消去多余的因子，这里边的 A、B 和 C 等都可以是任何一个复杂的逻辑式。

【例 1.4.14】 化简函数 $Y = A\overline{B} + AC + \overline{B+C}$。

解 $Y = A\overline{B} + AC + \overline{B}\overline{C} = AC + \overline{B}\overline{C}$

4. 配项消项法

（1）利用公式 $A + A = A$，可以在逻辑函数式中重复写入某一项，有时能获得更加简单的化简结果。

【例 1.4.15】 试化简逻辑函数 $Y = \overline{A}B\overline{C} + \overline{A}BC + ABC$。

解 利用 $A + A = A$ 可以将 Y 写成

$$Y = (\overline{A}B\overline{C} + \overline{A}BC) + (\overline{A}BC + ABC) = \overline{A}B + BC$$

（2）利用公式 $A + \overline{A} = 1$，给某个乘积项配项；在函数式中的某一项上乘以 $A + \overline{A}$，然后拆成两项分别与其他项合并，有时能得到更加简单的化简结果。

【例 1.4.16】 试化简逻辑函数 $Y = A\overline{B} + \overline{A}B + B\overline{C} + \overline{B}C$。

解 利用 $A + \overline{A} = 1$ 可以将 Y 写成

$$
\begin{aligned}
Y &= A\overline{B} + \overline{A}B(C + \overline{C}) + B\overline{C} + (A + \overline{A})\overline{B}C \\
&= A\overline{B} + \overline{A}BC + \overline{A}B\overline{C} + B\overline{C} + A\overline{B}C + \overline{A}\overline{B}C \\
&= (A\overline{B} + A\overline{B}C) + (\overline{A}B\overline{C} + B\overline{C}) + (\overline{A}\overline{B}C + \overline{A}BC) \\
&= A\overline{B} + B\overline{C} + \overline{A}C
\end{aligned}
$$

在化简复杂的逻辑函数时，往往需要灵活、交替地综合运用上述几种方法进行化简，才能得到最简结果。

【例 1.4.17】 化简函数 $Y = AC + \overline{B}C + B\overline{D} + C\overline{D} + A(B + \overline{C}) + \overline{A}BC\overline{D} + A\overline{B}DE$。

解 $Y = AC + \overline{B}C + B\overline{D} + A(B + \overline{C}) + A\overline{B}DE \underline{+ C\overline{D} + \overline{A}BC\overline{D}}$ （吸收法、反演律）

$= AC + B\overline{D} + C\overline{D} + A\overline{B}DE \underline{+ \overline{B}C + A\overline{\overline{B}C}}$ （消去法）

$= \overline{B}C + B\overline{D} + C\overline{D} \underline{+ AC + A + A\overline{B}DE}$ （吸收法）

$= \overline{B}C + B\overline{D} + C\overline{D} + A$ （配项消项法）

$= \overline{B}C + B\overline{D} + A$

六、逻辑函数的卡诺图化简法

（一）逻辑函数的最小项

1. 最小项的定义

在 n 个输入变量的逻辑函数中，如果一个乘积项包含 n 个变量，而且每个变量以原变量或反变量的形式出现且仅出现一次，那么该乘积项称为该函数的一个最小项。对 n 个输入变量的逻辑函数，有 2^n 个最小项。

例如：两个变量的逻辑函数 $Y=F(A,B)$中，$2^2=4$，有 4 个最小项：$\overline{A}\overline{B}$、$\overline{A}B$、$A\overline{B}$、AB；3 个变量的逻辑函数 $Y = F(A,B,C)$ 中，$2^3=8$，有 8 个最小项：$\overline{A}\overline{B}\overline{C}$、$\overline{A}\overline{B}C$、$\overline{A}B\overline{C}$、$\overline{A}BC$、$A\overline{B}\overline{C}$、$A\overline{B}C$、$AB\overline{C}$、$ABC$。

2. 最小项的性质

（1）在输入变量的任何取值下必有一个最小项，而且仅有一个最小项的值为 1。

（2）任意两个不同的最小项的乘积恒为 0。

（3）对于任意一种取值全体最小项之和恒为 1。

（4）具有相邻性的两个最小项之和可以合并成一项并消去一对因子。若两个最小项之间只有一个变量不同，其余各变量均相同，则称这两个最小项是具有相邻性。对于一个 n 输入变量的函数，每个最小项有 n 个最小项与之相邻。

3. 最小项的编号

n 个输入变量的函数有 2^n 个最小项，为了表达方便，给每个最小项加以编号，记为 m_i，下标 i 即最小项编号。编号的方法：先将最小项的原变量用 1、反变量用 0 表示，构成二进制数；然后将此二进制数转换为相应的十进制数，即为该最小项的编号。

3 个变量的最小项编号如表 1.4.7 所示。

表 1.4.7 3 个变量的最小项编号

最小项	变量取值 A	B	C	最小项编号
$\overline{A}\overline{B}\overline{C}$	0	0	0	m_0
$\overline{A}\overline{B}C$	0	0	1	m_1
$\overline{A}B\overline{C}$	0	1	0	m_2
$\overline{A}BC$	0	1	1	m_3
$A\overline{B}\overline{C}$	1	0	0	m_4
$A\overline{B}C$	1	0	1	m_5
$AB\overline{C}$	1	1	0	m_6
ABC	1	1	1	m_7

4. 最小项表达式

任何一个逻辑函数都可以表示成若干个最小项之和的形式，这样的逻辑表达式称为最小项表达式。

5. 其他逻辑表示方法向最小项表达式转换

下面举例说明将几种逻辑表示方式转换为最小项表达式的方法。

（1）由真值表求最小项表达式。根据前述由真值表求表达式的方法，求得的表达式即为最小项表达式。由于真值表是唯一的，所以最小项表达式也是唯一的。

（2）由与或表达式求最小项表达式。将与或表达式配项展开即得最小项表达式。

【例 1.4.18】 将逻辑函数 $Y(A,B,C)=AB+\overline{B}C$ 展开成最小项表达式。

解 $Y(A,B,C)=AB+\overline{B}C=AB(C+\overline{C})+(A+\overline{A})\overline{B}C=ABC+AB\overline{C}+A\overline{B}C+\overline{A}\overline{B}C$

为了书写方便，通常用最小项编号来代表最小项，可以写为

$$Y(A,B,C)=m_7+m_6+m_5+m_1=\sum m(1,5,6,7)$$

（3）由一般表达式求最小项表达式。先将一般表达式转换为与或表达式，再配项为最小项表达式。

【例 1.4.19】 写出三变量函数 $Y=\overline{\overline{A}+C}\,B+\overline{A}B\overline{C}+AC$ 的最小项表达式。

解 利用反演规则将函数转换为与或表达式，然后展开为最小项之和形式。

$$\begin{aligned}Y&=\overline{\overline{A}+C}\,B+\overline{A}B\overline{C}+AC\\&=AB\overline{C}+\overline{A}B\overline{C}+AC(B+\overline{B})\\&=AB\overline{C}+\overline{A}B\overline{C}+ABC+A\overline{B}C\\&=m_6+m_2+m_7+m_5=\Sigma m(2,5,6,7)\end{aligned}$$

（二）用卡诺图化简逻辑函数

1. 卡诺图

（1）卡诺图的概念。卡诺图是逻辑函数的一种图示表示方法，也叫真值图或最小项方格图，是指按相邻性原则排列的最小项的方格图，利用卡诺图化简逻辑函数，可以较方便地得到最简的逻辑函数表达式。卡诺图特点是按几何相邻反映逻辑相邻进行排列。利用卡诺图化简逻辑函数，求最

简与或表达式的方法称为逻辑函数的卡诺图化简法。

（2）卡诺图的画法。具体步骤如下：

1）变量卡诺图一般都画成正方形或矩形。对于 n 个变量，图中分割出的小方块应有 2^n 个，因为 n 个输入变量的逻辑函数，有 2^n 个最小项，而每一个最小项都需要用一个小方块表示。方格的序号和最小项的序号一样，根据方格外面行变量和列变量的取值决定。

2）按循环码排列变量取值顺序。只有这样排列所得到的最小项方格图才叫做卡诺图。这样安排可以保证作卡诺图方格的相邻性。

图 1.4.4 画出了二、三、四变量的卡诺图。图中输入变量在左边和上边取值正交处的方格就是对应的最小项。

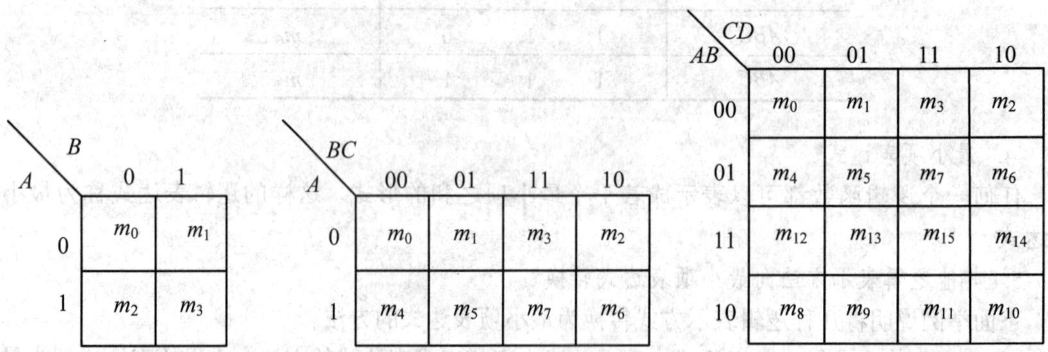

（a）两变量卡诺图　（b）三变量卡诺图　（c）四变量卡诺图

图 1.4.4　变量卡诺图

2. 逻辑函数的卡诺图

既然任何一个逻辑函数都能表示为若干最小项之和的形式，那么自然也就可以设法用卡诺图来表示任意一个逻辑函数。具体的方法：首先把逻辑函数化为最小项之和的形式，然后在卡诺图上与这些最小项对应的方格内填 1（称 1 方格），在其余没有包含的最小项对应的方格内填 0（称 0 方格）或不填，就得到该逻辑函数的卡诺图。也就是说任何一个逻辑函数都等于它的卡诺图中填入 1 的那些最小项的和。

3. 卡诺图的特点

（1）用几何相邻形象地表示变量各个最小项在逻辑上的相邻性。在卡诺图中，凡是几何相邻的最小项，在逻辑上都是相邻的。变量取值之所以要按照循环码排列，就是为了保证画出来的方块图具有这一重要特点。

1）几何相邻。包括 3 种情况：一是相接（紧挨着）；二是相对（任一行或一列的两头）；三是相重（对折起来后位置可重合）。

2）逻辑相邻。如果两个最小项，除了一个变量的形式不同外，其余的都相同，那么这两个最小项就叫做在逻辑上是相邻的。

（2）卡诺图的主要缺点是随着变量个数的增多，图形迅速的复杂起来，当变量多于六个时不仅画图十分麻烦，而且即使画出来了，许多小方块（最小项），是否逻辑相邻，也难以辨认了，因此卡诺图一般仅适用于输入变量个数少于 6 个的情况。

4. 逻辑函数其他表示形式转换卡诺图的方法

（1）根据真值表画卡诺图。由于逻辑函数的真值表和卡诺图都是与最小项是一一对应的，真值表的每一行就对应一个最小项。因此逻辑函数真值表中的输入变量每种组合对应的输出变量值为 1 的，就在相应的卡诺图的方格中填 1，输出变量为 0 的，就在相应的方格中填 0，即得逻辑函数的卡诺图。

【例 1.4.20】 已知三变量 Y 的真值表如表 1.4.8 所示，画出其卡诺图。

表 1.4.8 例 1.4.20 的真值表

A	B	C	Y
0	0	0	0
0	0	1	1
0	1	0	1
0	1	1	0
1	0	0	1
1	0	1	1
1	1	0	0
1	1	1	0

解 根据真值表 1.4.8 直接画出卡诺图如图 1.4.5 所示。

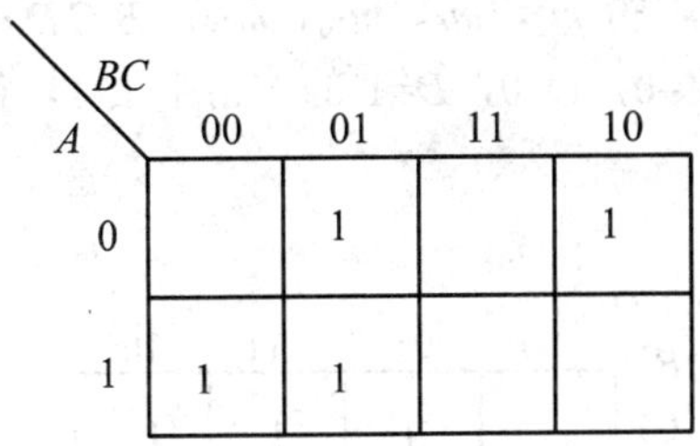

图 1.4.5 例 1.4.20 卡诺图

（2）根据逻辑函数最小项表达式求得逻辑函数卡诺图。根据逻辑函数最小项表达式，在其最小项对应的方格中填 1，没有的最小项对应的方格中填 0 或不填，即得逻辑函数的卡诺图。

【例 1.4.21】 将逻辑函数最小项表达式 $Y=\sum(1,2,4,5)$用卡诺图表示。

解 $Y=\sum(1,2,4,5)$的卡诺图如图 1.4.5 所示。

（3）由一般表达式求逻辑函数卡诺图。由一般表达式求逻辑函数卡诺图时，先将一般函数表达式转换为与或表达式，然后转换为最小项表达式，画出相应的卡诺图。

【例 1.4.22】 将函数表达式 $Y=\overline{(\overline{A}\,\overline{B}+AB)(A+C)}$ 用卡诺图表示。

解 先将表达式转换为与或表达式，再转换为最小项表达式。

$$\begin{aligned}Y&=\overline{(\overline{A}\,\overline{B}+AB)(A+C)}\\&=\overline{\overline{A}\,\overline{B}+AB}+\overline{A}\,\overline{C}\\&=A\overline{B}+\overline{A}B+\overline{A}\,\overline{C}\end{aligned}$$

$$
\begin{aligned}
&= A\overline{B}(C+\overline{C})+\overline{A}B(C+\overline{C})+\overline{A}\,\overline{C}(B+\overline{B}) \\
&= A\overline{B}C+A\overline{B}\,\overline{C}+\overline{A}BC+\overline{A}B\overline{C}+\overline{A}B\overline{C}+\overline{A}\,\overline{B}\,\overline{C} \\
&= A\overline{B}C+A\overline{B}\,\overline{C}+\overline{A}BC+\overline{A}B\overline{C}+\overline{A}\,\overline{B}\,\overline{C} \\
&= m_5+m_4+m_3+m_2+m_0 \\
&= \sum m(0,2,3,4,5)
\end{aligned}
$$

其卡诺图如图 1.4.6 所示。

A \ BC	00	01	11	10
0	1		1	1
1	1	1		

图 1.4.6　例 1.4.22 的卡诺图

（4）根据函数表达式直接得出函数的卡诺图。根据第三种方法，将一般函数表达转换为最小项表达式，是最基本的方法，但是比较繁琐，且容易出错误。比较简单的方法是直接将函数表达式转换为用卡诺图表示。下面举例说明如何转换。

【例 1.4.23】 将函数 $Y=BC+C\overline{D}+\overline{B}CD+\overline{A}\,\overline{C}D$ 用卡诺图表示。

解　BC：在 B=1，C=1 对应的方格（无论 A、D 取何值）填 1，得 m_6、m_7、m_{14}、m_{15}；$C\overline{D}$：在 C=1，D=0 对应的方格中填 1，得 m_2、m_6、m_{10}、m_{14}；$\overline{B}CD$：在 B=0，C=1，D=1 的方格中填 1，得 m_3、m_{11}；$\overline{A}\,\overline{C}D$：在 A=0，C=0，D=1 的方格中填 1，得 m_1、m_5。得卡诺图如图 1.4.7 所示。

AB \ CD	00	01	11	10
00		1	1	1
01		1	1	1
11			1	1
10			1	1

图 1.4.7　例 1.4.23 的卡诺图

5. 最小项合并的规律

因为卡诺图中的最小项是按逻辑相邻关系排列的，所以，凡是几何相邻的最小项均可合并，合并时可消去有关变量。利用卡诺图合并最小项有两种方法：圈 0 得到反函数，圈 1 得到原函数，通常采用圈 1 的方法。只有满足 2^n 个最小项才能合并，如 2，4，8，16 个相邻项可合并。

化简的方法：消去不同变量，保留相同变量。

（1）两个相邻的方格可以合并成一项，消去一个互反的变量，保留相同的变量。如图 1.4.8（a）、（b）所示。

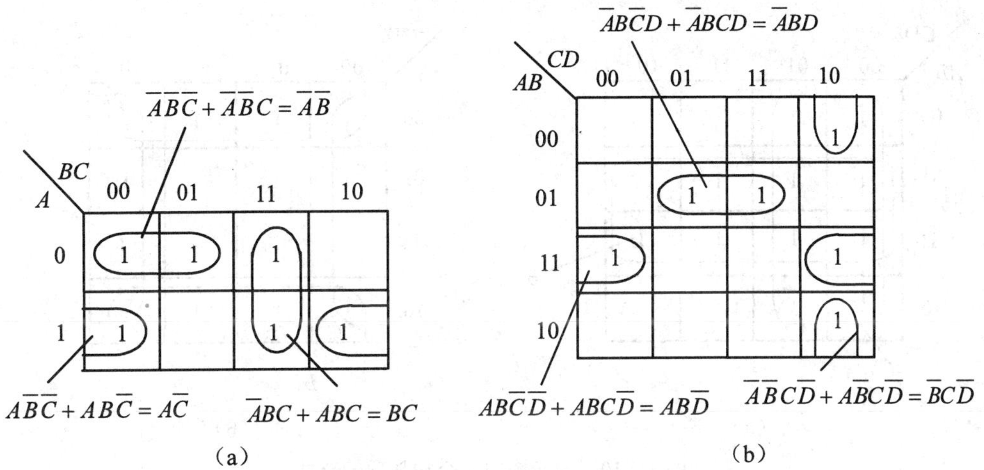

图 1.4.8　卡诺图中 2 个相邻项的合并

（2）4 个相邻的方格构成方形、长方形、位于四角可以合并成一项，同时消去两个互反的变量，保留相同的变量。如图 1.4.9（a）、（b）所示。

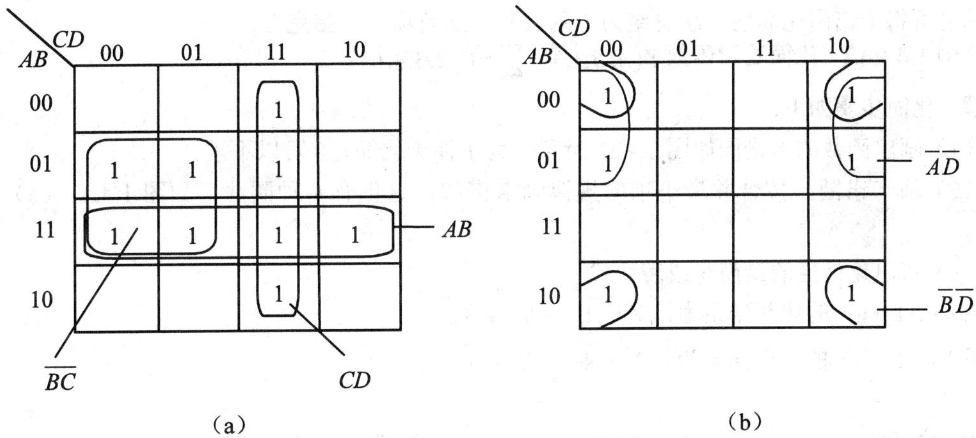

图 1.4.9　卡诺图中 4 个相邻项的合并

（3）8 个相邻的方格构成长方形可以合并成一项，同时消去 3 个互反的变量，保留相同的变量。如图 1.4.10（a）、（b）所示。

6. 用卡诺图法化简逻辑函数

用卡诺图法化简逻辑函数，一般可分为以下几个步骤：

第一，用卡诺图表示逻辑函数；

第二，合并相邻项。将相邻的 1 方格圈起来（称为卡诺圈），直到所有的 1 方格被圈完为止。

用卡诺圈合并 1 方格时的原则：

（1）卡诺圈必须包括 2^n 个 1 方格（如 1、2、4、8…）且是逻辑相邻的。

（2）卡诺圈越大越好，使得每个乘积项中包含的变量数最少。

（3）卡诺圈数越少越好，这样化简后得到的乘积项最少。

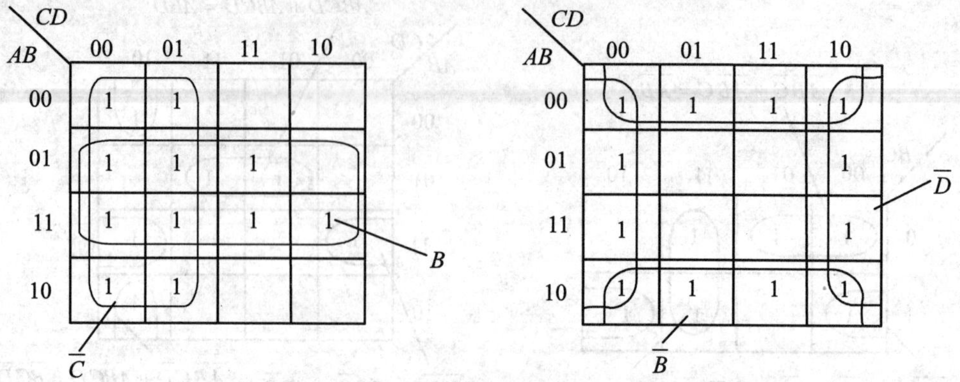

图 1.4.10　卡诺图中 8 个相邻项的合并

（4）同一个 1 方格可以被圈多次，但每个卡诺圈最少有一个 1 方格只被圈过一次，以避免出现多余项。

（5）所有的 1 方格均应圈过，不得遗漏。

第三，每个卡诺圈写成一个乘积项，将各乘积项相加，写出化简后的与或表达式。

总之可将卡诺图化简的方法总结为“划大圈，圈新项，项圈完”。

【例 1.4.24】 化简逻辑函数 $Y(A,B,C)=\sum m(1,2,3,4,6)$。

解　化简步骤如下：

（1）画出函数的卡诺图如图 1.4.11 所示，为了便于化简，0 可以不填。

（2）画卡诺圈。按合并最小项的规律画卡诺圈，这里有两种圈法，如图 1.4.11（a）、（b）所示。

（3）写出化简后的最简与或表达式：

图 1.4.11（a）的化简结果为：$Y=\overline{A}C+B\overline{C}+A\overline{C}$

图 1.4.11（b）的化简结果为：$Y=\overline{A}C+\overline{A}B+A\overline{C}$

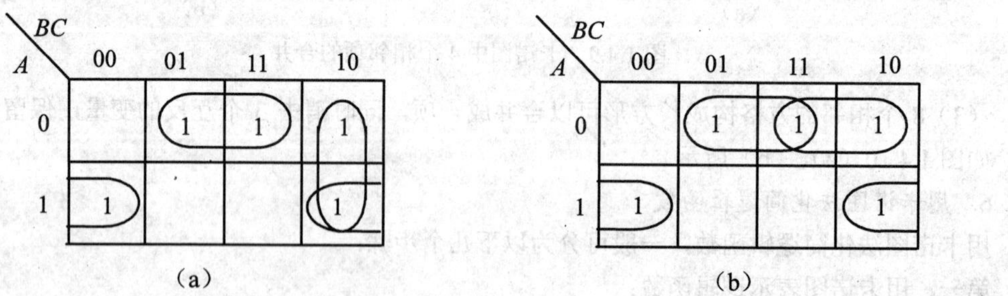

图 1.4.11　例 1.4.24 的卡诺图

由以上结果可以看出，卡诺图化简的结果有时不是唯一的，只要最终均得到最简与或式，则多个结果都是正确的。

【例 1.4.25】 用卡诺图法化简逻辑函数：$Y=ABD+A\overline{B}D+\overline{A}\overline{B}CD+ABC\overline{D}+\overline{A}\overline{B}CD$

解　（1）将逻辑函数转化成最小项表达式：

$$
\begin{aligned}
Y &= ABD + A\overline{B}D + \overline{A}BCD + ABC\overline{D} + \overline{A}\,\overline{B}CD \\
&= ABD(C+\overline{C}) + A\overline{B}D(C+\overline{C}) + \overline{A}BCD + ABC\overline{D} + \overline{A}\,\overline{B}CD \\
&= ABCD + AB\overline{C}D + A\overline{B}CD + A\overline{B}\,\overline{C}D + \overline{A}BCD + ABC\overline{D} + \overline{A}\,\overline{B}CD \\
&= m_{15} + m_{13} + m_{11} + m_9 + m_7 + m_{14} + m_3 \\
&= \sum m(3,7,9,11,13,14,15)
\end{aligned}
$$

（2）将逻辑函数最小项表达式转移到卡诺图中，在相应的方格中填 1。如图 1.4.12 所示。

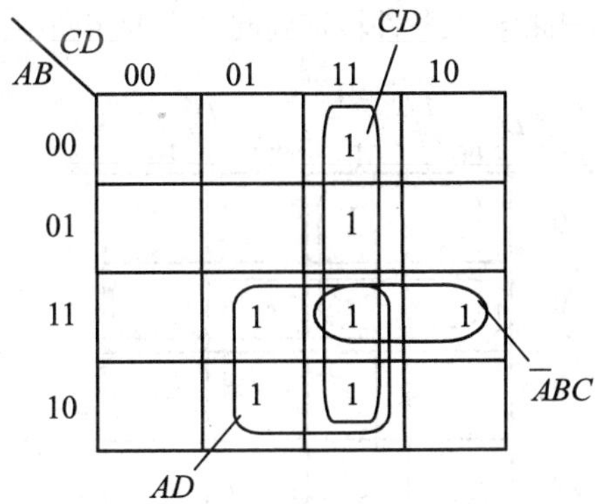

图 1.4.12　例 1.4.25 卡诺图

（3）合并相邻项，画出卡诺圈，如图 1.4.12 所示。

（4）将每个圈所表示的乘积项写出并相加，得到逻辑函数的最简与或表达式为：

$$Y = AD + CD + ABC$$

（三）含约束项的逻辑函数的化简

1. 约束项

约束项又称禁止项、无关项、任意项。是指在实际的逻辑问题中，不允许、不可能、不应该出现的变量的取值。

例如 8421BCD 码，由于 4 位二进制数码可以有 16 种不同的组合状态，只需选用其中 10 种组合(有效组合)0000～1001，其他 6 种组合 1010～1111 是无效的组合，是不允许出现的。

约束条件是所有约束项加起来构成的逻辑表达式。因为约束项对应的取值组合不会出现，其值恒为 0，所以约束条件是一个值恒为 0 的等式。

如 8421BCD 码对应的约束条件为：

$$A\overline{B}C\overline{D} + A\overline{B}CD + AB\overline{C}D + AB\overline{C}\,\overline{D} + ABC\overline{D} + ABCD = 0$$

或　$AB + AC = 0$

或　$\sum d(10,11,12,13,14,15) = 0$

这几种表示方法都是约束条件的表示方法。

2. 具有约束项的逻辑函数的化简

对于具有约束项的逻辑函数的化简，由于约束项受到制约，它们对应的取值组合不会出现。因此，对于这些变量取值组合来说，其函数值是 0、是 1 对函数本身没有影响。在卡诺图中用“×”表示，既可看作是 1，也可看作是 0。在化简过程中只要能合理地利用约束项，将使逻辑函数化的更简单。

化简具有约束项的逻辑函数的基本原则：

（1）约束项“×”在函数的卡诺图中，既可看作是1，也可看作是0。

（2）为使函数式达到最简，即所画圈数最少，可以把某些与最小项相邻的约束项当作1处理，画入圈内。但要值得注意的是：在圈新项时圈的是所有的1，而不是“×”，只要1圈完了就可以了。

（3）凡未被圈入的约束项则当作0处理。

【例 1.4.26】 已知逻辑函数$Y=\overline{A}\,\overline{C}\,\overline{D}+A\overline{C}D+\overline{A}\,\overline{B}\,\overline{C}D+\overline{A}BC\overline{D}$，约束条件为$\overline{A}BD+CD=0$，求最简的函数表达式。

解 （1）将逻辑函数表达式和约束条件转移到同一个卡诺图中，如图1.4.13所示。

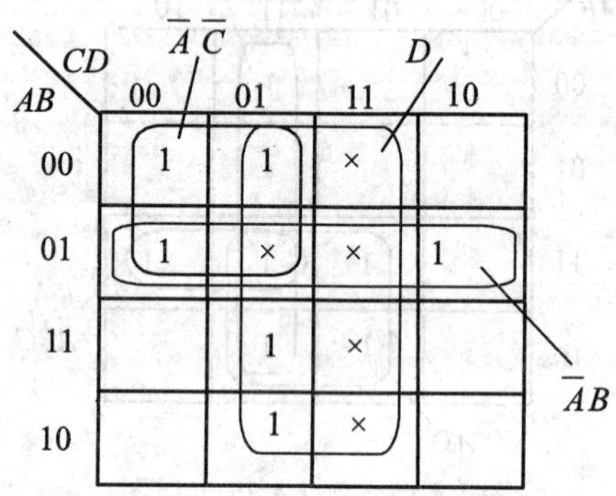

图 1.4.13　例 1.4.26 的卡诺图

（2）画卡诺圈，得最简的与或表达式：

$$Y=D+\overline{A}B+\overline{A}\,\overline{C}$$

$$\overline{A}BD+CD=0 \text{（约束条件）}$$

【例 1.4.27】 十字路口的交通信号灯，红、绿、黄灯分别用A、B、C来表示。灯亮用1来表示，灯灭用0来表示。车辆通行状态用Y来表示，停车时Y为0，通车时Y为1。用卡诺图化简此逻辑函数。

解 （1）在实际交通信号灯工作时，不可能有两个或两个以上的灯同时亮(灯全灭时，允许车辆感到安全时可以通行)。根据题目要求列出真值表，如表1.4.9所示。

表 1.4.9　例 1.4.27 真值表

A	B	C	Y
0	0	0	1
0	0	1	0
0	1	0	1
0	1	1	×
1	0	0	0
1	0	1	×
1	1	0	×
1	1	1	×

（2）根据真值表画卡诺图，如图 1.4.14 所示。

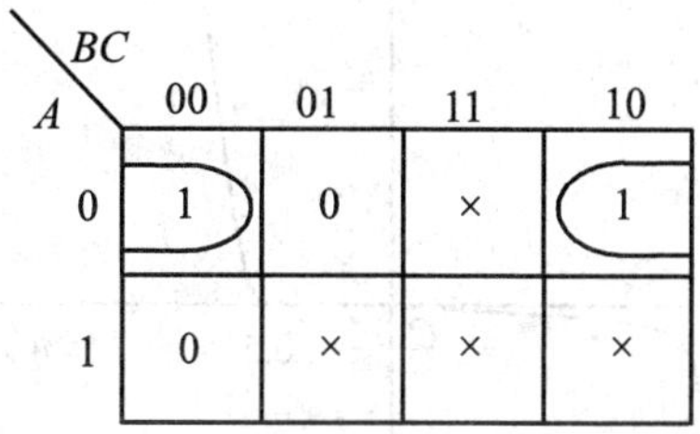

图 1.4.14　例 1.4.27 的卡诺图

（3）画卡诺圈合并最小项，得最简得与或表达式：

$$Y=\overline{A}\,\overline{C}$$

$$\sum d(3,5,6,7)=0 \quad \text{（约束条件）}$$

项目五　分立元件门电路

在项目三中所述的各类基本与扩展逻辑运算，均需通过数字电路系统相应的硬件来实现，实现各种基本和常用逻辑关系的电子单元电路称为门电路。常用的门电路如前述的非门、与门、或门、与非门、或非门、与或非门、异或门等，是组成其他功能数字电路的基础。将门电路集成化，主要有双极型的 TTL 门电路和单极型的 CMOS 门电路，所有门电路的输入和输出信号只有高电平和低电平两种状态，分别表示 1 和 0 两种逻辑状态。

二极管、三极管和 MOS 管是组成各种门电路的基本开关器件，在数字电路中，它们工作在开关状态，为了更好的了解门电路的工作特点和性能，必须首先了解二极管、三极管和 MOS 管工作在开关状态的电气特性以及输入、输出特性。

一、二极管门电路

（一）二极管开关特性

理想的开关在接通和断开时有这样的特性：接通时，接触电阻为零，不管流过的电流多大，开关两端的电压降总为 0；断开时，电阻为无穷大，不管它两端的电压多大，开关中流过的电流总为 0；而且开关接通与断开的速度在瞬间完成时，仍能保持上述特性。由于二极管具有单向导电性，因此可作为一个受外加电压极性控制的开关使用。

1．开关作用（静态特性）

由如图 1.5.1 所示硅二极管的伏安特性可以看出，当外加正向电压小于其门限电压（又称阈值电压）U_{th}＝0.5V 时，二极管工作在死区，处于截止状态，可近似认为是开路。当外加电压大于 0.5V 时，二极管开始导通，而且当外加电压达到 0.7V 左右时，二极管完全处于导通状态，这时，i_D 在很大范围内变化，u_D 保持在 0.7V 左右，基本不变。这时，可认为二极管是具有 0.7V 压降的闭合开关。当外加反向电压时，二极管工作在反向截止区。

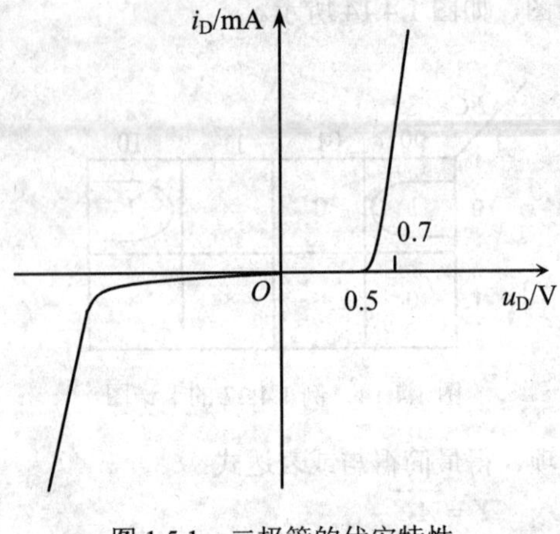

图 1.5.1　二极管的伏安特性

在图 1.5.2（a）中，当输入电压 u_i 为高电平 U_{IH}（大于门限电压 U_{th}）时，二极管 VD 导通，其导通压降约为 0.7V，二极管 VD 呈现很小的电阻，其导通电流 $i_D = \dfrac{U_{IH} - 0.7}{R} \approx \dfrac{U_{IH}}{R}$。这时，二极管 VD 可等效为一个具有 $u_D \approx 0.7\,V$ 压降的闭合开关，如图 1.5.2（b）所示。

当输入电压 u_i 为低电平 U_{IL} 时，二极管 VD 受反向电压截止，其反向电流极小，二极管呈现很高的电阻。这时，二极管 VD 可等效为一个断开的开关，如图 1.5.2（c）所示。

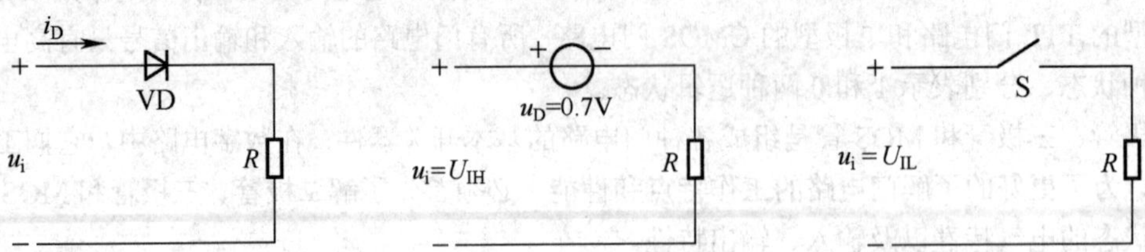

图 1.5.2　二极管开关电路及其等效电路

根据上面讨论可知，二极管可作为一个受电压极性控制的开关来使用。

2. 开关时间参数（动态特性）

二极管并非理想开关，PN 结的构造特点决定了二极管的开、关需要一定的时间。当脉冲信号频率很高时，开关状态的变化速度非常快，可达每秒百万次数量级，这就要求二极管的导通与截止两种状态的转换要在微秒甚至纳秒数量级时间内完成。这时，就要考虑二极管从正向导通到反向截止和从反向截止到正向导通所需要的时间。

在图 1.5.2（a）所示电路中输入图 1.5.3（a）所示的脉冲电压，二极管的动态工作过程为：在 $u_i = U_{IH} > U_{th}$ 时，二极管 VD 导通，电流 $i_D = I_F$。输入电压 u_i 由 U_{IH} 跃变为 U_{IL} 的瞬间，VD 并不能立即截止，而是在反向电压 U_{IL} 的作用下，产生瞬态反向电流 I_L（大小与二极管的结构、制造工艺等有关），经过一段时间 t_{rr} 后二极管进入截止状态，如图 1.5.3（b）所示。我们把 t_{rr} 称作反向恢复时间（又称关断时间，是指反向电流从峰值衰减到峰值的十分之一所需的时间）。

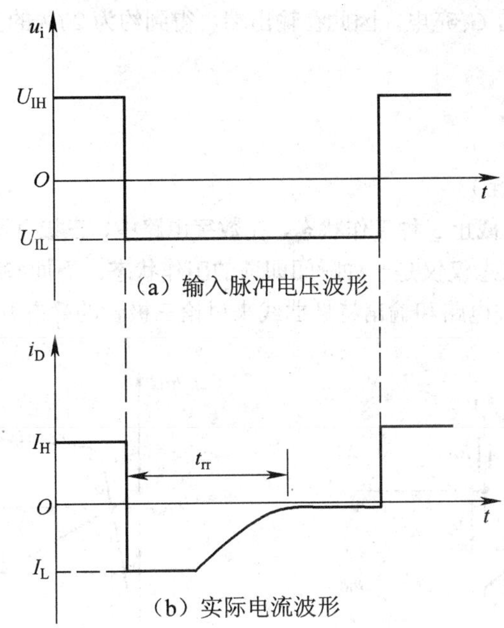

图 1.5.3　二极管的开关特性

二极管 VD 由截止转为导通所需的时间称为正向导通时间（又称为开通时间），它比反向恢复时间 t_{rr} 小得多，通常可以忽略不计，而只考虑反向恢复时间。一般开关二极管的反向恢复时间 t_{rr} 在几个纳秒以内。例如，用于高速开关电路的平面型硅开关管 2CK 系列，$t_{rr} \leqslant 5$ns。

反向恢复时间 t_{rr} 对二极管的开关动态特性影响很大，如果输入脉冲电压的频率非常高，当低电平的持续时间小于反向恢复时间时，二极管将失去其单向导电的开关作用。

（二）案例分析：倍压电路

图 1.5.4 所示是一个用非门组成的二倍压电路，利用二极管的单向导电性可将＋10V 电源电压变换成＋20V 电压，提供给一些需要小电压、小电流的场合使用。

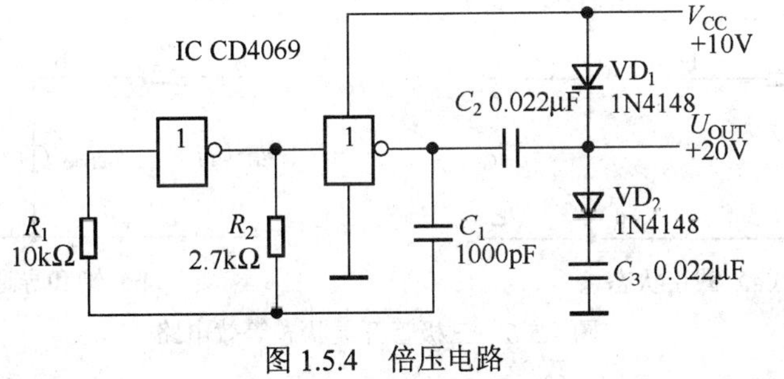

图 1.5.4　倍压电路

电路结构：电路中两个非门组成频率约为 100kHz 的方波振荡器，C_2、VD_1、VD_2、C_3 构成充放电电路。

工作原理：当方波振荡器输出信号为低电平时，电源 V_{CC} 通过 VD_1 对 C_2 充电，充电电压为 10V，极性为左负右正，此时 VD_2 被反向偏置，输出电压为电容 C_2 的端电压。当方波振荡器输出信号为高电平时，由于已充电完成的 C_2 上的电压不能突变，其右端的电压将达到 20V，此时 VD_1 被反向偏置，20V 电压通过 VD_2 给 C_3 充电，因此在输出端可得到约为 20V 的直流电压。

二、三极管门电路

（一）三极管开关特性

1. 开关作用（静态特性）

三极管有饱和、放大和截止 3 种工作状态，在数字电路中，三极管不是工作在饱和状态，就是工作在截止状态，而放大状态仅仅是一种瞬间即逝的工作状态。下面参照图 1.5.5 所示共发射极三极管（硅管、NPN 型）开关电路和输出特性曲线来讨论三极管的静态开关作用。

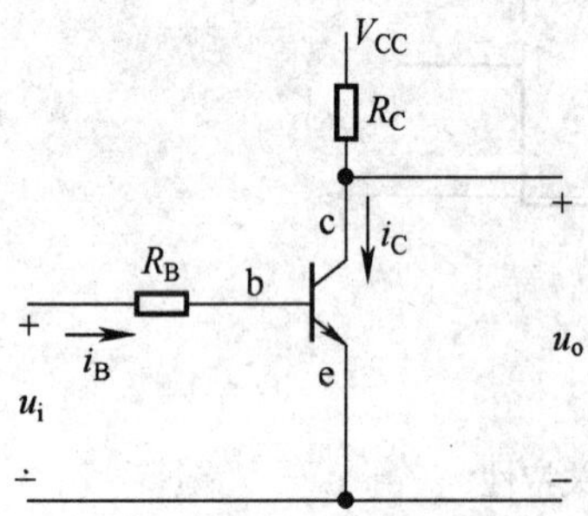

（a）开关电路

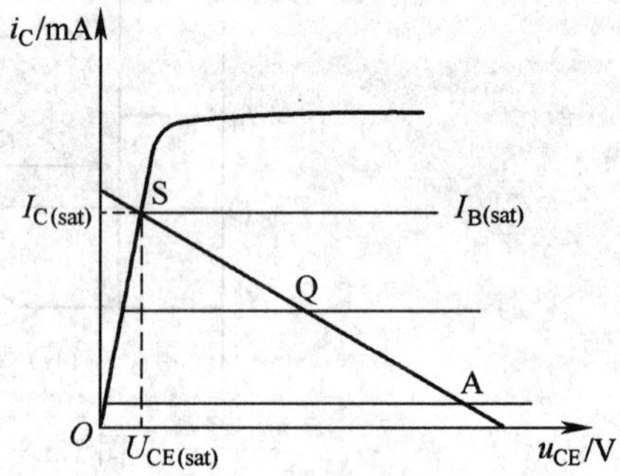

（b）输出特性

图 1.5.5　三极管开关电路及输出特性

当输入电压为低电平 u_i=U_{IL} 时，三极管基、射极间电压小于发射结门限电压 U_{th}=0.5V，三极管截止，基极电流、集电极电流近似为零，即 $i_B \approx 0$，$i_C \approx 0$。其输出电压 $u_o \approx V_{CC}$。此时三极管工作在截止区。为了使三极管可靠截止，一般在输入端加反向电压，使发射结处于反偏。三极管截止时如同断开的开关，其等效电路如图 1.5.6（a）所示。

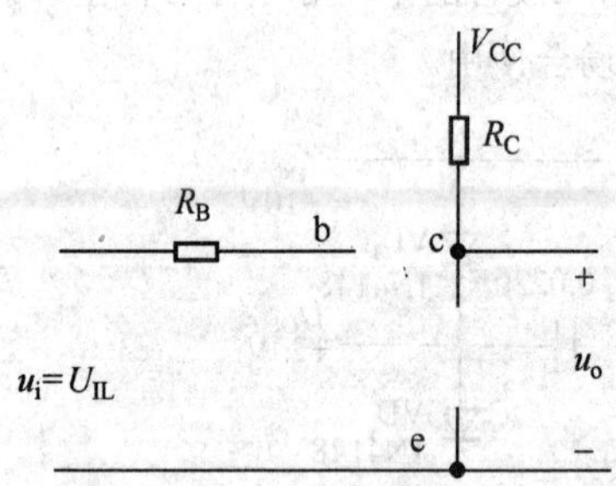

（a）截止状态

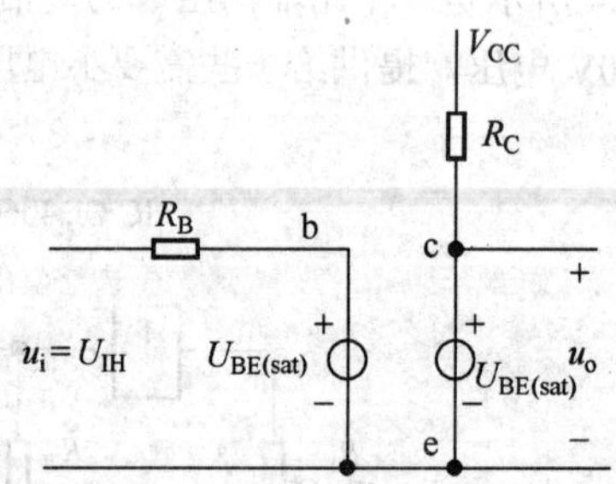

（b）饱和导通状态

图 1.5.6　三极管开关状态等效电路

当输入电压为高电平 u_i=U_{IH} 时，假设三极管工作在临界饱和状态，即工作在图 1.5.5（b）中的 S 点。这时三极管的基极电流称为临界饱和基极电流 $I_{B(sat)}$，对应的集电极电流称为临界饱和集电极电流 $I_{C(sat)}$，基、射极间的电压称为临界饱和基极电压 $U_{BE(sat)}$，其值约为 0.7V，集、射极间的电压称为临界饱和集电极电压 $U_{CE(sat)}$，其值约为 0.1～0.3V。三极管工作在 S 点时，其放大特性在该点仍适用。$I_{B(sat)}=\dfrac{I_{C(sat)}}{\beta}$，$I_{C(sat)}=\dfrac{V_{CC}-U_{CE(sat)}}{R_C}\approx\dfrac{V_{CC}}{R_C}$，所以，$I_{B(sat)}\approx\dfrac{V_{CC}}{\beta R_C}$。显然，只要实际注入基

极的电流 i_B 大于其临界饱和基极电流 $I_{B(sat)}$ 的值，三极管便工作在饱和状态。因此三极管的饱和条件为 $i_B > I_{B(sat)} \approx \dfrac{V_{CC}}{\beta R_C}$ 。三极管工作在饱和区时，由三极管的输入特性和输出特可性知：$u_{BE} = U_{BE(sat)} \approx 0.7V$，$u_{CE} = U_{CE(sat)} \leqslant 0.3V$。此时三极管如同闭合的开关，等效电路如图 1.5.6（b）所示。

在图 1.5.5（a）所示的电路中，R_B=10kΩ，R_C=1kΩ，V_{CC}=5V，三极管的 β=50，三极管饱和时 $u_{BE(sat)}$=0.7V，$u_{CE(sat)}$=0.3V。则：

当 u_i=0.3V 时，因为 u_{BE}<0.5V，i_B=0，所以三极管工作在截止状态，i_C=0。因为 i_C=0，所以输出电压：$u_o=V_{CC}-i_C R_C = 5V$。

当 u_i=1V 时，三极管导通，基极电流

$$i_B = \frac{u_i - u_{BE}}{R_B} = \frac{1-0.7}{10} = 0.03\text{ mA}$$

三极管处于临界饱和时的基极电流

$$I_{B(sat)} = \frac{u_i - u_{CE(sat)}}{\beta R_C} = \frac{5-0.3}{50\times 1} = 0.094\text{ mA}$$

因为 $0<i_B<I_{B(sat)}$，所以三极管工作在放大状态。此时 $i_C=\beta i_B=50\times0.03=1.5$ mA，输出电压 $u_o=u_{CE}=U_{CC}-i_C R_C=5-1.5\times1=3.5V$。

当 u_i＝3V 时，三极管导通，基极电流

$$i_B = \frac{3-0.7}{10} = 0.23\text{ mA}$$

而

$$I_{B(sat)} = 0.094\text{ mA}$$

因为 $i_B>I_{B(sat)}$，所以三极管工作在饱和状态。输出电压：$u_o=U_{CE(sat)}=0.3$ V，集电极电流为

$$i_{C(sat)} = \frac{V_{CC} - u_{CE(sat)}}{R_C} = \frac{5-0.3}{1} = 4.7\text{ mA}$$

可以看出三极管相当于一个由基极电流所控制的开关，三极管截止时相当于开关断开，饱和时相当于开关闭合。

2. 开关时间参数（动态特性）

半导体三极管和二极管相似，并非理想开关，三极管的截止与饱和两种状态相互转换的过程，也需要一定的时间。在图 1.5.5（a）所示共发射极开关电路中，当输入一个理想的矩形脉冲 u_i 时，集电极电流 i_C 的变化和输出电压 u_o 的变化如图 1.5.7 所示。

三极管由截止到饱和导通所需要的时间，称为开通时间，用 t_{on} 表示，$t_{on} = t_d + t_r$；t_d 称为延迟时间，是从 u_i 的正跳变开始至 i_C 上升到 $0.1I_{C(sat)}$ 所需要的时间；t_r 称为上升时间，是 i_C 从 $0.1I_{C(sat)}$ 上升到 $0.9I_{C(sat)}$ 所需要的时间。t_{on} 是三极管发射结由宽变窄和基区积累电荷所需要的时间。

三极管由饱和导通到截止所需要的时间，称为关断时间，用 t_{off} 表示，$t_{off} = t_s + t_f$；t_s 称为存储时间，是从 u_i 的负跳变开始至 i_C 下降到 $0.9I_{C(sat)}$ 所需要的时间；t_f 称为下降时间，是 i_C 从 $0.9I_{C(sat)}$ 下降到 $0.1I_{C(sat)}$ 所需要的时间。t_{off} 主要是清除三极管内存电荷所需要的时间。

三极管的开关时间一般为纳秒数量级，并且 $t_s > t_f$ 、$t_{off} > t_{on}$，因此 t_s 的大小是决定三极管开关速度的主要参数。半导体三极管开关时间的存在，影响了开关电路的工作速度。由于 $t_{off} > t_{on}$，所以减少饱和导通时基区存储电荷的数量，尽可能地加速其消散过程，是提高三极管开关速度的关键。

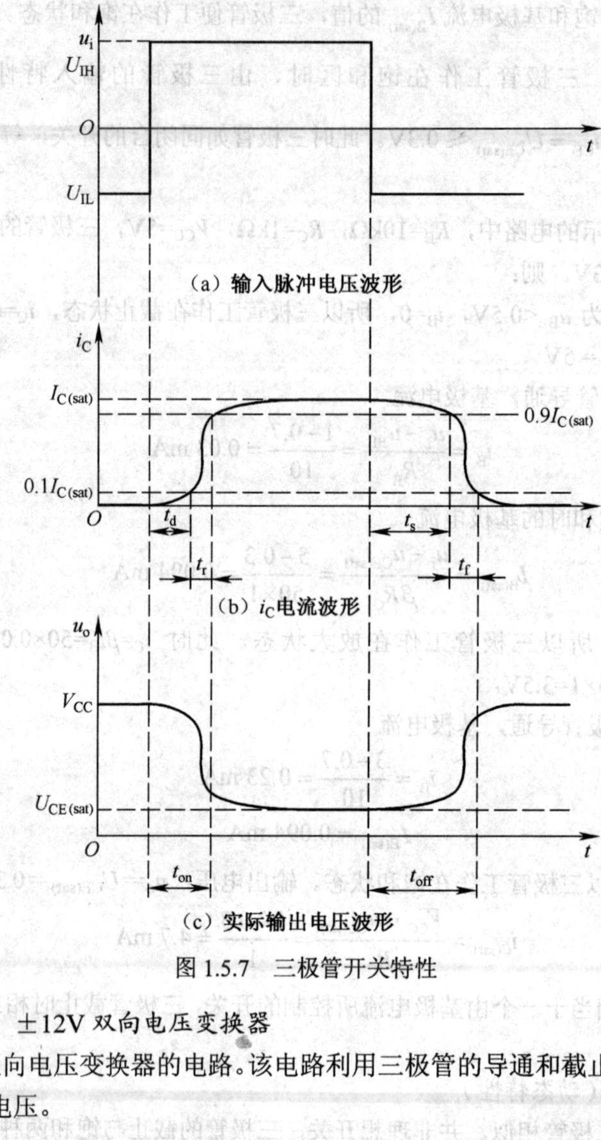

（a）输入脉冲电压波形

（b）i_C电流波形

（c）实际输出电压波形

图 1.5.7　三极管开关特性

（二）案例分析：±12V 双向电压变换器

图 1.5.8 所示为双向电压变换器的电路。该电路利用三极管的导通和截止特性可将＋5V 直流电压变换为±12V 双向电压。

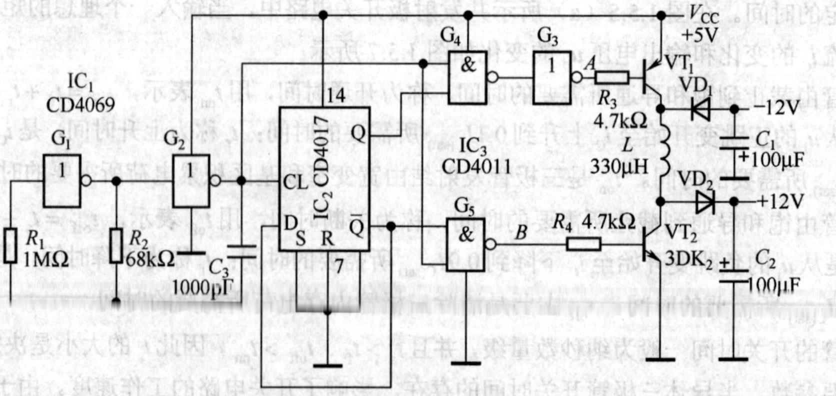

图 1.5.8　双向电压变换器电路

电路结构：电路中非门 G_1、G_2 组成频率为 8kHz、占空比为 50%的方波振荡器；CD4017 触发器组成二分频电路；VT_1、VT_2、VD_1、VD_2 组成电压变换电路。

工作原理：方波振荡器输出的信号输入给 CD4017 触发器的 CL 端，经 CD4017 二分频，在非门 G_3 的输出端 A 和与非门 G_2 的输出端 B，得到如图 1.5.9 所示的波形，它们在不同的时间有着不同的电平关系，从而形成 VT_1、VT_2 工作状态的 4 个区域。在 t_1 区域，VT_1 和 VT_2 均导通，在 L 上流过一定的电流；在 t_2 区域，VT_1 导通，VT_2 截止，由于 L 上的电流不能突变，t_1 区域段的电流依然维持并通过 VT_1 和 VD_2 向 C_2 充电，在 C_2 上产生正电压；在 t_3 区域，VT_1 和 VT_2 均导通；在 t_4 区域，VT_1 截止，VT_2 导通，t_3 区域的电流依然维持并通过 VT_2 和 VD_1 向 C_1 充电，这时，电流是反向的，因此在 C_2 上产生负电压。由于上述过程是不断重复进行的，所以在 C_1 上可得到-12V 的电压输出，C_2 上可得到＋12V 的电压输出。如图 1.5.9 所示。

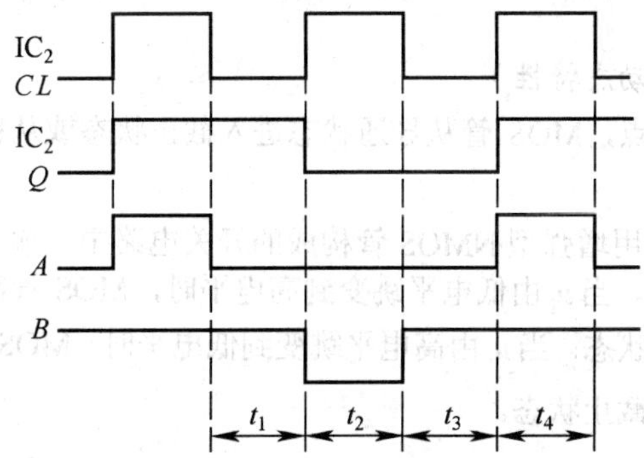

图 1.5.9　双向电压变换器波形

三、MOS 管门电路

MOS 管是金属-氧化物-半导体场效应管的简称，与三极管功能相似，也是一种具有电流放大功能的器件。与三极管不同的是，场效应管是一种电压控制器件，栅极与源极之间的电压控制了漏极与源极之间的电流，使漏极与源极之间相当于一个受栅极和源极电压控制的受控电流源。MOS 管也具有 3 个不同的工作状态，即截止状态、电阻状态（相当于双极型三极管的饱和状态）、恒流状态（相当于双极型三极管的放大状态），在数字电路中，MOS 管只能工作在截止状态和电阻状态。我们以 N 沟道增强型 MOS 管（绝缘栅型场效应管）为例介绍其开关特性。

（一）开关作用（静态特性）

在图 1.5.10（a）所示的用增强型 NMOS 管构成的开关电路中，栅极和源极间输入矩形波 u_i，并设 NMOS 管的开启电压为 $U_{GS(th)N}$（>0）。

当 $u_i < U_{GS(th)N}$ 时，NMOS 管工作在截止状态，漏极 D 与源极 S 间呈现高电阻，如同断开的开关，$I_D = 0$，$u_o = U_{DS} \approx V_{DD}$（高电平）。其等效电路如图 1.5.10（b）所示。

当 $u_i > U_{GS(th)N}$ 时，漏极 D 与源极 S 间导通，$I_G \approx 0$（这说明增强型 NMOS 管的输入电阻很大，I_G 是不能控制 I_D 的），漏极 D 与源极 S 的导通电阻 R_{ON} 很小，如同闭合的开关，且当 $R_D >> R_{ON}$ 时，$u_o = U_{DS} = \dfrac{R_{ON}}{R_D + R_{ON}} \cdot V_{DD} \approx 0$（低电平）。其等效电路如图 1.5.10（c）所示。

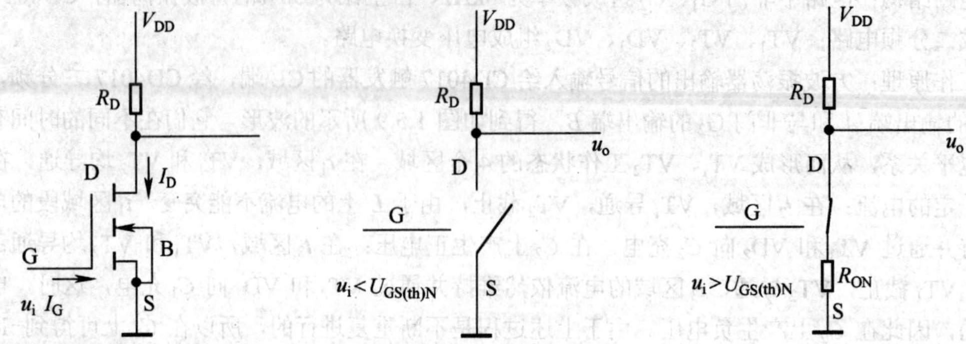

（a）MOS 管的开关电路　　（b）截止时等效电路　　（c）导通时等效电路

图 1.5.10　MOS 管的开关电路及等效电路

（二）开关时间参数（动态特性）

根据 MOS 管的构造特点，MOS 管从导通状态进入截止状态或从截止状态进入导通状态均需要一定的过渡时间。

在图 1.5.10（a）所示的用增强型 NMOS 管构成的开关电路中，输入理想的矩形波，其漏极电流 i_D 的变化如图 1.5.11 所示。当 u_i 由低电平跳变到高电平时，MOS 管需要经过开通时间 t_{on} 之后，才能由截止状态转换到导通状态。当 u_i 由高电平跳变到低电平时，MOS 管需要经过关断时间 t_{off} 之后，才能由导通状态转换到截止状态。

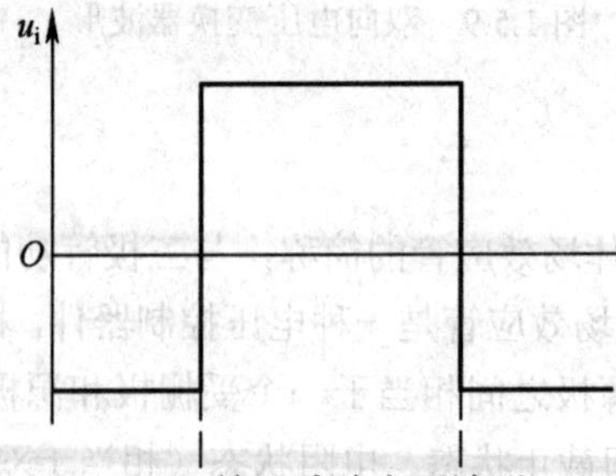

（a）输入脉冲电压波形

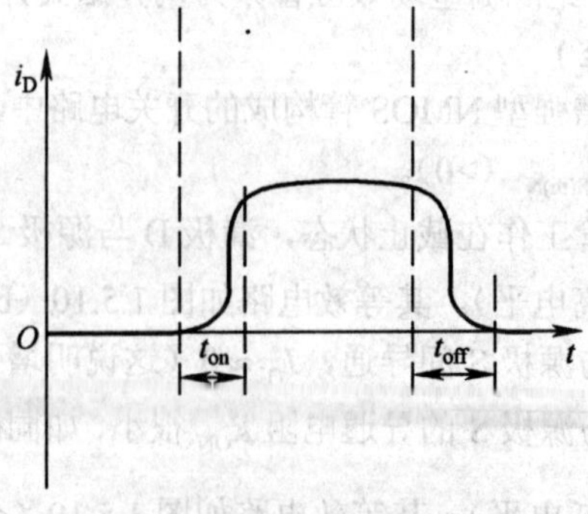

（b）实际电流波形

图 1.5.11　MOS 管开关特性

MOS 管的导通电阻比半导体三极管的饱和导通电阻要大得多，R_D 也比 R_C 大，所以它的开通和关断时间比晶体管长，其开关特性较差。

项目六　逻辑电路的分析与设计

一、组合逻辑电路概述

（一）组合逻辑电路功能特性

数字电路根据逻辑功能特性的不同，可分为两大类：组合逻辑电路（简称组合电路）和时序逻辑电路（简称时序电路）。

在组合电路中，任意时刻的输出状态只取决于该时刻的输入状态，而与该时刻前的电路状态无关，即输入和输出的关系具有即时性。任务一和任务五中介绍到的各类门电路，在逻辑功能上均符合上述特点，都属组合电路。门电路是构成组合逻辑电路的基本单元。

图 1.6.1 是组合逻辑电路的一般方框图，x_1、x_2、…、x_n 是输入逻辑变量，z_1、z_2、…、z_m 是输出逻辑变量。

图 1.6.1　组合逻辑电路一般方框图

由图 1.6.1 可以看出，在组合逻辑电路中，只有从输入端到输出端的传递，没有从输出端到输入端的反传递，即数字信号是单向传递的。其函数表达式的形式如为：

$$
\begin{aligned}
z_1 &= f_1(x_1, x_2, \cdots, x_n) \\
z_2 &= f_2(x_1, x_2, \cdots, x_n) \\
&\vdots \\
z_m &= f_m(x_1, x_2, \cdots, x_n)
\end{aligned}
\qquad (1.6.1)
$$

（二）组合逻辑电路逻辑功能表示方法及分类

（1）组合逻辑电路逻辑功能表示方法与前述的逻辑函数功能标识方法相类似，也包括真值表、卡诺图、逻辑表达式、逻辑电路图、波形图（时序图）等。

（2）组合逻辑电路的分类主要有：

1）按照逻辑功能特点不同分为加法器、比较器、编码器、译码器、数据选择器、数据分配器等。

2）按照使用基本开关元件的不同分为 CMOS、TTL 等类型。

3）按照集成度不同分为 SSI、MSI、LSI、VLSI 等类型。

二、组合逻辑电路的分析与设计

（一）组合逻辑电路的分析

所谓分析，即给定某一个逻辑电路，通过推导计算得出电路的逻辑功能。其通常采用的步骤如下：

（1）由逻辑图写出各输出端的逻辑表达式。方法是从输入到输出（或从输出到输入）逐级写出逻辑表达式。

（2）如果写出的逻辑表达式不是最简形式，要进行化简或变换，得到最简式。

（3）根据最简式列出真值表。

（4）根据真值表或最简式对逻辑电路进行分析，最后确定其功能。

组合逻辑电路的分析举例如下：

【例 1.6.1】 已知逻辑电路如图 1.6.2 所示，分析该电路的功能。

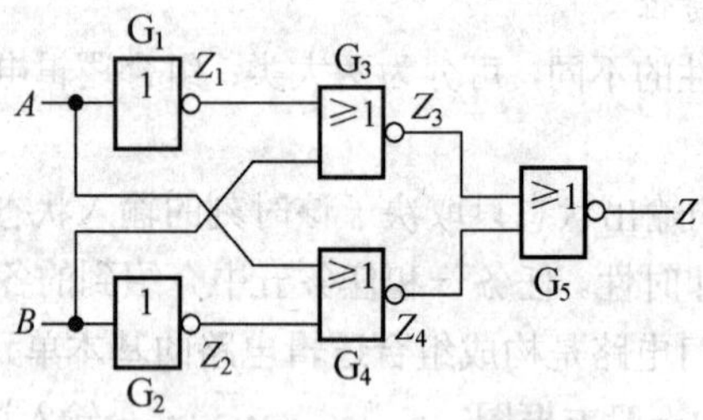

图 1.6.2　例 1.6.1 的图

解　（1）从输入端到输出端，逐级写出各个门的逻辑式，最后写出输出函数 Z 的逻辑式：

G_1门：$Z_1=\overline{A}$

G_2门：$Z_2=\overline{B}$

G_3门：$Z_3=\overline{Z_1+B}=\overline{\overline{A}+B}$

G_4门：$Z_4=\overline{A+Z_2}=\overline{A+\overline{B}}$

G_5门：$Z=\overline{Z_3+Z_4}=\overline{\overline{\overline{A}+B}+\overline{A+\overline{B}}}$　　(1.6.2)

（2）对式（1.6.2）进行整理化简：

$$Z=\overline{Z_3+Z_4}=\overline{\overline{\overline{A}+B}+\overline{A+\overline{B}}}=\overline{\overline{\overline{A}+B}}\,\overline{\overline{A+\overline{B}}}=(\overline{A}+B)(A+\overline{B})=\overline{A\oplus B}=A\odot B \tag{1.6.3}$$

（3）由最简式（1.6.3）列出真值表，如表 1.6.1 所示。

表 1.6.1　例 1.6.1 的真值表

A	B	Z
0	0	1
0	1	0
1	0	0
1	1	1

（4）分析逻辑功能。输入信号 A 和 B 在逻辑功能上满足“同态为 1、异态为 0”，此即同或逻辑电路的逻辑功能，所以该电路是由 2 个非门和 3 个或非门构成的同或门。

【例 1.6.2】 电路逻辑图如图 1.6.3 所示，A、B、C 为输入变量，Y 为输出变量，试说明电路的功能。

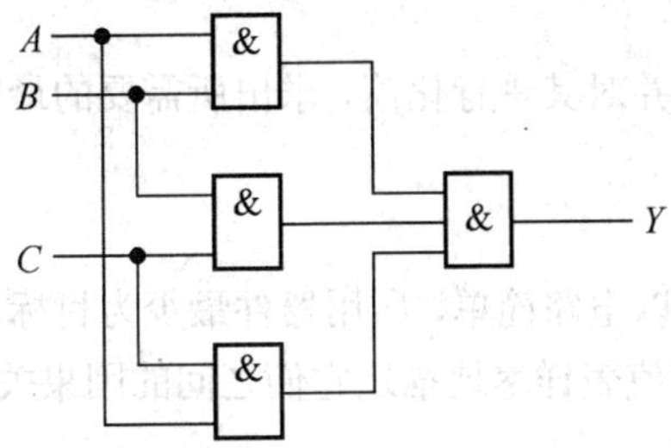

图 1.6.3　例 1.6.2 的图

解　（1）根据逻辑图写出逻辑表达式：

$$Y=(AB)(AC)(BC)=ABC$$

（2）根据逻辑表达式列真值表，如表 1.6.2 所示。

表 1.6.2　例 1.6.2 的真值表

A	*B*	*C*	*Y*
0	0	0	0
0	0	1	0
0	1	0	0
0	1	1	0
1	0	0	0
1	0	1	0
1	1	0	0
1	1	1	1

（3）从真值表可以看出，当 A、B、C 三个变量中 3 个同时取值为 1 时，Y=1，否则 Y=0，因而电路功能是判断输入变量中是否一致为 1，为判“1”一致电路。

由以上两个例题的分析可知，由门电路组成的组合逻辑电路的分析是以从逻辑图求解逻辑表达式、逻辑函数的化简和从逻辑表达式求解真值表为基础的。读者随着对各种常用组合逻辑电路的有关概念和逻辑功能的不断深入了解，将会更准确地分析和描述已知电路的功能。

（二）组合逻辑电路的设计

根据实际逻辑问题，求出实现这一逻辑功能的最简逻辑电路，并将其通过实际的硬件装置加以实现，这就是组合逻辑电路的设计所要完成的工作。组合逻辑电路的设计步骤为：

1. 对实际问题进行逻辑抽象

（1）分析设计要求，确定输入输出信号及它们之间的因果关系；

（2）设定变量，即用英文字母表示有关输入输出信号，表示输入信号者称为输入变量，表示输出信号者称为输出变量，有时也称为输出函数或简称为函数；

（3）状态赋值，即用 0 和 1 表示信号的有关状态；

（4）列真值表，根据因果关系，把变量的各种取值和相应的函数值，以表格的形式一一列出，而变量取值顺序则常按二进制递增排列，也可按循环码排列。

2. 求逻辑表达式与化简

根据真值表求逻辑表达式，并对其进行化简，求出所需要的最简式（这里要注意选择器件的类型）。

3. 根据最简式画出逻辑图

组合逻辑电路的设计，通常以电路简单，所用器件最少为目标。设计的关键是正确定义输入变量和输出变量，并且正确地用真值表详尽地描述它们之间的因果关系。

组合电路的设计举例如下：

【例 1.6.3】 已知有 3 个逻辑变量 A、B、C，利用与非门设计一个逻辑电路，判断 3 个变量中是否有多数个取值为 1。

解 （1）定义 A、B、C 3 个变量为输入变量，设输出变量为 Y。当 Y=1 时，表明 A、B、C 多数取值为 1，否则 Y=0。

（2）列真值表，如表 1.6.3 所示。

表 1.6.3 例 1.6.3 真值表

A	B	C	Y
0	0	0	0
0	0	1	0
0	1	0	0
0	1	1	1
1	0	0	0
1	0	1	1
1	1	0	1
1	1	1	1

（3）由真值表写出逻辑表达式（注意题目要求我们选用与非门实现），所以必须将函数变换为“与非—与非”表达式并化简。

$$Y = \overline{A}BC + A\overline{B}C + AB\overline{C} + ABC = AB + AC + BC = \overline{\overline{AB} \cdot \overline{AC} \cdot \overline{BC}} \tag{1.6.4}$$

（4）根据逻辑表达式画逻辑图，如图 1.6.4 所示。

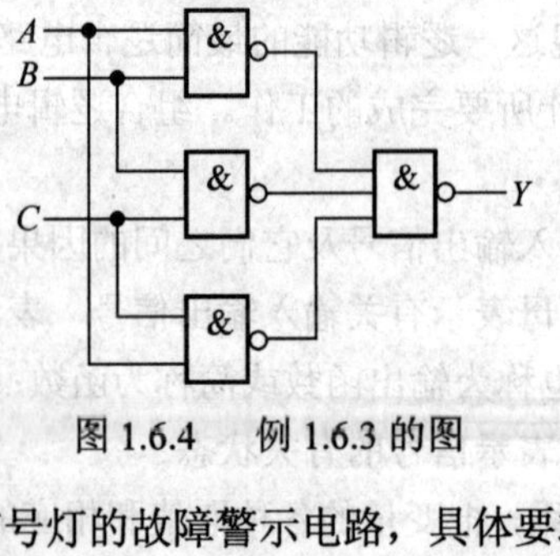

图 1.6.4 例 1.6.3 的图

【例 1.6.4】 设计一个交通信号灯的故障警示电路，具体要求如图 1.6.5 所示，当有一个交通信号灯亮时，为正常工作状态，此时故障信号输出为 0；其余情况下，均为非正常工作状态，故障信号输出为 1，发出报警。

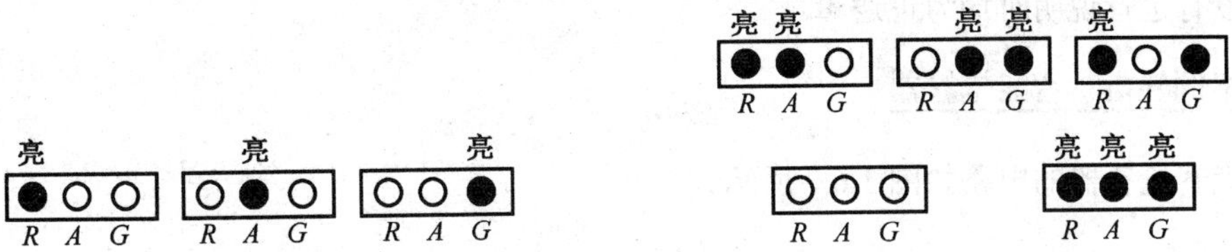

（a）正常状态　　（b）故障状态

图 1.6.5　例 1.6.4 图

解　（1）由题意进行逻辑抽象，设 R、A、G 为输入变量，分别表示红色、黄色、绿色信号灯，Z 为输出变量，表示信号灯是否正常工作。列出真值表如表 1.6.4 所示。

表 1.6.4　例 1.6.4 真值表

R	A	G	Z
0	0	0	1
0	0	1	0
0	1	0	0
0	1	1	1
1	0	0	0
1	0	1	1
1	1	0	1
1	1	1	1

（2）由真值表可以列出逻辑表达式为：

$$Z=\overline{R}\,\overline{A}\,\overline{G}+\overline{R}AG+R\overline{A}G+RA\overline{G}+RAG$$

化简后得到：

$$Z=\overline{R}\,\overline{A}\,\overline{G}+AG+RG+RA \qquad (1.6.5)$$

（3）根据逻辑表达式 1.6.5 式画出逻辑图如图 1.6.6 所示。

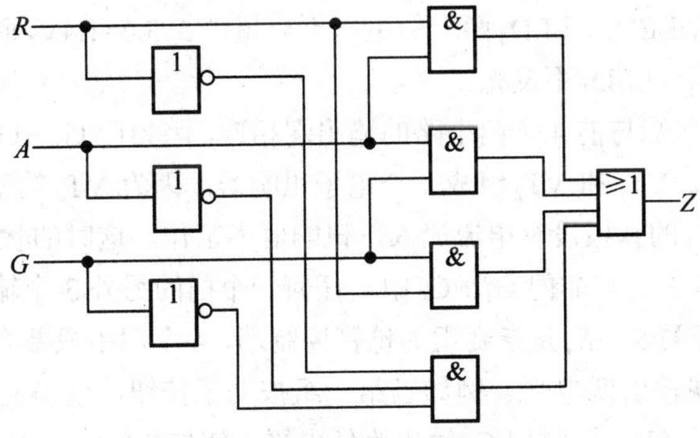

图 1.6.6　例 1.6.4 逻辑图

在逻辑电路中，逻辑变量可能是高电平有效，也可能是低电平有效。当高电平有效时，把逻辑变量写成原变量的形式，称为正逻辑；当低电平有效时，把逻辑变量写成反变量的形式称为负逻辑。

在本书中没有进行说明时均为正逻辑。

三、案例分析：智能抢答器

智力竞赛抢答器的电路如图 1.6.7 所示。

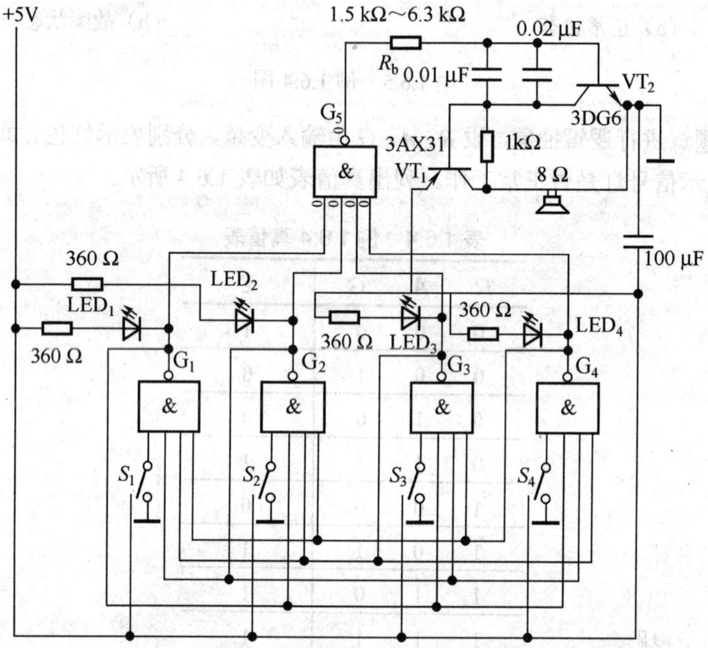

图 1.6.7　智能抢答器的电路原理图

首先，对智力抢答器组合逻辑电路工作原理定性分析。智力竞赛抢答器电路是由 3 部分组成的，第一部分为时间判别电路，第二部分为光电指示电路，第三部分为讯响器。它是利用 5 个 TTL 与非门电路组成的抢答器，它可供 4 个或 4 个以下的竞赛组使用。其中与非门 G_1～G_4 均有一个输入端分别通过 4 只单刀双掷开关 S_1～S_4 接地，所以与非门 G_1～G_4 中，每一个门电路的四个输入端都有一个是低电平，此时 4 个与非门的输出均为高电平，一般为 3.6V。因为电源电压为 5V，所以在每个门输出端发光二极管 LED_1～LED_4 两端的电压不会超过 5-3.6=1.4V，而所用的发光二极管的工作电压为 3V，所以 LED_1～LED_4 不发光。

与非门 G_5 的 4 个输入端与前 4 个门电路的输出端相连，因为门 G_1～G_4 都是高电平，所以与非门 G_5 的输出端为低电平。VT_1 和 VT_2 组成一个电子讯响器，因为 VT_2 的基极电阻 R_b 与与非门 G_5 的输出端相连，所以 VT_2 的基极没有电流流入，讯响器不工作。这时的状态就相当于 4 个竞赛组都没有按动开关的等待状态。与非门 G_1～G_4 中，任何一个门的另外 3 个输入端都和其他 3 个门的输出端相连。单刀双掷开关 S_1～S_4 是参赛组的抢答控制端，4 个门中只要有一个门输出低电平，其他几个与非门不可能出现输出低电平。例如当第一组按动了按钮，使得它所对应的单刀双掷开关 S_1 由接地变成了接高电平+5V，这时门 G_1 输出为低电平，使与非门 G_2～G_4 输出高电平，不再受开关 S_2～S_4 的控制。与此同时，LED_1 两端电压因超过 3V 而发光。另外因为门 G_5 输出端也变为高电平，使讯响器发声，这样就使得主考官在听到响声之后，只要看哪个组的发光二极管亮了，就可知道是哪个组首先抢答了。

其次，定性介绍智力抢答器组合逻辑电路的设计过程。先确定参赛组为 4 个，每组对应一个抢答按钮（共 4 个）；输出端要求：先抢答者相应的信号灯点亮并伴有铃声，因此确定输入变量为 S_1、S_2、S_3、S_4（4 个抢答按钮），输出变量为 Y_1、Y_2、Y_3、Y_4（4 个发光二极管）和一个公用扬声器 L。然后根据要求列出真值表如表 1.6.5 所示。由真值表可以列出表达式，最后由表达式可以画出逻辑电路。

表 1.6.5　智能抢答器真值表

S_1	S_2	S_3	S_4	Y_1	Y_2	Y_3	Y_4	L
0	0	0	0	0	0	0	0	0
1	0	0	0	1	0	0	0	1
0	1	0	0	0	1	0	0	1
0	0	1	0	0	0	1	0	1
0	0	0	1	0	0	0	1	1

项目七　逻辑电路的竞争冒险

一、竞争冒险的产生

前述的分析设计组合逻辑电路的方法，都是在输入输出处于稳定的逻辑电平下进行的。实际上，从信号输入到稳定输出需要一定的时间。由于从输入到输出存在不同的通路，而这些通路上门电路的级数不同，或者门电路平均延迟时间不同，使信号经不同通路传输到输出级所需的时间不同，可能造成系统中的某些环节误动作，从而使输出端出现错误信号输出，通常把这种现象称为竞争冒险。

如图 1.7.1（a）所示电路中，与门 G_2 的输入是 A 和 $\overline{A}$ 两个互补信号。由于 G_1 的延迟，$\overline{A}$ 的下降沿要滞后于 A 的上升沿，因此在很短的时间间隔内，G_2 的两个输入端都会出现高电平，使它的输出出现一个高电平窄脉冲，如图 1.7.1（b）所示，这个输出信号是个错误信号。对于速度不是很快的数字系统，窄脉冲不会使之紊乱，但是对于高速工作的数字系统，窄脉冲将使系统逻辑混乱，不能正常工作，是必须克服的一种现象。为此应当识别电路是否存在竞争冒险，并采取措施加以解决。

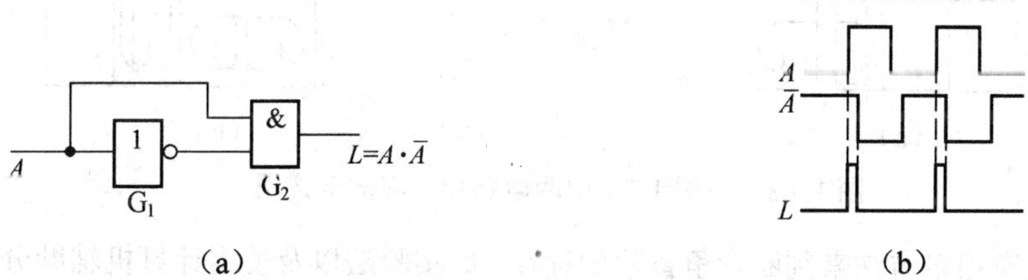

图 1.7.1　产生正跳变脉冲的竞争冒险

二、竞争冒险的判别

（一）代数法判别

在输入变量每次只有一个改变状态的简单情况下，可以通过逻辑函数式判断组合逻辑电路中是否有竞争冒险存在。假若输出端门电路的两个输入信号 A 和 $\overline{A}$ 是经过不同的传输通路而来的，那么当变量 A 的状态发生突变时，输出端必然存在竞争冒险。因此，只要输出函数在一定条件下能简化成

$$Y = A + \overline{A} \quad 或 \quad Y = A \cdot \overline{A}$$

就可判定存在竞争冒险。

【例 1.7.1】 已知输入变量每次只有一个改变状态。试判断图 1.7.2 所示电路是否存在竞争冒险。

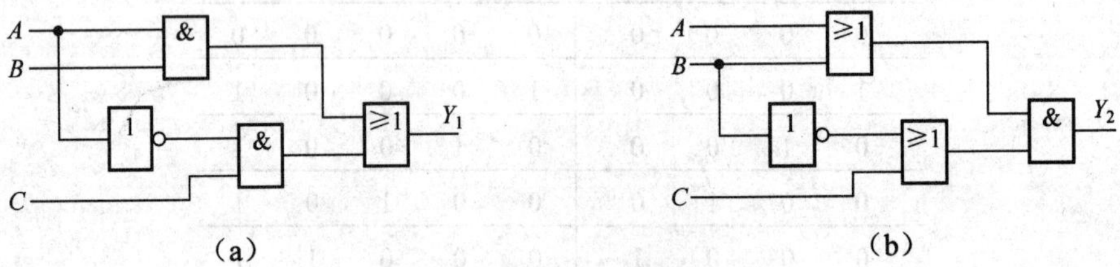

图 1.7.2 例 1.7.1 的图

解 在图 1.7.2（a）电路中，当 B=C=1 时，输出逻辑函数式为：

$$Y_1 = AB + \overline{A}C = A + \overline{A}$$

所以图 1.7.2（a）电路中存在竞争冒险。

在图 1.7.2（b）电路中，当 A=C=0 时，输出逻辑函数式为：

$$Y_2 = (A+B) \cdot (\overline{B}+C) = B \cdot \overline{B}$$

所以图 1.7.2（b）电路中存在竞争冒险。

（二）用卡诺图法判断

凡是函数卡诺图中存在相切而不相交的方格群的逻辑函数都存在竞争冒险现象。

例 1.7.1 中的两个电路，已经判断其存在竞争冒险现象，观察它们的卡诺图，可以看到它们都存在着相切而不相交的方格群。如图 1.7.3 所示。

图 1.7.3 与例 1.7.1 中两电路相对应的卡诺图

除此之外，还有很多方法来判断竞争冒险的存在，如实验法以及使用计算机辅助分析手段等都可以用来判断竞争冒险。

三、竞争冒险的消除

（一）修改逻辑设计

以图 1.7.4（a）所示电路为例加以说明。图示电路为一种常见的组合逻辑电路：数据选择器，

将在后续章节中详细介绍。读图可知，$Y=\overline{A}D_0+AD_1$，当 A 的状态发生变化时，将产生竞争冒险现象，如图 1.7.4（b）所示。

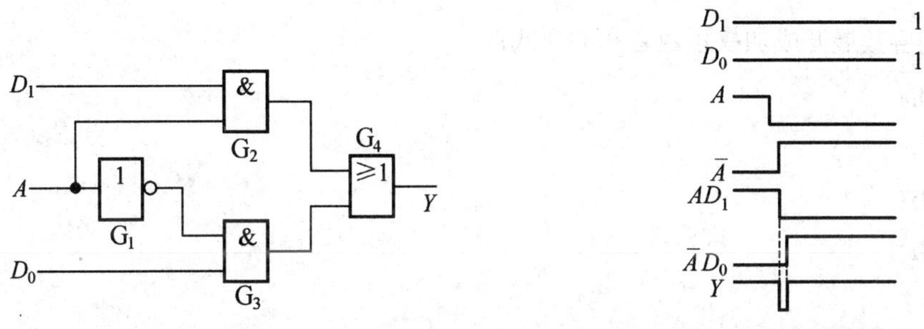

（a）电路图　　（b）竞争冒险波形

图 1.7.4　竞争冒险举例

根据图 1.7.5 所示的卡诺图，修改逻辑设计，输出信号 Y 增加一项冗余项，写成

$$Y=\overline{A}D_0+AD_1+D_1D_0 \tag{1.7.1}$$

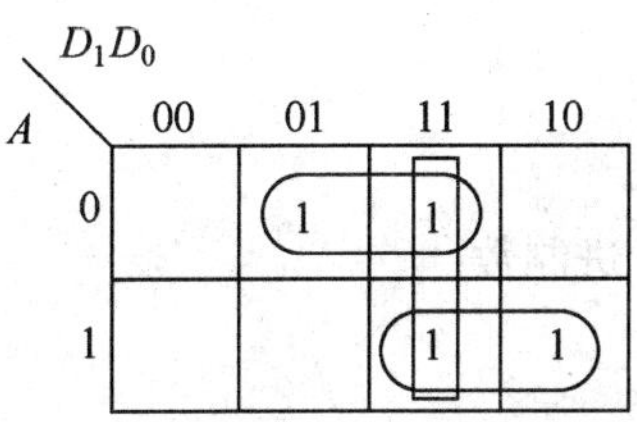

图 1.7.5　图 1.7.4 所示电路的卡诺图

根据式（1.7.1）画出逻辑图如图 1.7.6 所示。增加 D_1D_0 这一项后，当 D_1=D_0=1 时，无论 A 如何变化，输出 Y 始终为 1，因此不再有干扰脉冲出现，消除了竞争冒险现象。因为从逻辑上看 D_1D_0 项对于函数 Y 是多余的，所以称之为冗余项。

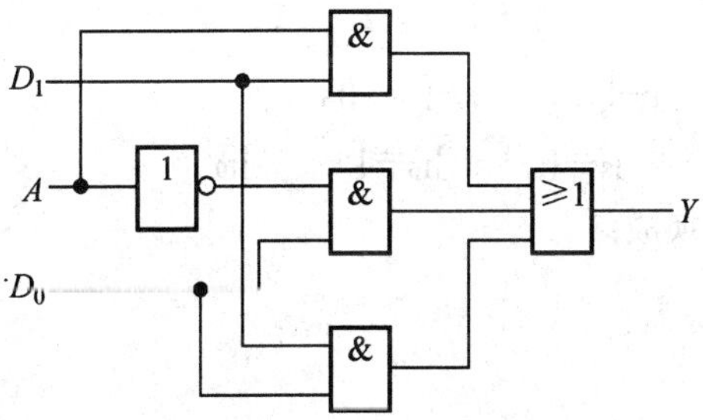

图 1.7.6　修改后的逻辑图

（二）其他消除方法

除修改表达式的方法外，由于竞争冒险现象所产生的干扰脉冲非常窄，所以可在输出端接一个容量很小的滤波电容来加以消除；还可以引入选通脉冲等方法来消除。在处理时要观察在什么前提下消除，以便选择合适的方法。

习题一

1.1 将下列各数展开成加权系数之和的形式：

（1）$(1937)_{10}$

（2）$(2010)_{10}$

（3）$(1101)_{2}$

（4）$(0110)_{2}$

（5）$(375)_{8}$

（6）$(320)_{8}$

（7）$(2DE)_{16}$

（8）$(FD8)_{16}$

1.2 将下列十进制数转换成二进制数：

（1）100

（2）1025

（3）13.625

1.3 将下列二进制数转换成十进制数：

（1）1001

（2）1010110

（3）1110111

1.4 完成下列数的转换：

（1）$[10101010]_2=[\quad\quad]_8=[\quad\quad]_{16}$

（2）$[10011100]_2=[\quad\quad]_8=[\quad\quad]_{16}$

（3）$[1100111011]_2=[\quad\quad]_8=[\quad\quad]_{16}$

（4）$[154]_{10}=[\quad\quad]_2=[\quad\quad]_8=[\quad]_{16}$

（5）$[11110011]_2=[\quad\quad]_8=[\quad\quad]_{16}=[\quad\quad]_{10}$

1.5 将十进制数 263 转换成：

（1）8421BCD 码

（2）2421BCD（a）码

（3）5421（b）码

1.6 在下列各个逻辑函数表达式中，变量 A、B、C 为那些取值时函数值为 1？

（1）$Y_1 = AB + BC + \overline{A}C$

（2）$Y_2 = AB + BC + AC$

（3）$Y_3 = A\overline{B} + \overline{ABC} + \overline{A}B + AB\overline{C}$

（4）$Y_4 = \overline{AB + B\overline{C}}(A + B)$

1.7　列出下列函数的真值表：

（1）$F=AB+\overline{B}C$

（2）$F=\overline{A}BC+A\overline{C}+BD$

1.8　用真值表证明下列等式：

（1）$A\oplus B=\overline{A\oplus B\oplus 1}$

（2）$A(B\oplus C)=AB\oplus AC$

（3）$(\overline{A}+B)(A+C)(B+C)=(\overline{A}+B)(A+C)$

1.9　用基本公式和基本规则证明下列等式：

（1）$(A+B+C)(\overline{A}+\overline{B}+\overline{C})=A\overline{B}+\overline{A}C+B\overline{C}$

（2）$AB\overline{D}+A\overline{B}\,\overline{D}+AB\overline{C}=A\overline{D}+AB\overline{C}$

（3）$A+A\overline{B}\,\overline{C}+\overline{A}CD+(\overline{C}+\overline{D})E=A+CD+E$

（4）$\overline{A\overline{B}+\overline{A}C+B\overline{C}}=\overline{A}\,\overline{B}\,\overline{C}+ABC$

（5）$\overline{A\oplus B}\,\overline{B\oplus C}\,\overline{C\oplus D}=\overline{A\overline{B}+B\overline{C}+C\overline{D}+D\overline{A}}$

（6）$A\overline{B}+\overline{A}B+BC=A\overline{B}+AC+\overline{A}B$

（7）$A\oplus B\oplus C=ABC+(A+B+C)\overline{AB+BC+CA}$

（8）$A\oplus B=\overline{A}\oplus\overline{B}$

1.10　用公式法化简下列函数：

（1）$Y=AB(BC+A)$

（2）$Y=(A\oplus B)C+ABC+\overline{A}\,\overline{B}C$

（3）$Y=\overline{\overline{A}BC}(B+\overline{C})$

（4）$Y=\overline{\overline{A\overline{B}}+ABC+A(B+A\overline{B})}$

（5）$Y=(\overline{A}+\overline{B}+\overline{C})(B+\overline{B}C+\overline{C})(\overline{D}+DE+\overline{E})$

（6）$Y=\overline{B}+ABC+\overline{A}\,\overline{C}+\overline{A}\,\overline{B}$

（7）$Y=\overline{\overline{\overline{A}+B}+\overline{A+B}+\overline{AB}\,\overline{A}B}$

（8）$Y=AB+ABD+\overline{A}D+BCD$

1.11　写出下列函数的对偶式：

（1）$Y=\overline{A+\overline{B+\overline{C}}}$

（2）$Y=(A+\overline{B})(\overline{A}+B)(B+C)(\overline{A}+C)$

（3）$Y=AB+B\overline{D}+\overline{B}C+\overline{C}D$

（4）$Y=\overline{\overline{A+B}+CD}+\overline{\overline{C+D}+AB}$

1.12　写出下列函数的反函数：

（1）$Y=A\overline{B}+\overline{C}\,\overline{D}$

（2）$Y=(\overline{AB}+\overline{BD})(AC+BD)$

（3）$Y=A\cdot\overline{B+\overline{C}}+\overline{A}D$

1.13　什么叫最小项？最小项有什么性质？简述其编号方法。

1.14 将下列函数展开为最小项表达式：

（1）$Y = AB + BC + CA$

（2）$Y = \overline{AB + AD + BC}$

（3）$Y = \overline{A\overline{B}\,\overline{C}\,\overline{D} + \overline{ABC}}$

（4）$Y = \overline{\overline{A}\,\overline{B} + ABD}(B + \overline{C}D)$

1.15 用卡诺图化简下列函数，并写出最简与或表达式：

（1）$F = XY + \overline{X}\,\overline{Y}\,\overline{Z} + \overline{X}Y\overline{Z}$

（2）$Y = \overline{A}B + \overline{B}C + \overline{B}\,\overline{C}$

（3）$Y = ABD + \overline{A}\,\overline{C}\,\overline{D} + \overline{A}B + \overline{A}CD + A\overline{B}\,\overline{D}$

（4）$Y = A\overline{B}C + AC + \overline{A}BC + \overline{B}C\overline{D}$

（5）$Y(A,B,C) = \sum m(0, 2, 4, 5, 6)$

（6）$Y(A,B,C,D) = \sum m(7, 13, 14, 15)$

（7）$Y(A,B,C,D) = \sum m(0, 2, 5, 7, 8, 10, 13, 15)$

（8）$Y(A,B,C,D) = \sum m(2, 6, 7, 8, 9, 10, 11, 13, 14, 15)$

（9）$Y(A,B,C,D) = \sum m(1, 3, 4, 6, 7, 9, 11, 12, 14, 15)$

1.16 什么叫约束、约束条件？在公式法化简法和卡诺图化简法中，约束条件为什么可以根据化简的需要加上或者去掉？

1.17 用卡诺图化简下列具有约束条件的逻辑函数：

（1）$Y(A,B,C,D) = \sum m(0,1,2,3,6,8) + \sum d(10,11,12,13,14,15)$

（2）$Y(A,B,C,D) = \sum m(2,4,6,7,12,15) + \sum d(0,1,3,8,9,11)$

1.18 用卡诺图化简下列具有约束条件的逻辑函数，下列函数的约束条件为 $AB + AC = 0$ 。

（1）$Y(A,B,C) = \overline{AC} + \overline{A}B$

（2）$Y(A,B,C,D) = \overline{A}\,\overline{B}C + \overline{A}BD + \overline{A}B\overline{D} + A\overline{B}\,\overline{C}\,\overline{D}$

1.19 二极管门电路如题图 1.1 所示，二极管具有理想的导电特性。A、B 的高电平输入为 5V，低电平输入为 0.3V，分别画出题图（a）、题图（b）的真值表，并写出表达式。

题图 1.1

1.20 组合逻辑电路有什么特点？分析组合逻辑电路的目的是什么？分析方法是什么？

1.21 分析题图 1.2 所示电路，说明其逻辑功能。

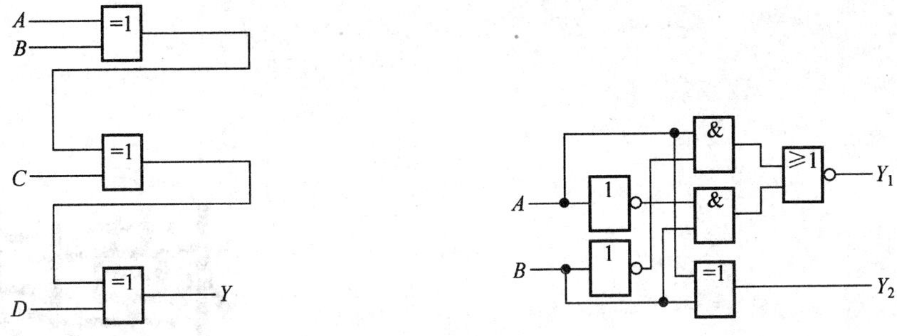

（a） （b）

题图 1.2

1.22 用与非门设计一个逻辑电路，判断逻辑变量 A、B、C、D 中是否有多数个为 1。要求当多数为 1 时输出为 1，否则输出为 0。

1.23 设计一个组合逻辑电路，其输入是 4 位二进制数 $D=D_3D_2D_1D_0$，要求能判断出下列 3 种情况：（1）D 中没有 1；（2）D 中有两个 1；（3）D 中有奇数个 1。

1.24 设计一个组合逻辑电路，其输入是 4 位二进制数 $B=B_3B_2B_1B_0$，要求：

（1）能被 2 整除时输出为 1，否则为 0；（2）能被 5 整除时输出为 1，否则为 0；

（3）大于或等于 5 时输出为 1，否则为 0；（4）小于或等于 10 时输出为 1，否则为 0。

1.25 农民为了控制田里的抽水机，在现场和家里各装一个开关，要求两开关均能控制抽水机运转和停止。试写出控制电路的逻辑关系。

1.26 大教室能容两班学生，小教室能容一班学生。为了节电，若有一班学生自习，则开小教室的灯；两个班自习，则开大教室的灯；3 个班自习则两教室均开。试写出 3 个班学生是否自习和两教室是否开灯的逻辑关系。

1.27 如题图 1.3（a）所示，G_1 门、G_2 门的平均传输时间为 25ns，输入波形如题图 1.3（b）所示。

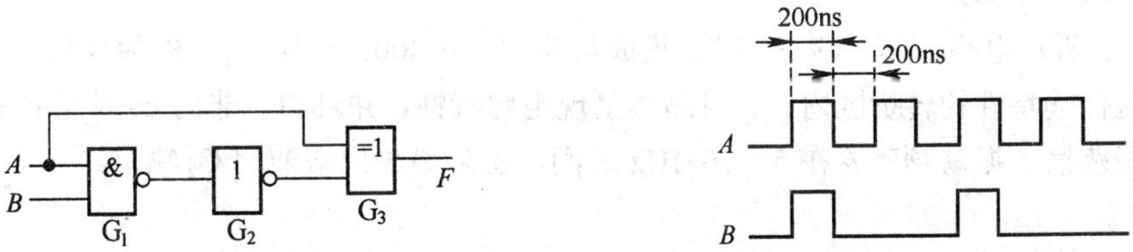

（a） （b）

题图 1.3

（1）分析电路是否存在竞争冒险现象。

（2）画出 F 的波形。

模块二

应用篇

项目一　集成门电路

一、TTL 集成门电路

【案例导入】 正弦波振荡器

TTL 集成门电路在工程案例中应用十分广泛，以下介绍由 TTL 集成与非门 74LS00 构成的频率稳定度很高的正弦波振荡器电路。关于石英晶体振荡器的内容将在后续的模块十中有详细介绍。

（一）并联晶体振荡器

如图 2.1.1 所示电路，G_1、G_2 为 TTL 集成与非门 74LS00，电阻 R_1、R_2 为反馈电阻。G_1、G_2 工作在其电压传输特性的转折区内。石英晶体呈现电感特性，并且和与非门 G_1 及电容 C_1、C_2 组成电容三点式振荡器。振荡频率 f_0 在 5～10MHz 之间，由隔离输出级非门 G_2 输出。

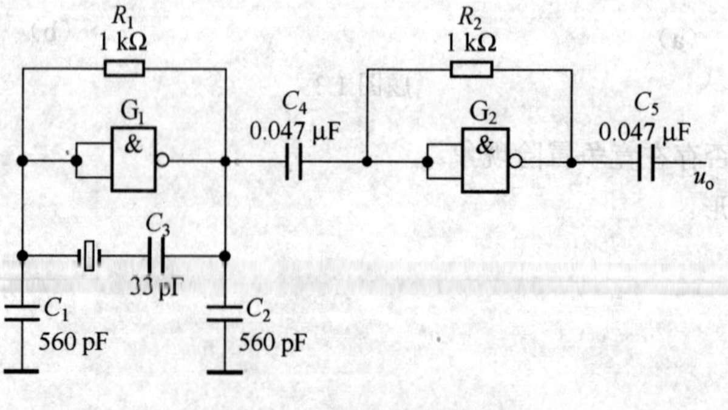

图 2.1.1　并联晶体振荡器

（二）串联晶体振荡器

如图 2.1.2 所示电路，石英晶体处于串联谐振状态，电抗呈纯阻性，其值很小，近似于短接。电路中 G_1、G_2、G_3 均为 TTL 集成与非门 74LS00，G_1、G_2 组成同相放大器和石英晶体直接构成正反馈，引起振荡。微调电容 C 作频率微调，经隔离输出级 G_3 输出。此电路特点是容易起振，且频率稳定。

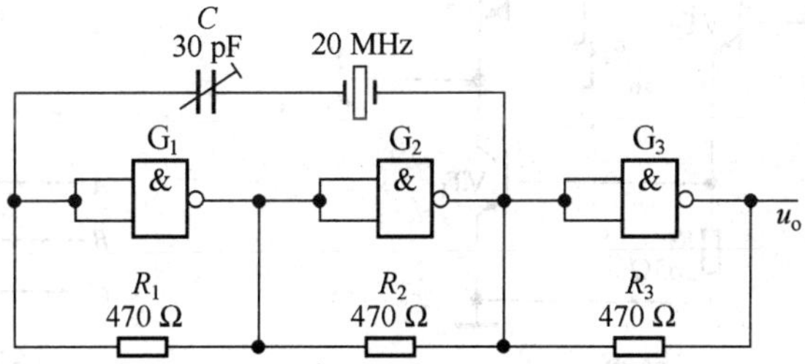

图 2.1.2　串联晶体振荡器

（三）外控式晶体振荡器

如图 2.1.3 所示电路，采用 TTL 集成与非门 74LS00 和石英晶体组成。当外部控制信号为高电平时，工作原理和串联晶体振荡器相同，电路产生振荡；低电平时停振，输出恒为高电平。

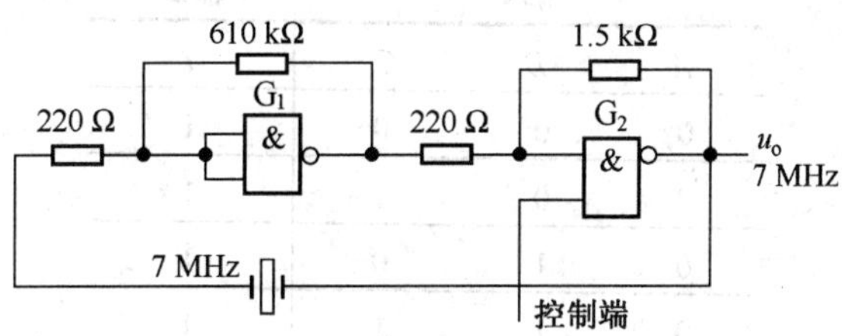

图 2.1.3　外控式晶体振荡器

案例中的 TTL 与非门是一种典型的 TTL 集成门电路。TTL 电路是目前双极型数字集成电路中用得最多的一种，由于这种数字集成电路的输入级和输出级的结构形式都采用了双极型三极管的逻辑电路，所以一般称为晶体管—晶体管逻辑门电路，简称 TTL 电路（Transistor-Transistor Logic）。由于 TTL 集成电路的生产工艺成熟，产品参数稳定、工作可靠、开关速度高，而得到广泛的应用。

【知识链接】

（一）TTL 与非门的结构与功能

图 2.1.4（a）所示是典型 TTL 与非门的电路结构，逻辑符号如图 2.1.4（b）所示。

多发射极三极管 VT_1 和电阻 R_1 构成输入级，其功能是对输入变量 A、B、C 实现与运算。多发射极三极管 VT_1 的 3 个发射结为 3 个 PN 结。三极管 VT_2 和电阻 R_2、R_3 构成中间反相级，VT_2 的集电极和发射极同时输出两个逻辑电平相反的信号，用来控制三极管 VT_4、VT_5 的工作状态。三极管 VT_3、VT_4、VT_5 和电阻 R_4、R_5 构成输出级，在正常工作时，VT_4 和 VT_5 总是一个截止，一个饱和。

在电路逻辑功能上，当输入端至少有一端接低电平时，输出为高电平；当输入端全部接高电平时，输出为低电平，输出和输入之间满足与非逻辑关系

$$Y = \overline{A \cdot B \cdot C}$$

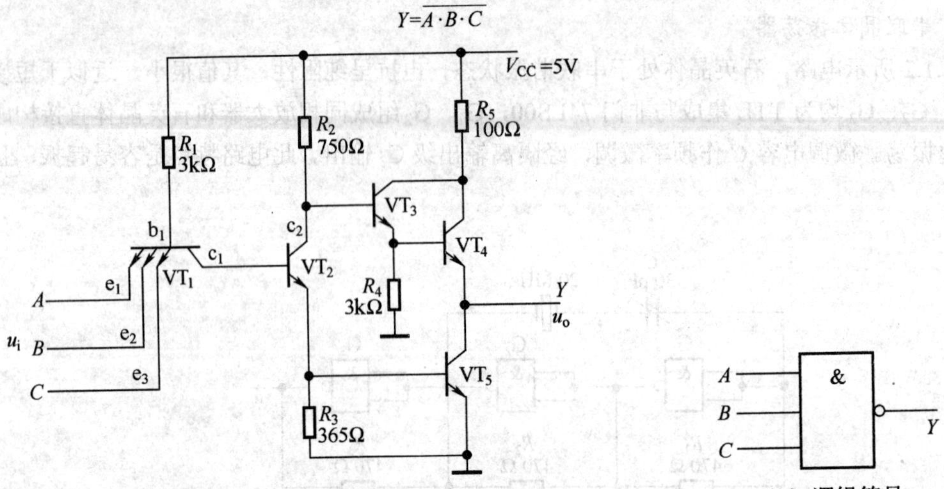

（a）电路原理图　　　　　　（b）逻辑符号

图 2.1.4　典型的 TTL 与非门电路

其真值表如表 2.1.1 所示。

表 2.1.1　TTL 与非门真值表

输入			输出
A	B	C	Y
0	0	0	1
0	0	1	1
0	1	0	1
0	1	1	1
1	0	0	1
1	0	1	1
1	1	0	1
1	1	1	0

（二）TTL 与非门的主要技术参数

1. 标称逻辑电平 U

在逻辑门电路中，通常用 1 表示高电平，0 表示低电平，这种表示逻辑 1 和 0 的理想电平值，称为标称逻辑电平，TTL 与非门电路的标称逻辑电平分别为 $U(1)=5\text{V}$，$U(0)=0\text{V}$。

2. 输入开门电平 U_{ON} 和输入关门电平 U_{OFF}

实际门电路中，高电平或低电平都不可能是标称逻辑电平，而是处在偏离这一标称值的一个范围内。当输入电平在 0V～U_{OFF} 范围内都表示逻辑值 0；当输入电平在 U_{ON}～5V 范围内都表示逻辑值 1，此时电路都能实现正常的逻辑功能。我们称 U_{OFF} 为关门电平，表示逻辑值 0 的输入电平的最大值；称 U_{ON} 为开门电平，表示逻辑值 1 的输入电平的最小值。

一般 TTL 与非门的 $U_{OFF}\approx0.8\text{V}$，$U_{ON}\approx1.8\text{V}$，这就是说，当输入端受到干扰而使高电平下降或低电平升高时，只要高电平不降到 1.8V 以下，低电平不升到 0.8V 以上，门电路仍能正常工作。

3. 输出高电平 U_{oH} 和输出低电平 U_{oL}

与非门至少有一个输入端接低电平时的输出电压叫输出高电平 U_{oH}。不同型号的 TTL 与非门，内部结构有所不同，U_{oH} 也不一样。即使是同一个与非门，U_{oH} 也随负载的变化表现出不同的数值。但只要在 2.4～3.6V 之间即认为是合格的。标准高电平 U_{SH}＝2.4V。

与非门所有的输入端都接高电平时的输出电压叫输出低电平 U_{oL}。其值只要在 0～0.4V 之间即认为是合格的。标准低电平 U_{SL}＝0.4V。

4. 平均传输延迟时间 t_{pd}

平均传输延迟时间 t_{pd} 是一个反映门电路工作速度的重要参数。信号经过任何门电路都会产生时间的延迟，这是由于器件本身的物理性质所决定的。

这里的延迟时间包含输入输出信号电平变化所需的延时和门电路输入影响输出的延时两项内容，如图 2.1.5 所示，图中的 t_{PHL} 为输入波形上升沿的 50%幅值处到输出波形下降沿 50%幅值处所需要的时间，t_{PLH} 为输入波形下降沿的 50%幅值处到输出波形上升沿 50%幅值处所需要的时间。平均传输延迟时间 t_{pd}=(t_{PHL}＋t_{PLH})/2。平均传输延迟时间越小，门电路的响应速度越快，工作频率越快。

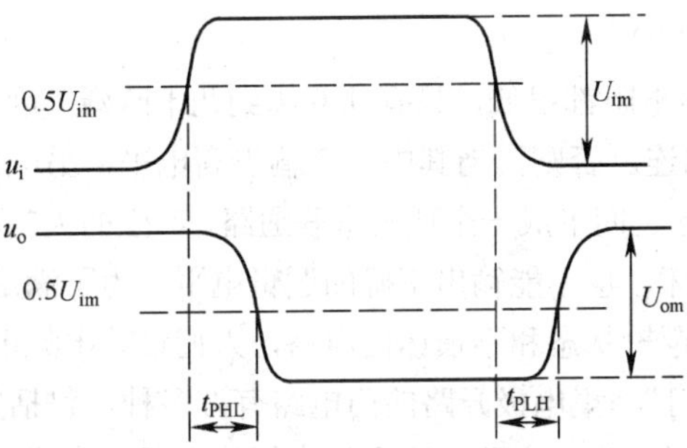

图 2.1.5 TTL 与非门的传输延迟时间

5. 噪声容限 U_{NH} 和 U_{NL}

当与非门的输入端全接高电平时，其输出应为低电平，但是若输入端窜入负向干扰电压，有可能使实际输入电平低于 U_{ON}，使输出电压不能保证为低电平。在保证与非门输出低电平的前提条件下，允许叠加在输入高电平上的最大负向干扰电压叫高电平噪声容限（或叫高电平干扰容限），记作 U_{NH}。其值一般为

$$U_{NH} = U_{iH} - U_{ON} = 2.4 - 1.8 = 0.6\text{V} \tag{2.1.1}$$

式（2.1.1）中，U_{iH} =2.4V 是输入高电平的标准值。

当与非门的输入端接有低电平时，其输出应为高电平，若输入端窜入正向干扰，有可能使输入低电平叠加上该干扰电压后大于 U_{OFF}，使输出不能保证为高电平。在保证与非门输出高电平的前提下，允许叠加在输入低电平上的最大正向干扰电压叫低电平噪声容限（或叫低电平干扰容限），记作 U_{NL}。其值一般为

$$U_{NL} = U_{OFF} - U_{iL} = 0.8 - 0.4 = 0.4\text{V} \tag{2.1.2}$$

式（2.1.2）中，U_{iL} =0.4V 是输入低电平的标准值。

6. 输入短路电流 I_{iS}

当某一输入端接地，其余输入端悬空时，流入接地输入端的电流称为输入短路电流 I_{iS}，产品

规范值 $I_{iS} \leqslant 2.2\text{mA}$。

7. 输入漏电流 I_{iH}

当某一输入端接高电平，其余输入端接地时，流入接高电平输入端的电流称为输入漏电流，产品规范值 $I_{iH} \leqslant 70\mu\text{A}$。

8. 最大灌电流 I_{oLmax} 和最大拉电流 I_{oHmax}。

I_{oLmax} 是在保证与非门输出标准低电平的前提下，允许流进输出端的最大电流，一般为十几毫安。I_{oHmax} 是在保证与非门输出标准高电平并且不出现过功耗的前提下，允许流出输出端的最大电流，一般为几毫安。

9. 扇入系数 N_i 和扇出系数 N_o。

扇入系数 N_i 是门电路的输入端数。一般 $N_i \leqslant 5$，最多不超过 8。当需要的输入端数超过 N_i 时，可以用与扩展器来实现。

扇出系数 N_o 是在保证门电路输出正确的逻辑电平和不出现过功耗的前提下，其输出端允许连接的同类门的输入端数。一般 $N_o \geqslant 8$，功率驱动门的 N_o 可达 25。N_o 越大，表明门电路的带负载能力越强。N_o 由 I_{oLmax}/I_{iS} 和 I_{oHmax}/I_{iH} 中的较小者决定。

（三）TTL 集电极开路与非门

1. 集电极开路门（OC 门）

一般 TTL 门电路的输出电阻都很低，只有几欧姆到几十欧姆，因此不能把两个或两个以上的 TTL 门电路的输出端直接相连。否则，当其中一个输出高电平，另一个输出低电平时，它们中导通的三极管，就会在电源和地之间形成一个低阻串联通路。产生的大电流会导致门电路因功耗过大而损坏，即使门电路不被损坏，也不能输出正确的逻辑电平。为了满足门电路输出端“并联应用”的要求，又不破坏输出端的逻辑状态和不损坏门电路，人们设计出集电极开路的 TTL 门电路，简称“OC（Open Collector）门”。集电极开路的门电路有许多种，包括集电极开路的与门、非门、与非门、异或非门及其他种类的集成电路。下面仅介绍集电极开路的 TTL 与非门。

集电极开路的 TTL 与非门即 OC 与非门，其典型电路及逻辑符号如图 2.1.6 所示。

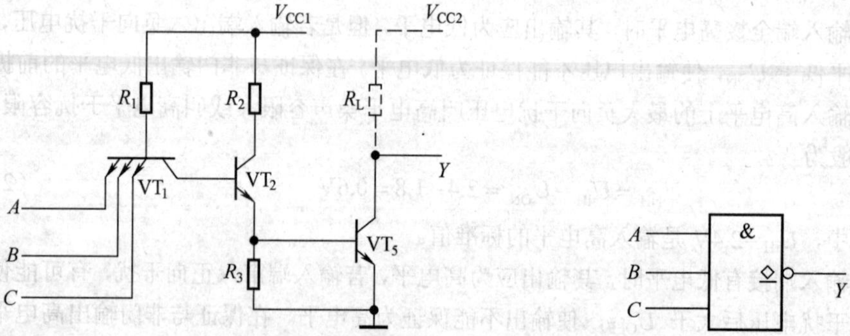

（a）电路图　　　　（b）国标符号

图 2.1.6　OC 与非门电路

2. TTL 集电极开路与非门（OC 与非门）结构特点

OC 与非门的电路特点是输出三极管的集电极开路。使用时必须外接上拉电阻 R_L 与电源相连。多个 OC 与非门输出端相连时，可以共用一个上拉电阻。OC 与非门电路与图 2.1.4 所示的 TTL 与非门相比，差别仅在于用外接上拉电阻 R_L 取代了由 VT_3、VT_4 构成的有源负载。

3. TTL 集电极开路与非门（OC 与非门）功能特性

OC 与非门接上上拉电阻 R_L 后，当输入中有低电平时，VT_2、VT_5 均截止，Y 端输出高电平（$U_{oH}\approx V_{CC2}$）。当输入全是高电平时，VT_2、VT_5 均导通，只要 R_L 取值适当，VT_5 就可以达到饱和，使 Y 端输出低电平（$U_{oL}\approx 0.3V$）。可见 OC 与非门外接上拉电阻 R_L 后，就是一个与非门。OC 与非门外接电阻的大小会影响系统的开关速度，其值越大，工作速度越低。由于开关速度受到限制，OC 与非门只适用于开关速度不高的场合。

（四）TTL 三态与非门

1. 电路结构

三态门是指不仅可以输出高电平、低电平两个状态，而且还可以输出高阻状态的门电路。三态门又称 TS 门或 TSL 门。三态门是数字系统在采用总线结构时对接口电路提出的要求下设计实现的。

三态与非门的电路和逻辑符号如图 2.1.7 所示。

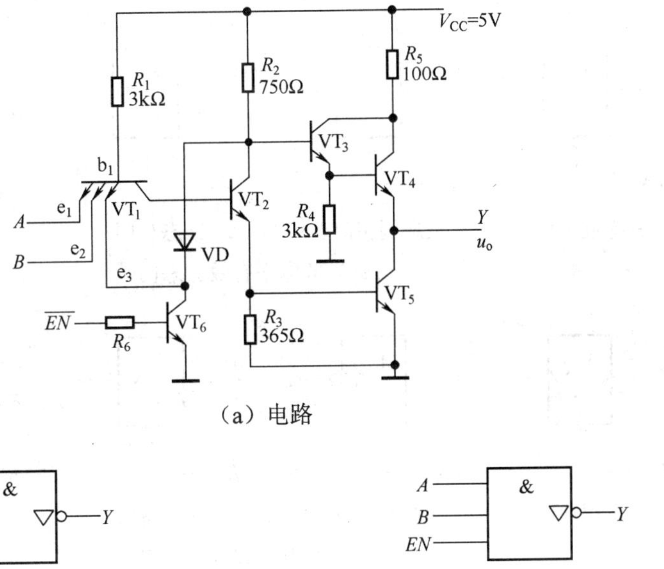

（a）电路

（b）$\overline{EN}=0$ 有效的逻辑符号　　（c）EN=1 有效的逻辑符号

图 2.1.7　三态 TTL 与非门电路及逻辑符号

2. 功能特性

图 2.1.7 和图 2.1.4 相比较，增加了 VT_6、VD、R_6。$\overline{EN}$ 端为控制端，也叫选通端或使能端。A 端和 B 端为信号输入端，Y 端为输出端。

当 $\overline{EN}=0$ 时，三极管 VT_6 截止，其集电极电位 U_{C6} 为高电平，使 VT_1 中与 VT_6 集电极相连的发射结也截止，由于和二极管 VD 的 N 区相连的 PN 结全截止，故 VD 截止。这时三态门和普通与非门完全一样，完成与非功能，$Y=\overline{A\cdot B}$。三态门工作在选通状态。

当 $\overline{EN}=1$ 时，三极管 VT_6 饱和导通，集电极电位 U_{C6} 为低电平，所以 VD 导通。使 U_{C2} 被钳位在 1V 左右，致使 VT_4 截止。同时，U_{C6} 使 VT_1 管发射极之一为低电平，所以 VT_2、VT_5 也同时截止。因而输出端相当于悬空或开路。这时三态门相对于负载呈现高阻抗，我们称这种状态为高阻态或悬浮状态，也叫禁止状态。在禁止状态下，三态门与负载之间无信号联系，对负载不产生任何逻辑功能，所以禁止状态不是逻辑状态，三态门也不是三值逻辑门。表 2.1.2 是三态门真值表。

表 2.1.2　三态与非门真值表

$\overline{EN}$	A	B	Y
1	×	×	高阻
0	0	0	1
0	0	1	1
0	1	0	1
0	1	1	0

3. 常见的 TTL 三态门及其逻辑符号

常见的 TTL 三态门有三态缓冲门、三态非门、三态与门、三态与非门。其逻辑符号如图 2.1.8 所示。各种三态门又分为低电平有效的三态门和高电平有效的三态门。

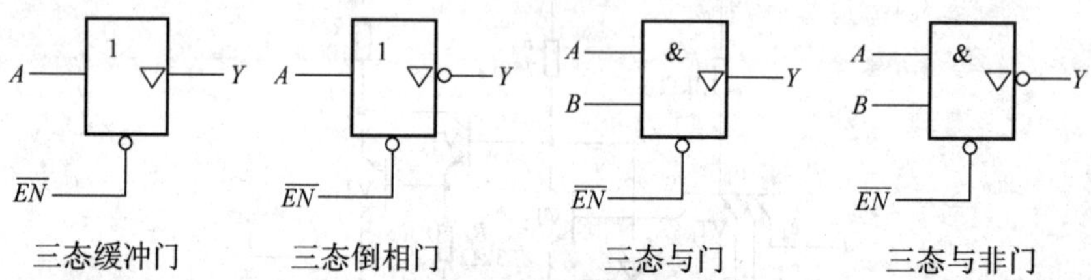

（a）低电平有效三态门

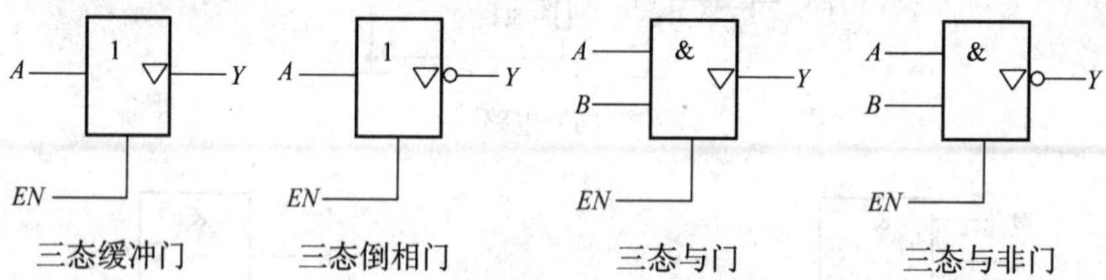

（b）高电平有效三态门

图 2.1.8　各种三态门的逻辑符号

低电平有效的三态门是指当 $\overline{EN}=0$ 时，三态门工作；当 $\overline{EN}=1$ 时，三态门禁止。其逻辑符号如图 2.1.8（a）所示。这类三态门又称为低电平选通三态门；高电平有效的三态门是指当 $EN=1$ 时，三态门工作，当 $EN=0$ 时，三态门禁止。其逻辑符号如图 2.1.8（b）所示。这类三态门又称为高电平选通三态门。

【扩展应用】

（一）TTL 与非门的工作原理

1. 输入端有一个或几个为低电平 $U_{iL}=0.3\text{ V}$

参照图 2.1.4，接低电平的发射结正向导通，则 VT_1 的基极电位等于输入低电平加上发射结正向电压 $U_{B1}=U_{BE1}+U_{iL}=0.7+0.3=1\text{ V}$。要使 VT_1 的集电结、VT_2 和 VT_5 的发射结同时导通，U_{B1} 至少应等于 2.1V。现在 $U_{B1}<2.1\text{ V}$，所以，VT_2 和 VT_5 必然截止。由于 VT_2 截止，因此 $I_{C2}\approx 0$，R_2 中的电流也很小，R_2 上的电压很小，这时，VT_2 集电极电压 $U_{C2}=V_{CC}-U_{R2}\approx 5\text{ V}$。该电压向三极管

VT_3、VT_4提供基极电流而使VT_3、VT_4正向导通。输出的电压为

$$u_o = U_{oH} = U_{C2} - U_{BE3} - U_{BE4} = 5 - 0.7 - 0.7 = 3.6V$$

当$u_o = U_{oH}$时，我们称与非门处于关门状态，在此状态下接负载后，由于VT_5截止，即有电流从V_{CC}经R_5流向负载门，这种电流称为拉电流。

2. 输入端全部接高电平$U_{iH} = 3.6\text{ V}$

VT_1的几个发射结均处于反向偏置，基极电压U_{B1}最高不会超过2.1V。因为$U_{B1} > 2.1\text{ V}$时，V_{CC}通过R_1使VT_1的集电结、VT_2和VT_5的发射结同时导通，VT_2和VT_5处于饱和状态。VT_1的集电结、VT_2和VT_5的发射结的同时导通，把U_{B1}钳位在

$$U_{B1} = U_{BC1} + U_{BE2} + U_{BE5} = 0.7 + 0.7 + 0.7 = 2.1\text{ V}$$

这时VT_2的集电极电压为

$$U_{C2} = U_{CE(sat)2} + U_{BE(sat)5} \approx 0.3 + 0.7 = 1\text{ V}$$

大于VT_3的发射结正向电压，使VT_3导通，这时，VT_4的基极和发射极电压分别为

$$U_{B4} = U_{E3} \approx U_{C2} - U_{BE3} = 1 - 0.7 = 0.3\text{ V}$$

$$U_{E4} = U_{CE(sat)5} \approx 0.3\text{ V}$$

VT_4的发射结偏压为

$$U_{BE4} = U_{B4} - U_{E4} = 0.3 - 0.3 = 0\text{ V}$$

所以VT_4处于截止状态。在VT_4截止、VT_5饱和导通的情况下，输出电压为低电平，其值为

$$u_o = U_{oL} = U_{CE(sat)5} = 0.3V$$

当$u_o = U_{oL}$时，我们称与非门处于开门状态，在此状态下接负载后，由于VT_4截止，VT_5的集电极电流全部由外接负载门灌入，这种电流称为灌电流。

3. 输入端全部悬空

VT_1管的发射结全部截止，V_{CC}通过R_1使VT_1的集电结及VT_2、VT_5的发射结同时导通，使VT_2、VT_5处于饱和状态，VT_3、VT_4处于截止状态。显然有$u_o = U_{CE(sat)5} = 0.3V$。

可见输入端全部悬空和输入端全部接高电平时，该电路的工作状态完全相同，所以，TTL电路的某输入端悬空，可以等效地看作该端接入了逻辑高电平。实际电路中，悬空易引入干扰，故对不用的输入端一般不悬空，应作相应的处理。

（二）TTL集成电路产品简介

1. TTL产品简介

将若干个门电路，经集成工艺制作在同一芯片上，加上封装，引出管脚，便可构成TTL集成门电路组件。根据其内部包含门电路的个数、同一门电路输入端个数、电路的工作速度、功耗等，又可分为多种型号。

74LS00、74LS10、74LS20、74LS30是几种常用的中小规模TTL门电路，它们的逻辑功能分别为：四—2输入与非门、三—3输入与非门、二—4输入与非门、8输入与非门。其中74LS00由4个2输入与非门构成，它有14个管脚，其中GND、V_{CC}管脚为接地端和电源端；管脚1A、1B；2A、2B；3A、3B和4A、4B分别为4个与非门的输入端；管脚1Y、2Y、3Y和4Y分别为它们的输出端。其管脚排列如图2.1.9（a）所示。74LS20由两个4输入与非门构成。其管脚排列如图2.1.9（b）所示，其中管脚1A、1B、1C、1D和2A、2B、2C、2D分别为两个与非门的输入端；管脚1Y、2Y分别为它们的输出端。

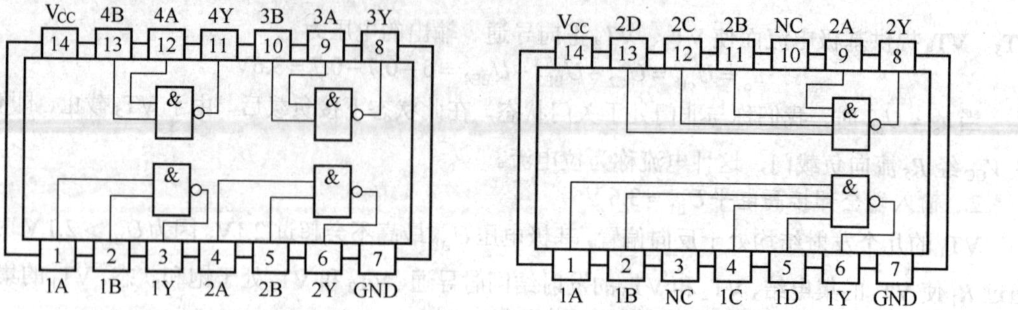

（a）74LS00 管脚图　　（b）74LS20 管脚图

图 2.1.9　74LS00、74LS20 管脚图

我国 TTL 门电路产品型号命名和国际通用的美国德克萨斯（TEXAS）公司所规定的电路品种、电参数、封装等方面一致，以便于互换。TTL 集成电路的型号命名由五部分组成，其符号和意义如表 2.1.3 所示。

表 2.1.3　TTL 器件型号组成的符号及意义

第一部分		第二部分		第三部分		第四部分		第五部分	
型号前级		工作温度符号范围		器件系列		器件品种		封装形式	
符号	意义	符号	意义	符号	意义	符号	意义	符号	意义
CT	中国制造的 TTL 类	54	-55～+125℃	H	标准	阿拉伯数字	器件功能	W	陶瓷扁平
				S	高速			B	塑封扁平
				LS	肖特基			F	全密封扁平
SN	美国 TEXAS 公司	74	0～+70℃	AS	低功耗肖特基			D	陶瓷双列直插
				ALS	先进肖特基			P	塑料双列直插
					先进低功耗			J	黑陶瓷双列直插
				FAS	肖特基				
					快捷肖特基				

例如 CT74LS00F 各部分意义分别为：第一部分 CT，表示中国制造的 TTL 器件；第二部分 74，表示工作温度符号范围为 0～+70℃；第三部分 LS，表示低功耗肖特基；第四部分 00，表示器件功能为四－2 输入与非门；第五部分 F，表示封装形式为全密封扁平封装。

在生产实践过程中，对集成门电路不断提出更高、更新的要求。这主要表现在提高工作速度、降低功耗、加强抗干扰能力、以及提高集成度等各方面。性能比较好的门电路应该是工作速度既快，功耗又小的门电路。目前 LS 系列 TTL 门电路平均传输延迟时间 t_{pd}<5ns，而功耗仅有 2mW，因而得到广泛应用。

我国 TTL 集成电路目前有 CT54/74（普通）、CT54/74H（高速）、CT54/74S（肖特基）和 CT54/74LS（低功耗）等 4 个系列国家标准的集成门电路。它们的主要性能指标如表 2.1.4 所示。在 TTL 门电路中，无论是哪一种系列，只要器件名相同，那么器件功能就相同，只是具体性能参数不同。例如 74LS00GN 与 7400 两个集成门电路，都是 2 输入的与非门，但其性能是有区别的。在实际应用中可根据需要选择使用。

表 2.1.4　TTL 各系列门集成门电路主要性能指标

参数名称 \ 电路型号	CT74 系列	CT74H 系列	CT74S 系列	CT74LS 系列
电源电压/V	5	5	5	5
$U_{oH(min)}$ /V	2.4	2.4	2.5	2.5
$U_{oL(max)}$ /V	0.4	0.4	0.5	0.5
逻辑摆幅/V	3.3	3.3	3.4	3.4
每门功耗/mW	10	22	19	2
每门传输延时/ns	10	6	3	9.5
最高工作频率/MHz	35	50	125	45
扇出系数	10	10	10	20
抗干扰能力	一般	一般	好	好

2. TTL 集成电路的使用注意事项

在使用 TTL 集成电路时，应注意以下事项：

（1）电源电压应满足在标准值 5V±10%的范围。

（2）TTL 电路的输出端所接负载，不能超过规定的扇出系数。

（3）注意 TTL 门多余输入端的处理方法：

①与非门多余输入端的 3 种处理方法如图 2.1.10 所示。

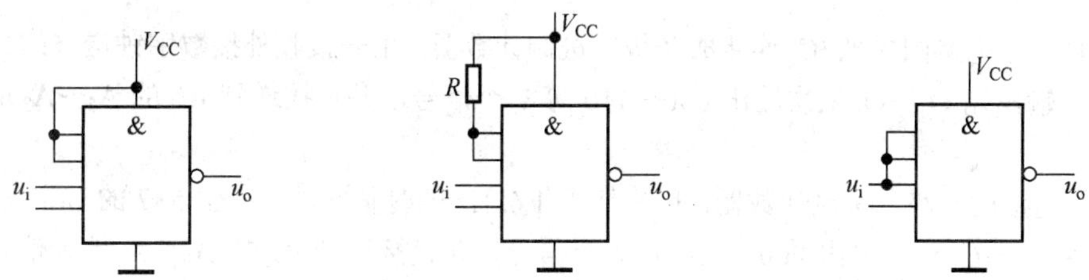

（a）接电源　（b）通过 R 接电源　（c）与使用输入端并联

图 2.1.10　与非门多余输入端的处理方法

②或非门多余输入端的三种处理方法如图 2.1.11 所示。

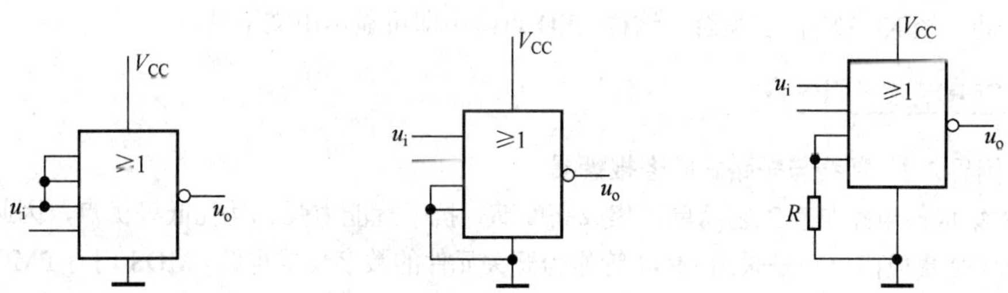

（a）与使用输入端并联　（b）通过 R 接地　（c）接地

图 2.1.11　或非门多余输入端的处理方法

（三）案例：中文星期显示电路

如图 2.1.12 所示是以八同相三态缓冲器/线驱动器 74LS244 为主组成的中文星期显示电路。可显示一、二、三、四、五、六、日等 7 个字型。

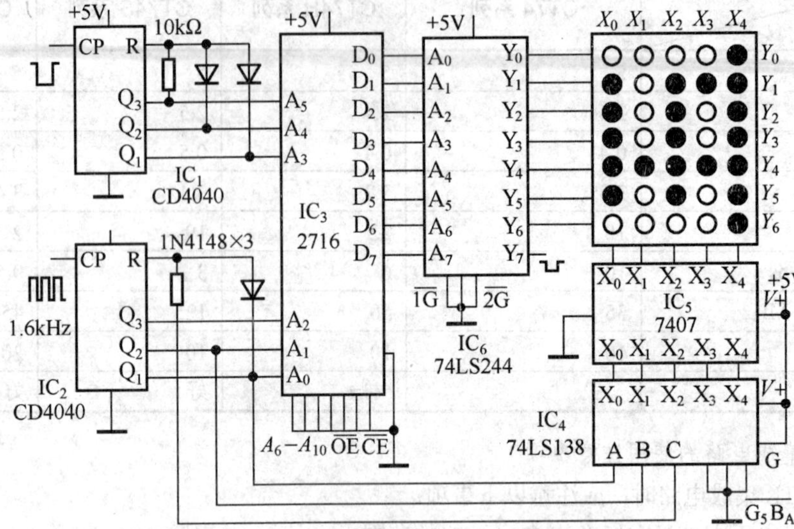

图 2.1.12　中文星期显示电路

电路结构：电路由 IC_1、IC_2 组成 12 级二进制计数器电路；IC_3 组成存储电路；IC_4 组成 3 线－8 线译码电路；IC_5 组成集电极开路高压输出的六缓冲器/驱动器电路；IC_6 组成八同相三态缓冲器/线驱动器电路。

工作原理：电路图中把 IC_1 连接成 7 级二进制计数器，用来接收外接数字钟送来的 24h 一次的计数脉冲，输出端 Q_1～Q_3 依次输出 000～110 等 7 个信号，并直接送到 IC_3 的 A_5～A_3 地址信号输入端存储。

把 IC_2 连接成 5 级二进制计数器，用来接受 1.6kHz 的时基脉冲，产生 5×7 的 LED 点阵扫描地址，输出端 Q_1～Q_3 依次输出 000～100 等 5 个信号，并直接送到 IC_3 的 A_0～A_2 地址信号输入端存储和 IC_4 的 C、B、A 端，经 IC_4 进行译码分离后，从 X_0～X_4 端输出送至 IC_5 的 X_0～X_4 端，经缓冲放大以后再从 IC_5 的 X_0～X_4 输出端输出驱动 5×7 的 LED 点阵。

电路中的 IC_3 应提前按需要写入驱动程序，要求其输出端 D_6～D_0 输出的数据与输入到 A_5～A_3 端的数据一致。在输入端 A_2～A_0 扫描地址的配合下，经 IC_6 缓冲后，对 5×7 的 LED 点阵的 Y_0～Y_6 进行驱动，经 X_0～X_4 同步配合，这样 LED 点阵中即可显示中文字型。

二、CMOS 集成门电路

【案例导入】 断线与短路式防盗报警器

MOS 集成门电路具有工艺简单、集成高度高、抗干扰能力强、功耗低等优点，因此前发展十分迅速。MOS 集成门电路是采用 MOS 管作为开关元件的数字集成电路。MOS 门有 PMOS、NMOS 和 CMOS3 种类型，PMOS 电路工作速度低且采用负电压，不便与 TTL 电路相连；NMOS 电路工作速度比 PMOS 电路要快、集成度高，便于和 TTL 电路相连，但带电容负载能力较弱。CMOS 电路又称互补 MOS 电路，它突出的优点是具有电压控制、静态功耗极低、抗干扰能力强、工作稳定性好、开关速度高、连接方便，是性能较好且应用较广泛的一种电路。

（一）断线与短路式防盗报警器之一

如图 2.1.13 所示报警电路在发生断线或短路时均能将报警器触发，具有防破坏功能。

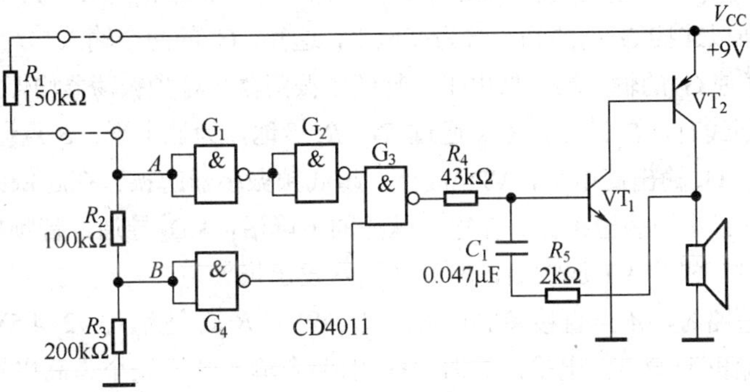

图 2.1.13 报警器电路一

电路结构：与非门 G_1、G_2、G_4 和分压电阻 R_1～R_3 组成报警触发电路；R_1 与连接导线组成报警控制线；三极管 VT_1、VT_2 与反馈元件 R_5、C_1 组成互补式多谐振荡器后，再和扬声器共同组成报警发声电路。

工作原理：在正常工作状态下，R_1、R_2、R_3 三只串联电阻构成分压电路，可求得 A 点电压 $U_A=V_{CC}[(R_2+R_3)/(R_1+R_2+R_3)]=6V$；$B$ 点电压 $U_B=V_{CC}[R_3/(R_1+R_2+R_3)]=4V$。这时，由于 A 点电压为 6V，大于 CMOS 门电路的翻转阈值电压 $V_{CC}/2=4.5V$，因此 G_1 输出低电平，G_2 输出高电平；B 点电压为 4V，小于 CMOS 门电路的翻转阈值电压，G_4 输出高电平。G_3 的两个输入端均为高电平，G_3 输出低电平，互补式多谐振荡器停振。

当报警控制线断线时，A 点经 300kΩ的电阻接地，因此 G_1 输出高电平，G_2 输出低电平。B 点经 200kΩ的电阻接地，因此 G_4 输出高电平。这时，G_3 的两个输入端一个为高电平，一个为低电平，输出端输出高电平，互补式多谐振荡器起振，报警器发声报警。

当报警控制线短路即 R_1 短路时，A 点的电压 $U_A=9V$，因此 G_1 输出低电平，G_2 输出高电平。这时，$U_B=V_{CC}[R_3/(R_1+R_2)]=6V$，因此 G_4 输出低电平。G_3 的两个输入端一个为高电平，一个为低电平，输出端输出高电平，互补式多谐振荡器起振，报警器发声报警。

由以上分析可知，在 R_1 断路或短路时，均能使报警器触发而发出报警信号。

（二）断线与短路式防盗报警器之二

图 2.1.14 所示是采用一只 CD4572 组成的断线与短路式防盗报警器。

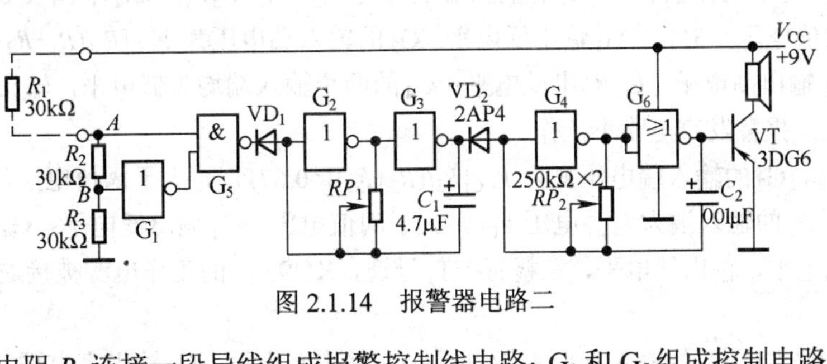

图 2.1.14 报警器电路二

电路结构：电阻 R_1 连接一段导线组成报警控制线电路；G_1 和 G_5 组成控制电路；G_2、G_3 与 RP_1、C_1 组成频率约为 0.2Hz 的超低频振荡器；G_4、G_6 与 RP_2、C_2 组成频率约为 800Hz 的音频振荡器。

工作原理：电路在正常状态时，R_1、R_2、R_3三只电阻对9V电源电压进行分压，使B点的电压U_B=3V，A点的电压U_A=6V。由于B点电压U_B=3V，小于CMOS门电路的翻转阈值电压$V_{CC}/2$=4.5V，所以G_1的输入端为低电平，它的输出端输出高电平。A点电压为U_A=6V，大于CMOS门电路的翻转阈值电平4.5V，所以连接G_5门的输入端为高电平，这样，G_5的两个输入端均为高电平，输出端输出低电平。VD_1导通使G_2的输入端为低电平，超低频振荡器与音频振荡器均停振，报警器不发声。

当报警控制线断线时，R_1开路，A点通过R_2、R_3接地，为低电平，B点通过R_3接地，为低电平，G_1输出高电平；G_5输出高电平，VD_1截止，超低频振荡器起振。在超低频振荡器输出脉冲的上升沿，VD_2截止，音频振荡器起振。在输出脉冲的下降沿，VD_2导通，音频振荡器停振。音频振荡器输出的脉冲经过三极管VT放大后，驱动扬声器发出报警声。

当报警控制线短路时，A点直接接到电源上U_A=9V，B点变为$V_{CC}/2$=4.5V，G_1的输入端达到翻转阈值电压，使输出端输出低电平。这时，G_5的两个输入端，一个为高电平一个为低电平，输出端输出高电平。超低频振荡器起振，报警发声电路同样发出报警声。

（三）断线与短路式防盗报警器之三

如图2.1.15所示是由四—2输入端或非门CD4001和四模拟声电路KD9561组成的断线与短路式防盗报警器。

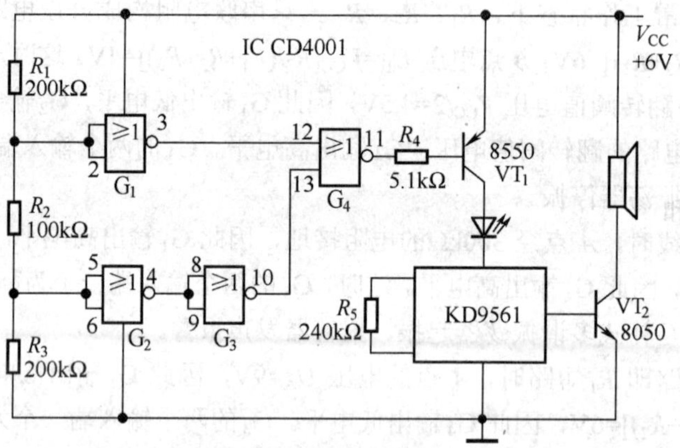

图2.1.15　报警器电路三

电路结构：四－2输入端或非门CD4001组成报警触发控制电路；KD9561组成报警声发声电路；三极管VT_1组成放大驱动电路。

工作原理：在正常工作状态下，G_1的输入端电位为$V_{CC}[(R_2+R_3)/(R_1+R_2+R_3)]=0.6V_{CC}$，大于CMOS门电路的翻转阈值电压$0.5V_{CC}$，$G_1$输出低电平；$G_2$的输入端电压为$V_{CC}[R_3/(R_1+R_2+R_3)]=0.4V_{CC}$，小于阈值电压，$G_2$输出高电平，$G_3$输出低电平；$G_4$的两个输入端均为低电平，输出端输出高电平，三极管$VT_1$截止，报警发声电路不工作。

当R_1短路时，G_2的输入端电压变为$V_{CC}[R_3/(R_2+R_3)]=0.67V_{CC}$，大于阈值电压，$G_2$输出低电平，$G_3$输出高电平，$G_1$的输入端为电源电压$V_{CC}$，大于阈值电压，$G_1$输出低电平；$G_4$的输入端一个为高电平一个为低电平，输出低电平，三极管VT_1导通，KD9561的工作电源被接通，报警电路发出报警信号。

当R_1断路时，G_1、G_2的输入端均为低电平。G_1输出高电平，G_2输出高电平，G_3输出低电平，这样，G_4的输入端也是一个为高电平一个为低电平，输出低电平，三极管VT_1导通，KD9561的工作电源被接通，报警电路发出报警声信号。

【知识链接】

（一）CMOS 与非门

图 2.1.16 所示为 CMOS 与非门电路。

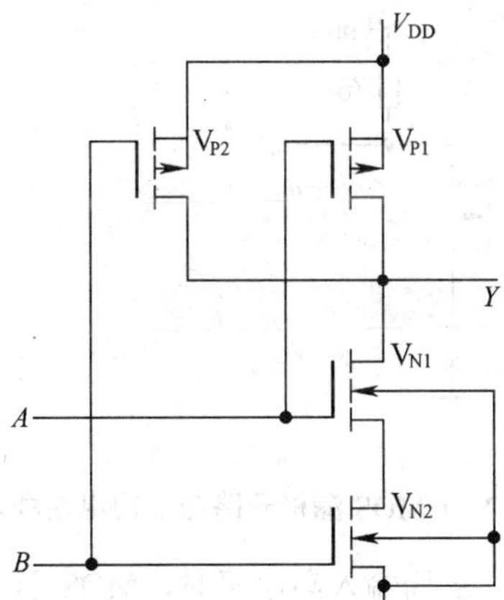

图 2.1.16　CMOS 与非门电路

1. 电路结构

如图 2.1.16 所示，V_{N1} 和 V_{N2} 是两个串联的 N 沟道增强型 MOS 管，用作驱动管；V_{P1} 和 V_{P2} 是两个并联的 P 沟道增强型 MOS 管，用作负载管。V_{P1} 和 V_{N1} 为一对互补管，它们的栅极连接起来作为输入端 *A*；V_{P2} 和 V_{N2} 为一对互补管，它们的栅极连接起来作为输入端 *B*；V_{P2} 和 V_{N1} 的漏极连接起来作为输出端。V_{N1} 的衬底与 V_{N2} 的源极、衬底相连后，共同接地。

2. 功能特性

当两个输入端 *A*、*B* 均输入低电平时，V_{N1} 和 V_{N2} 都截止，V_{P1} 和 V_{P2} 同时导通，输出高电平，*Y*=1。

当输入端 *A* 为低电平，*B* 为高电平时，V_{N1} 截止，V_{P1} 导通，输出高电平，*Y*=1。

当输入端 *A* 为高电平，*B* 为低电平时，V_{N2} 截止，V_{P2} 导通，输出高电平，*Y*=1。

当两个输入端 *A*、*B* 均输入高电平时，V_{N1} 和 V_{N2} 同时导通，V_{P1} 和 V_{P2} 都截止，输出低电平，*Y*=0。

综上所述，输出 *Y* 和输入 *A*、*B* 之间实现的是与非逻辑关系。表 2.1.5 是 CMOS 与非门的真值表。其逻辑表达式为

$$Y=\overline{A\cdot B}$$

表 2.1.5　CMOS 与非门真值表

A	*B*	*Y*
0	0	1
0	1	1
1	0	1
1	1	0

(二) CMOS 漏极开路与非门

CMOS 漏极开路与非门（简称 OD 门）的电路图和逻辑符号如图 2.1.17 所示。输出 MOS 管的漏极是开路的，工作时必须外接电阻 R_D 和电源 V_{DD2}，方可实现 $Y=\overline{A\cdot B}$ 的与非逻辑关系，否则电路不能正常工作。

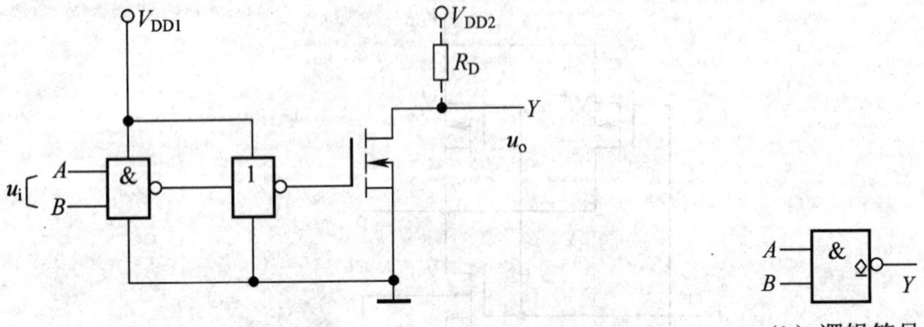

（a）电路图　　（b）逻辑符号

图 2.1.17　CMOS 漏极开路与非门电路和逻辑符号

工作原理：当两个输入端 A、B 均输入高电平时，MOS 管导通，漏极输出低电平。当两个输入端 A、B 至少有一个输入低电平时，MOS 管截止，漏极输出高电平。

OD 门可以实现线与功能，即可以把几个 OD 门的输出端用导线直接相连实现与逻辑运算。又因 OD 门输出 MOS 管漏极电源是外接的，其输出高电平可随 V_{DD2} 的不同而改变，所以 OD 门也可用来实现逻辑电平的变换。

(三) CMOS 三态门

CMOS 三态反相器的电路图和逻辑符号如图 2.1.18 所示。A 是信号输入端，Y 是输出端，$\overline{EN}$ 是控制信号端，也叫做使能端。

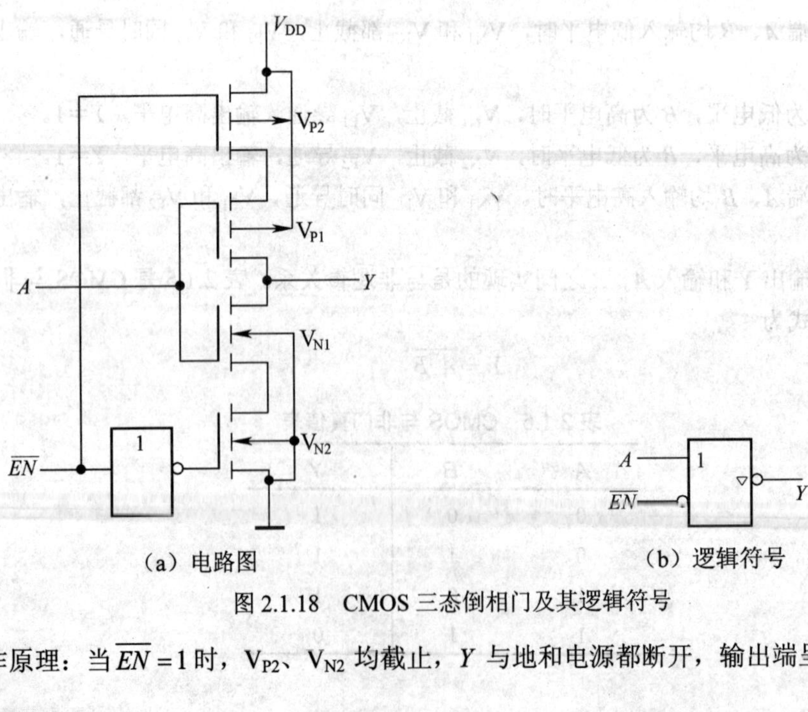

（a）电路图　　（b）逻辑符号

图 2.1.18　CMOS 三态倒相门及其逻辑符号

工作原理：当 $\overline{EN}=1$ 时，V_{P2}、V_{N2} 均截止，Y 与地和电源都断开，输出端呈现为高阻状态。

当 $\overline{EN}=0$ 时，V_{P2}、V_{N2} 均导通，V_{P1}、V_{N1} 构成反相器，$Y=\overline{A}$，即 A=0 时，Y=1；A=1 时，Y=0。

由以上分析可知，输出端 Y 有高阻、高电平、低电平 3 种状态，是一种三态门。三态倒相门真值表如表 2.1.6 所示。

表 2.1.6　三态倒相门真值表

A	$\overline{EN}$	Y
0	0	1
1	0	0
×	1	高阻状态

（四）CMOS 传输门

CMOS 传输门的电路和逻辑符号如图 2.1.19 所示，N 沟道增强型 MOS 管 V_N 的衬底接地，P 沟道增强型 MOS 管 V_P 的衬底接电源 V_{CC}，两管的源极和漏极分别相连作为传输门的输入端和输出端，两管栅极上所加的是互补的控制信号 C 和 $\overline{C}$。

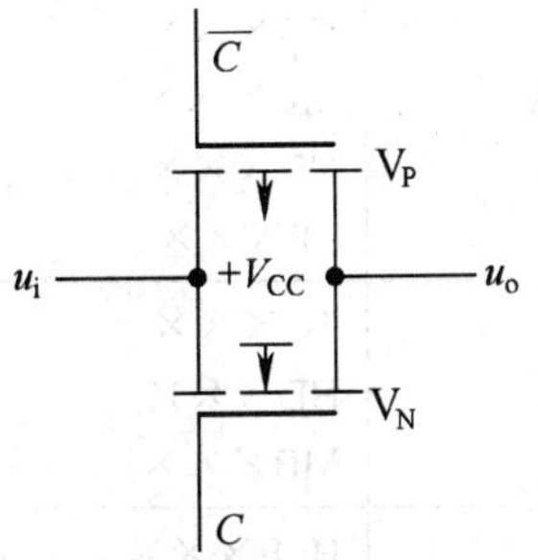

（a）电路

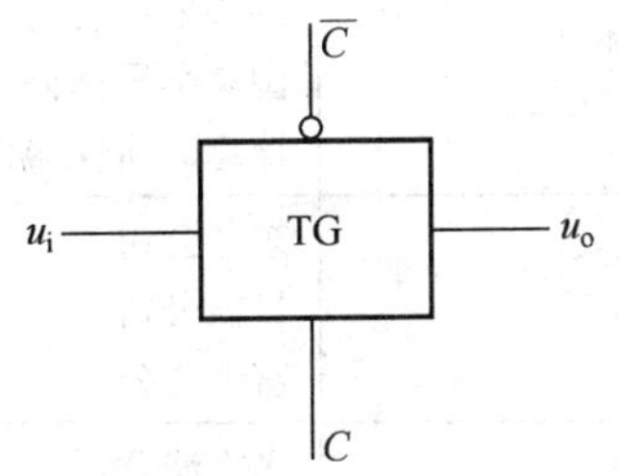

（b）符号

图 2.1.19　CMOS 传输门及其逻辑符号

传输门实际上是一种可以传送模拟信号或数字信号的压控开关，工作原理如下：

当 $C=0$、$\overline{C}=1$ 时，即 C 端为低电平（0V）、$\overline{C}$ 端为高电平（$+V_{CC}$）时，V_N 和 V_P 都不具备开启条件而截止，此时 u_i 不论输入为何值，均无法通过传输门传送到输出端，输入和输出之间相当于开关断开。

当 $C=1$、$\overline{C}=0$，即 C 端为高电平（$+V_{CC}$）、$\overline{C}$ 端为低电平（0V）时，V_N 和 V_P 都具备了导通条件，若此时 u_i 在 0V～V_{DD} 之间，V_N 和 V_P 必定有一个导通，u_i 可通过传输门传送到输出端，输入和输出之间相当于开关接通，u_o=u_i。如果将 V_N 的衬底改为接-V_{DD}，则 u_i 可以是-V_{CC} 到+V_{CC} 之间的任意电压。

MOS 管的结构是对称的，源极和漏极可互换使用，因此 CMOS 传输门具有双向性，即信号可以双向传输，在此意义上，CMOS 传输门又称为双向开关。

【扩展应用】

（一）CMOS 集成电路产品简介

1. COMS 集成电路产品简介

CMOS 逻辑门器件有三大系列：4000 系列、74C××系列和硅一氧化铝系列。前两个系列产品应用很广，而硅一氧化铝系列因价格昂贵目前尚未普及。

（1）4000 系列。表 2.1.7 列出了 4000 系列 CMOS 器件型号组成符号及意义。

表 2.1.7　CMOS 器件型号组成符号及意义

第一部分		第二部分		第三部分		第四部分	
产品制造单位		器件系列		器件品种		工作温度范围	
符号	意义	符号	意义	符号	意义	符号	意义
CC CD TC	中国制造的 CMOS 类型 美国无线电公司产品 日本东芝公司产品	40 45 145	系列符号	阿拉伯数字	器件功能	CERM	0～70℃ -40～85℃ -55～85℃ -55～125℃

表 2.1.8 列出了国外主要生产公司的产品代号。

表 2.1.8　部分国外公司 CMOS 产品代号

国别	公司名称	简称	型号前缀
美国	美国无线电公司 摩托罗拉公司 国家半导体公司 德克萨斯仪器公司	RCA MOTA NSC TI	CD××× MC××× CD××× TP×××
日本	东芝公司 日立公司 富士通公司	TOSJ	TC××× HD××× MB×××
荷兰	飞立浦公司		HFE×××
加拿大	密特尔公司		MD×××

（2）74C×××系列。74C×××系列包括：普通 74C×××系列、高速 CMOS74HC×××/HCT×××系列及先进的 CMOS74AC×××/ACT×××系列。其中，74HCT×××和 74ACT×××系列可直接与 TTL 相兼容。它们的功能及管脚设置均与 TTL74 系列一致。此系列器件型号组成符号及意义参照表 2.1.3。

2. CMOS 集成电路使用注意事项

TTL 电路的使用注意事项，一般对 CMOS 也适用。CMOS 电路容易产生栅极击穿问题，因此要特别注意以下几点：

（1）避免静电损失。存放 CMOS 电路不能用塑料袋，要用金属将管脚短接起来或用金属盒屏蔽。工作台应当用金属材料覆盖并良好接地。焊接时，电烙铁盒应接地。

（2）多余输入端的处理方法。CMOS 电路的输入阻抗高，易受外界干扰的影响，所以 CMOS 电路的多余输入端不允许悬空。多余输入端应根据逻辑要求或接电源，或接地，或与其他输入端连接。

（二）CMOS 与 TTL 集成门电路功能特性比较

（1）工作速度比 TTL 稍低，这是因为其导通电阻及输入电容均比 TTL 大。由于制造工艺不断改进，目前 CMOS 门的速度已非常接近 TTL 门。

（2）输入阻抗很高，可达 $10^8\Omega$。因为栅极绝缘，所以其输入阻抗只受输入端保护二极管的反向电流的限制。

（3）扇出系数 N_o 大。由于 CMOS 门的输入端均是绝缘栅极，当它作负载门时，几乎不向前级门吸取电流，因此在频率不太高时，前级门的扇出系数几乎不受限制，带负载的能力比 TTL 电路强。当频率升高时，N_o 有所减小，一般 N_o=50。

（4）静态功耗小。在静态时，总是负载管和驱动管之一导通，另一个截止，而截止管的电阻很高，因而几乎不向电源吸取电流，故其静态功耗极小。当 V_{DD}=5V 时，其静态功耗为 2.5～5μW，中规模集成电路的功耗也不会超过 100μW。

（5）集成度高。CMOS 电路功耗小，内部发热量小，因而其集成密度可大大提高。

（6）电源电压允许范围大，约为 3～18V。不同系列的产品，V_{DD} 的取值范围略有差别。

（7）输出高低电平摆幅大，因为 $U_{oH}\approx V_{DD}$，$U_{oL}\approx 0V$，所以输出电平摆幅 $\Delta U_o=U_{oH}-U_{oL}\approx V_{DD}$。而 TTL 的摆幅只有 3V 左右。

（8）抗干扰能力强。其噪声容限可达 $1/3V_{DD}$，而 TTL 的噪声容限只有 0.4V 左右。

（9）温度稳定性好。由于是互补对称结构，当环境温度变化时，其参数有补偿作用。另外，MOS 管靠多数载流子导电，受温度影响不大。

（10）抗辐射能力强。MOS 管靠多数载流子导电，射线辐射对多数载流子浓度影响不大。所以 CMOS 电路特别适用于航天、卫星及核能装置中。

（11）电路结构简单（CMOS 与非门只有 4 个管子构成，而 TTL 与非门共有 5 个管子和 5 个电阻），工艺容易（做一个 MOS 管要比做一个电阻更容易，而且占芯片面积小），故成本低。

（12）输入高、低电平 U_{iH} 和 U_{iL} 均受电源电压 V_{DD} 的限制。规定：$U_{iH}\geqslant 0.7V_{DD}$，$U_{iL}\leqslant 0.3V_{DD}$。例如，当 V_{DD}=5V 时，U_{iHmin}=3.5V，U_{iHmax}=1.5V。其中，U_{iHmin} 和 U_{iHmax} 是允许的极限值。不同类型的 CMOS 门，U_{iH} 和 U_{iL} 所选用的典型值各不相同，但都必须在上述限定范围内。

（13）拉电流小于 5mA，比 TTL 门的拉电流（可达 20 mA）小得多。CMOS 逻辑门的参数定义与 TTL 门相同，但数值差别较大。CMOS 各系列的主要参数如表 2.1.9 所示（表中括号内的电压值是测试对应参数时的电源电压 V_{DD}）。

表 2.1.9　CMOS 各系列传输延迟时间、功耗及电源电压

系列名称	传输延迟时间（ns）		功耗（mW/门）	电压范围（V）			U_{oH}（V）	U_{oL}（V）
	典型值	最大值		最小	正常	最大		
4000B 74C	30(10V) 50(5V)	60(10V) 90(5V)	1.2(10V) 0.3(5V)	3	5～18	20	略低于 V_{DD}	近似等于 0
74HC	9	18	0.5	2	5	6		
74HCT				4.5	5	5.5		
74AC	3	5.1	0.5	2	5 或 3.3	6		
74ACT				4.5	5	5.5		

项目二　加法器

【案例导入】 8421BCD 码→余 3 码转换电路

以 8421BCD 码（设为 $DCBA$）为输入，余 3 码为输出（设为 $Y_3Y_2Y_1Y_0$），列出真值表如表 2.2.1 所示。

表 2.2.1　8421BCD 码→余 3 码转换真值表

输入				输出			
8421BCD 码				余 3 码			
D	C	B	A	Y_3	Y_2	Y_1	Y_0
0	0	0	0	0	0	1	1
0	0	0	1	0	1	0	0
0	0	1	0	0	1	0	1
0	0	1	1	0	1	1	0
0	1	0	0	0	1	1	1
0	1	0	1	1	0	0	0
0	1	1	0	1	0	0	1
0	1	1	1	1	0	1	0
1	0	0	0	1	0	1	1
1	0	0	1	1	1	0	0

查表可知，$Y_3Y_2Y_1Y_0$ 和 $DCBA$ 所代表的二进制数始终相差 0011，即十进制数 3。8421BCD 码向余 3 码的转换只需实现表达式：$Y_3Y_2Y_1Y_0 = DCBA + 0011$ 即可完成。换言之，该转换电路只需实现两个 4 位二进制数的加法运算即可。案例电路如图 2.2.1 所示。

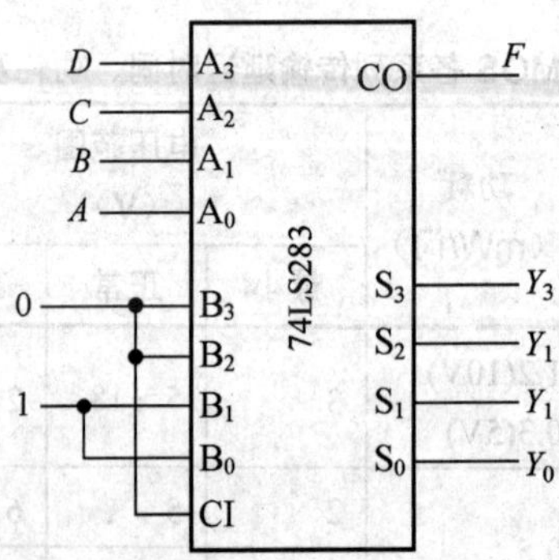

图 2.2.1　加法器实现余 3 码转换电路

电路选用的 74LS283 为一集成 4 位二进制超前进位全加器，实现电路功能为 $A_3A_2A_1A_0 + B_3B_2B_1B_0 = S_3S_2S_1S_0$，以此实现 8421BCD 码→余 3 码的转换。

在数字系统中进行两个二进制数之间的算术运算时，一般均可化为若干步加法运算来实现。能够实现加法运算的电路称为加法器，它是算术运算的基本单元电路。在数字信号处理的信号流图中，

3 种基本运算就是加、乘与单位延迟。加法器相对来说是一个比较简单的组合逻辑电路，它的应用也比较广泛，如数字电子计算机的 CPU 主要是由运算器和控制器构成，其运算器的算数运算部分从本质上来讲还是加法器。

【知识链接】

（一）半加器

将两个一位二进制数 A 和 B 相加，如果不考虑低位来的进位，则称为半加。实现半加运算的电路称为半加器。

按照二进制加法运算规则可以列出半加器真值表，如表 2.2.2 所示。其中，S 为本位和数，C 为向高位送出的进位数。由真值表可直接写出其逻辑表达式

$$\begin{cases} S = A\overline{B} + \overline{A}B = A \oplus B \\ C = A \cdot B \end{cases} \tag{2.2.1}$$

表 2.2.2 半加器的真值表

输入		输出	
A	B	S	C
0	0	0	0
0	1	1	0
1	0	1	0
1	1	0	1

由式（2.2.1）可知，用一个异或门和一个与门便可以实现半加器，如图 2.2.2（a）所示。半加器的逻辑符号如图 2.2.2（b）所示。

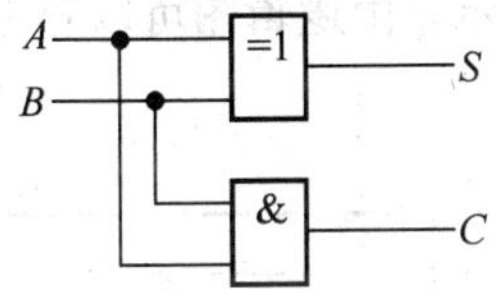

（a）逻辑电路

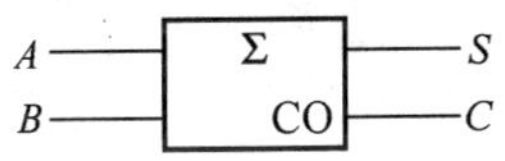

（b）逻辑符号

图 2.2.2 半加器

（二）全加器

在实际使用中，将两个多位二进制相加时，除最低位外，其余运算位都还要考虑来自低位的进位，这种运算称为全加。实现全加的电路称为全加器。全加器逻辑符号如图 2.2.3 所示，真值表如表 2.2.3 所示。

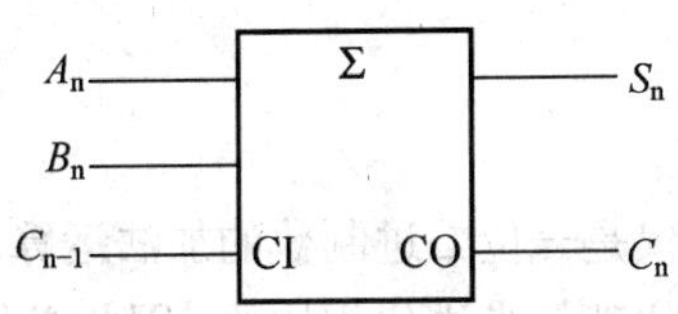

图 2.2.3 全加器逻辑符号

表 2.2.3 全加器的真值表

输入			输出	
A_n	B_n	C_{n-1}	S_n	C_n
0	0	0	0	0
0	0	1	1	0
0	1	0	1	0
0	1	1	0	1
1	0	0	1	0
1	0	1	0	1
1	1	0	0	1
1	1	1	1	1

表中 C_{n-1} 为低位来的进位，A_n 和 B_n 分别为本位的被加数和加数，S_n 为本位的和，C_n 为向高一位的进位。

根据表 2.2.3 可写出 S_n 和 C_n 的标准与或表达式

$$S_n = \bar{A}_n\bar{B}_nC_{n-1} + \bar{A}_nB_n\bar{C}_{n-1}A_n\bar{B}_n\bar{C}_{n-1} + A_nB_nC_{n-1} \tag{2.2.2}$$

$$C_n = \bar{A}_nB_nC_{n-1} + A_n\bar{B}_nC_{n-1} + A_nB_n\bar{C}_{n-1} + A_nB_nC_{n-1} \tag{2.2.3}$$

由式（2.2.2）、（2.2.3）经过变换与化简，可写成

$$\begin{aligned} S_n &= (\bar{A}_nB_n + A_n\bar{B}_n)\bar{C}_{n-1} + (\bar{A}_n\bar{B}_n + A_nB_n)C_{n-1} \\ &= (A_n \oplus B_n) \oplus C_{n-1} \end{aligned} \tag{2.2.4}$$

$$\begin{aligned} C_n &= (\bar{A}_nB_n + A_n\bar{B}_n)C_{n-1} + (A_nB_n\bar{C}_{n-1} + A_nB_nC_{n-1}) \\ &= (A_n \oplus B_n)C_{n-1} + A_nB_n \end{aligned} \tag{2.2.5}$$

全加器的逻辑图可根据逻辑表达式画出如图 2.2.4（a）所示。由逻辑图可以看出全加器可以分解成两个半加器和一个或门，如图 2.2.4（b）所示。

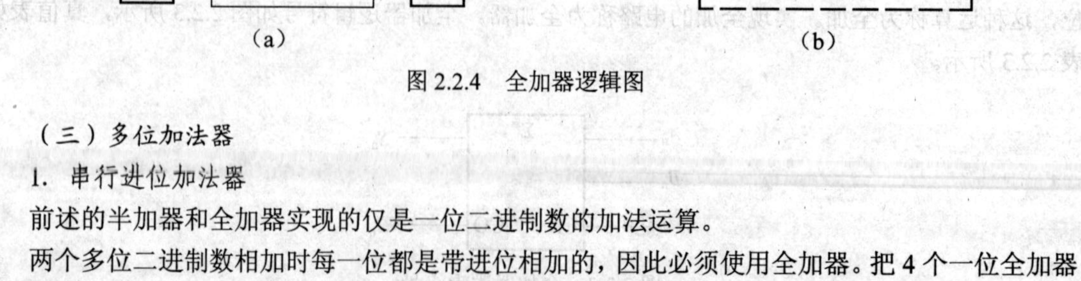

图 2.2.4 全加器逻辑图

（三）多位加法器

1. 串行进位加法器

前述的半加器和全加器实现的仅是一位二进制数的加法运算。

两个多位二进制数相加时每一位都是带进位相加的，因此必须使用全加器。把 4 个一位全加器依次级联起来便可构成 4 位串行进位加法器（或叫做行波进位加法器），如图 2.2.5 所示。

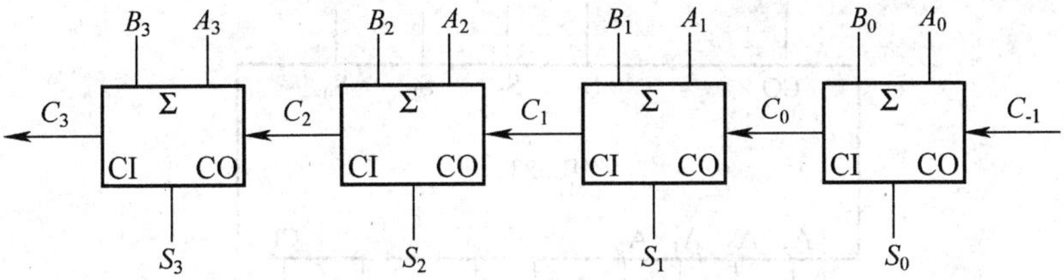

图 2.2.5　4 位串行进位全加器

这种加法器的最大缺点是运算速度慢。做一次加法运算需要经过 4 个全加器的传输延迟时间（从输入加数到输出状态稳定建立起来所需要的时间）才能得到稳定可靠的运算结果，但考虑到串行进位加法器的逻辑电路结构比较简单，因而在对运算速度要求不高的设备中，这种加法器仍被广泛应用。

2. 超前进位加法器

为了提高运算速度，必须设法减小或消除由于进位信号逐级传递所消耗的时间，人们又设计了一种多位超前进位加法器。超前进位加法器在做加法运算时，各位数的进位信号由输入的二进制数直接产生。如 C_0 可以表示成 A_0、B_0 和 C_{-1} 的关系式，C_1 可以表示成 A_1、B_1、A_0、B_1 和 C_{-1} 的关系式。以此类推，C_3 的表达式见下式

$$C_3=\overline{\overline{A_3+B_3}+\overline{A_3B_3}\,\overline{A_2+B_2}+\overline{A_3B_3}\,\overline{A_2B_2}\,\overline{A_1+B_1}+\overline{A_3B_3}\,\overline{A_2B_2}\,\overline{A_1B_1}\,\overline{A_0+B_0}+\overline{A_3B_3}\,\overline{A_2B_2}\,\overline{A_1B_1}\,\overline{A_0B_0}\,\overline{C_{-1}}}$$

也就是说，将每一位的进位都用输入的二进制数提前推导出来，设计电路时直接设计出来，进位信号可随着信号的输入而并行产生，而不必象串行进位加法器需逐级传递进位信号，这就是构成超前进位加法器的基本思路。图 2.2.6 所示即为前述案例中选用的 4 位二进制超前进位全加器 74LS283 的逻辑电路图，图 2.2.7 所示为其方框图。

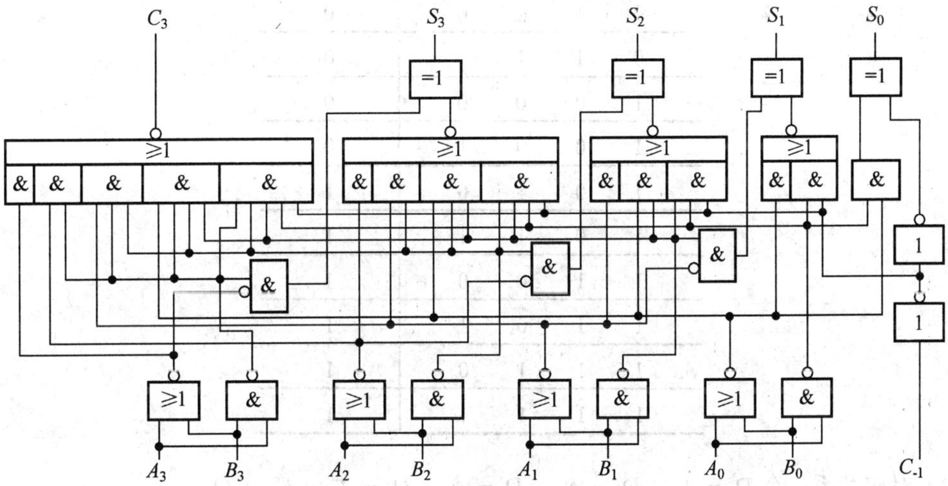

图 2.2.6　4 位超前进位全加器

【扩展应用】　利用 4 位全加器设计一般组合电路

在一般组合逻辑电路的设计中，如果实际需要产生的逻辑函数能化成输入变量与输入变量或者输入变量与常量在数值上相加的形式，这时用加法器来设计此电路往往会非常简单。

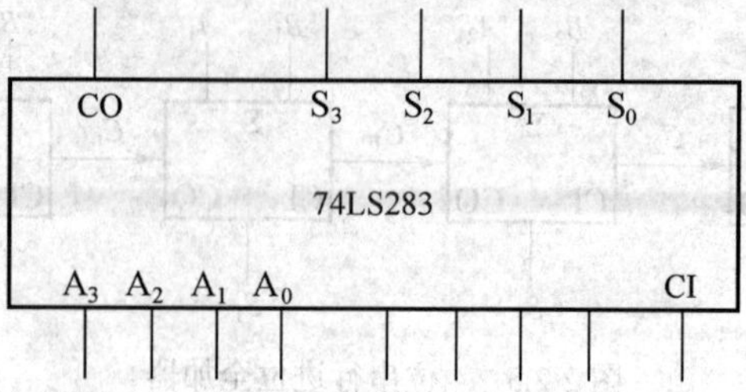

图 2.2.7　74LS283 方框图

【例 2.2.1】 设计一判别电路，判断任意 4 位二进制数是否大于 9。

解　该电路设计可选用 4 位二进制超前进位全加器 74LS283。

（1）设输入的 4 位二进制数为 $D_3D_2D_1D_0$，输出变量为 F，当 F=1 时表明 $D_3D_2D_1D_0$＞1001（即 9）。

（2）列真值表，如表 2.2.4 所示。

表 2.2.4　例 2.2.1 的真值表

D_3	D_2	D_1	D_0	F
0	0	0	0	0
0	0	0	1	0
0	0	1	0	0
0	0	1	1	0
0	1	0	0	0
0	1	0	1	0
0	1	1	0	0
0	1	1	1	0
1	0	0	0	0
1	0	0	1	0
1	0	1	0	1
1	0	1	1	1
1	1	0	0	1
1	1	0	1	1
1	1	1	0	1
1	1	1	1	1

（3）对应关系：令 $D_3 = A_3$，$D_2 = A_2$，$D_1 = A_1$，$D_0 = A_0$，$F = CO$。

（4）分析电路功能特点，若 $A_3A_2A_1A_0$　＞1001，则 $A_3A_2A_1A_0$ +0110 必有进位信号，即 F=CO=1。因此，应将 $B_3B_2B_1B_0$ 接 0110 且 CI 接 0。

（5）画图，如图 2.2.8 所示。当 $D_3D_2D_1D_0$＞1001 时，F=1，否则 F 为 0。实习此判别电路。

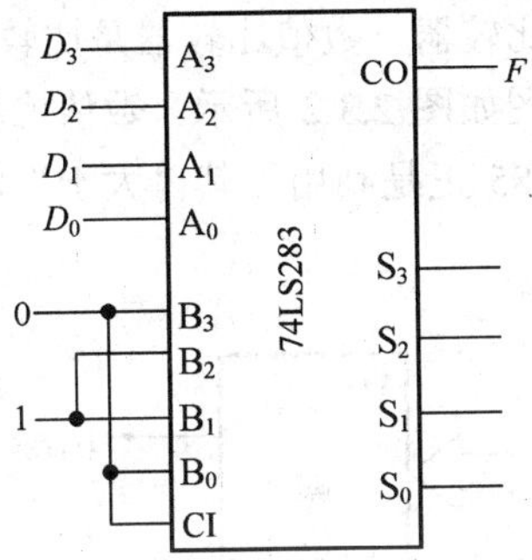

图 2.2.8 例 2.2.1 图

项目三 数值比较器

【案例导入】 温度检测报警电路

如图 2.3.1 所示为一温度检测报警电路的局部图。该电路检测出的温度数值，经模数转化后，以 8 位二进制数输入。8 位二进制数的计数范围折合十进制数为 0～255，因此该电路理论上可以检测的温度范围为 0～255℃。

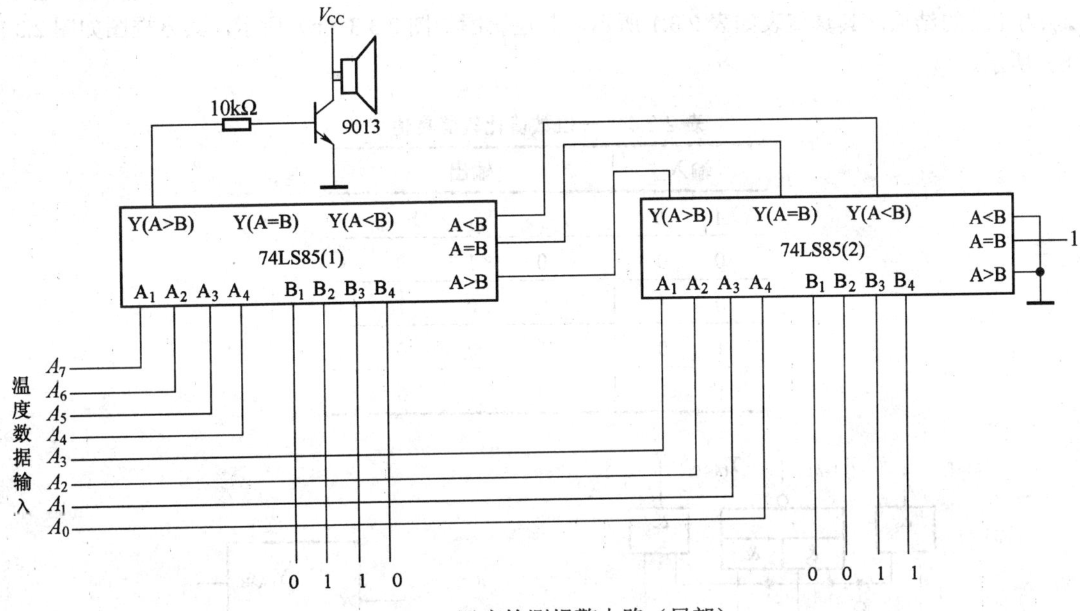

图 2.3.1 温度检测报警电路（局部）

图中的两片集成电路 74LS85 的功能是进行数值比较。输入温度数据自数据输入端 A 接入，与预设的报警数值（自数据输入端 B 接入）进行比较。在本案例中，预设值为 01100011，折合十进制数 99，即当温度数据输入超过 99℃时，达到报警条件。此时片 1 的 A > B 输出端输出高电平 1，晶体管 9013 饱和导通，驱动发声装置发出报警声。

CPU 中的运算器，所实现的不外乎是算数运算和逻辑运算。算术运算最基本的是加法，实现加法运算是前述的加法器；逻辑运算最基本的是数值比较，本节案例选用的就是实现数值比较功能的一种基本组合逻辑电路：数值比较器。数值比较器是比较两个二进制数 A 和 B 的数值关系，并判断其大小的逻辑电路，其方框图如图 2.3.2 所示。数值比较器的输出包括大于、等于和小于 3 种逻辑运算结果。案例中的 74LS85 正是利用了其“大于”输出端来驱动下级电路，实现发声报警的。

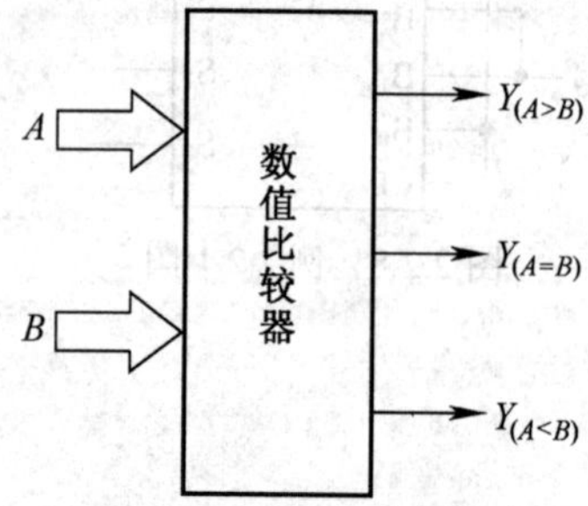

图 2.3.2　数值比较器方框图

根据 A、B 两个数的位数不同，比较器可分为一位数值比较器和多位数值比较器。

【知识链接】

（一）一位数值比较器

能够进行两个一位二进制数 A、B 之间的比较的电路是一位数值比较器，输出端 $Y_{(A>B)}$、$Y_{(A=B)}$、$Y_{(A<B)}$为比较的结果。其真值表如表 2.3.1 所示，其逻辑图如图 2.3.3（a）所示，其方框图如图 2.3.3（b）所示。

表 2.3.1　一位数值比较器真值

输入		输出		
A	B	$Y_{(A>B)}$	$Y_{(A=B)}$	$Y_{(A<B)}$
0	0	0	1	0
0	1	0	0	1
1	0	1	0	0
1	1	0	1	0

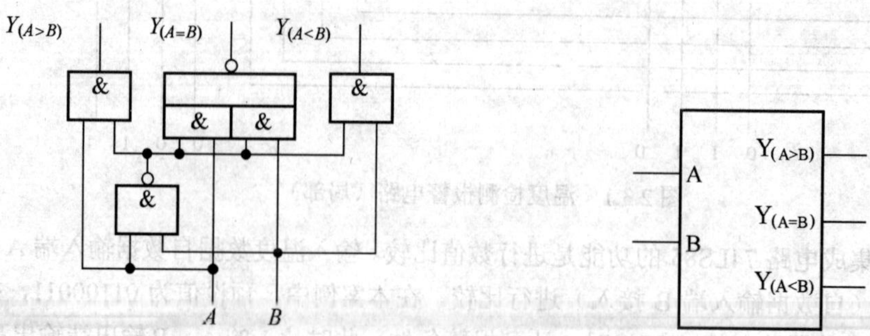

（a）逻辑图　　（b）方框图

图 2.3.3　一位数值比较器

根据真值表写出输出逻辑表达式：

$$Y_{(A>B)} = A \cdot \overline{B}$$
$$Y_{(A=B)} = AB + \overline{A}\overline{B}$$
$$Y_{(A<B)} = \overline{A} \cdot B$$

（二）4 位数值比较器

两个多位数相比较时，应当自高而低地逐位比较，高位相等时，再逐级比较低位。图 2.3.4 所示为集成 4 位数值比较器 74LS85 的方框图，其功能表如表 2.3.2 所示。为了便于功能扩展，电路增加了 3 个级联输入端。从功能表可以看出，电路可实现两个 4 位二进制数 $A_3A_2A_1A_0$ 和 $B_3B_2B_1B_0$ 的比较，首先比较 A_3 和 B_3，若 $A_3>B_3$，那么不管其他几位数码为何值，输出即为 $A>B$；反之，若 $A_3<B_3$，则不管其他几位数码为何值，输出即为 $A<B$；若 $A_3=B_3$，这就要通过比较下一位 A_2 和 B_2 来判断大小了。以此类推，按照“高位相等再比低位”的原则，当 $A_3A_2A_1A_0 = B_3B_2B_1B_0$ 时，即可判定当前两输入变量相等，则电路总的输出取决于级联输入信号。

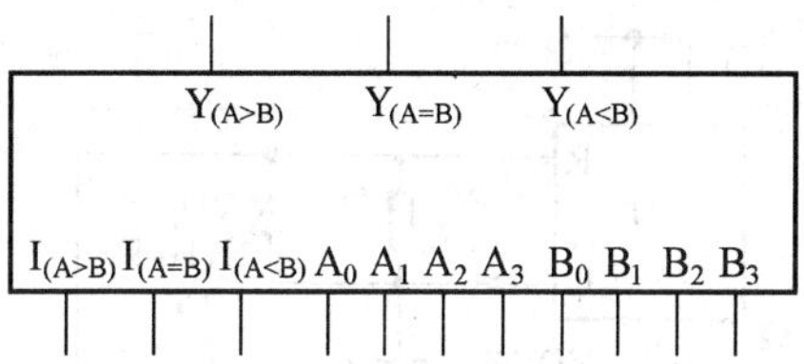

图 2.3.4　74LS85 方框图

表 2.3.2　74LS85（4 位数值比较器）功能

数值输入				级联输入			输出		
A_3　B_3	A_2　B_2	A_1　B_1	A_0　B_0	$I_{(A>B)}$	$I_{(A=B)}$	$I_{(A<B)}$	$Y_{(A>B)}$	$Y_{(A=B)}$	$Y_{(A<B)}$
$A_3>B_3$	×　×	×　×	×　×	×	×	×	1	0	0
$A_3<B_3$	×　×	×　×	×　×	×	×	×	0	0	1
$A_3=B_3$	$A_2>B_2$	×　×	×　×	×	×	×	1	0	0
$A_3=B_3$	$A_2<B_2$	×　×	×　×	×	×	×	0	0	1
$A_3=B_3$	$A_2=B_2$	$A_1>B_1$	×　×	×	×	×	1	0	0
$A_3=B_3$	$A_2=B_2$	$A_1<B_1$	×　×	×	×	×	0	0	1
$A_3=B_3$	$A_2=B_2$	$A_1=B_1$	$A_0>B_0$	×	×	×	1	0	0
$A_3=B_3$	$A_2=B_2$	$A_1=B_1$	$A_0<B_0$	×	×	×	0	0	1
$A_3=B_3$	$A_2=B_2$	$A_1=B_1$	$A_0=B_0$	1	0	0	1	0	0
$A_3=B_3$	$A_2=B_2$	$A_1=B_1$	$A_0=B_0$	0	1	0	0	1	0
$A_3=B_3$	$A_2=B_2$	$A_1=B_1$	$A_0=B_0$	0	0	1	0	0	1

由功能表可以列出 74LS85 的逻辑表达式为

$$\begin{aligned} Y_{(A>B)} = & A_3\overline{B}_3 + (A_3 \odot B_3)A_2\overline{B}_2 \\ & + (A_3 \odot B_3)(A_2 \odot B_2)A_1\overline{B}_1 \\ & + (A_3 \odot B_3)(A_2 \odot B_2)(A_1 \odot B_1)A_0\overline{B}_0 \\ & + (A_3 \odot B_3)(A_2 \odot B_2)(A_1 \odot B_1)(A_0 \odot B_0)I_{(A>B)} \end{aligned} \tag{2.3.1}$$

$$Y_{(A=B)}=(A_3\odot B_3)(A_2\odot B_2)(A_1\odot B_1)(A_0\odot B_0)I_{(A=B)}$$

$$Y_{(A<B)}=\overline{Y_{(A>B)}+Y_{(A=B)}}$$

根据式（2.3.1），在比较当前两个 4 位二进制数的大小关系时，应将级联输入 $I_{(A>B)}$、$I_{(A<B)}$ 接 0，将 $I_{(A=B)}$ 接 1。

【扩展应用】

（一）案例：4 位电子密码锁

4 位电子密码锁是用 RS 触发器 4043（后续章节介绍）和 4 位数值比较器 4585 设计而成，如图 2.3.5 所示。S_5～S_7 为复位键，按下其中任何一个，都会使相应的触发器复位，使得 $A_3A_2A_1A_0\neq B_3B_2B_1B_0$，而保证 $I_{(A=B)}$的输出为 0。当且仅当前级电路的输入的信号使得 $A_3A_2A_1A_0=B_3B_2B_1B_0$ 时，$I_{(A=B)}$的输出才为 1，此时才可解开电子密码锁。4 位电子密码锁的详细工作过程，可在学完后续触发器章节后自行分析，类似结构的电路及原理分析也可参见模块四。

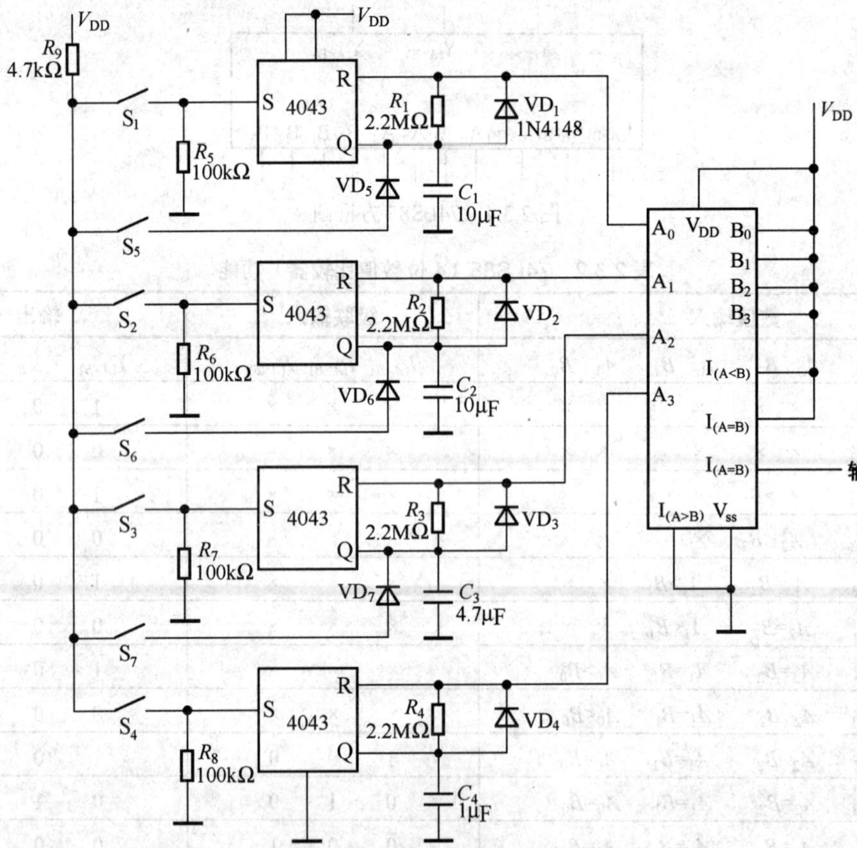

图 2.3.5　4 位电子密码锁

（二）数值比较器的功能扩展

在案例电路中，利用两片 4 位数值比较器 74LS85 实现功能扩展，构成了 8 位数值比较器。对于两个 8 位二进制数，由“高位相等再比低位”的原则，只有高 4 位相同，它们的大小才由低 4 位的比较结果确定。因此，参照表 2.3.2，低 4 位的比较结果应作为高 4 位的级联输入条件，即低位芯片的输出$Y_{(A>B)}$、$Y_{(A=B)}$、$Y_{(A<B)}$分别接到高位芯片的级联输入$I_{(A>B)}$、$I_{(A=B)}$、$I_{(A<B)}$上，连接电路如图 2.3.6 所示。

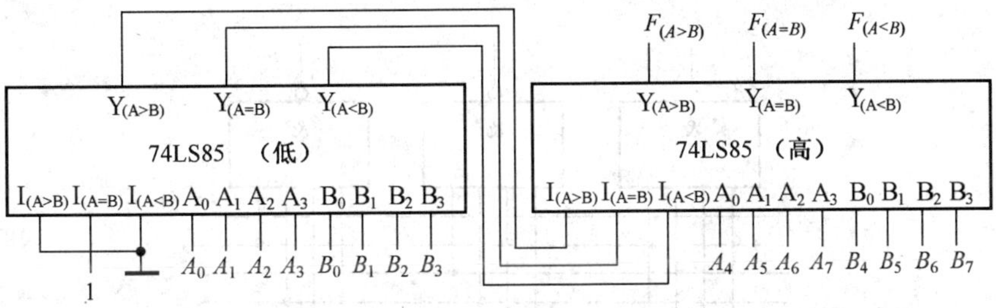

图 2.3.6　8 位数值比较器

项目四　编码器

【案例导入】 拨盘开关

图 2.4.1 所示为一拨盘开关，当根据需要拨动旋钮 S 至某一个十进制数时，电路即自动将其转换为其相应的 8421BCD 码，以驱动下级电路，实现数字系统的开关功能。换言之，案例电路中，每一个输入的十进制数都被赋以了一个二进制编码。该电路本质上是一个对输入十进制数进行编码（本例中为 8421BCD 码）的编码电路。其方框图如图 2.4.1（b）所示。

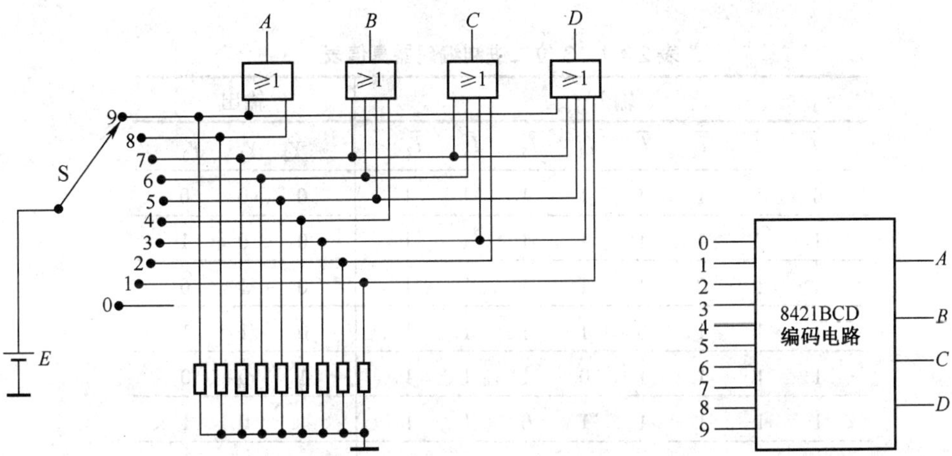

（a）逻辑图　　　（b）方框图

图 2.4.1　8421BCD 编码器的逻辑图和方框图

工程应用中，为了区分一系列不同的事物，要将每个对象用一个代码表示。对于数字电路来讲，处理的是数字信号，采用的是二值逻辑。因此数字系统是用二进制数对所处理的数据、对象、任务等进行编码，则其对应的二进制数称二进制代码，而执行这一操作的装置称编码器。常用的编码器有二进制编码器、二—十进制编码器等。

【知识链接】

（一）二进制编码器

用 n 位二进制代码最多可对 2^n 个信号进行编码。此类电路叫做二进制编码器，目前经常使用的编码器有普通编码器和优先编码器两类。

如图 2.4.2 所示为 3 位二进制编码器。该编码器是用 3 位二进制数分别代表 8 个信号，因此又称 8 线—3 线编码器。

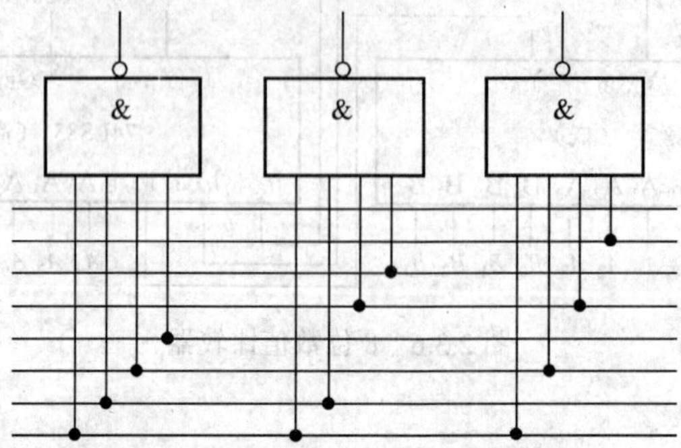

图 2.4.2　3 位二进制编码器

图中 8 个输入信号取低电平有效，分别用 $\overline{I}_0$、$\overline{I}_1$、$\overline{I}_2$、$\overline{I}_3$、$\overline{I}_4$、$\overline{I}_5$、$\overline{I}_6$、$\overline{I}_7$ 表示，列出真值表如表 2.4.1 所示。图 2.4.2 所示电路的 3 个输出信号的逻辑表达式为

$$\begin{cases} Y_2 = \overline{\overline{I_4}\,\overline{I_5}\,\overline{I_6}\,\overline{I_7}} \\ Y_1 = \overline{\overline{I_2}\,\overline{I_3}\,\overline{I_6}\,\overline{I_7}} \\ Y_0 = \overline{\overline{I_1}\,\overline{I_3}\,\overline{I_5}\,\overline{I_7}} \end{cases} \tag{2.4.1}$$

表 2.4.1　3 位二进制编码器真值表

输入								输出		
$\overline{I}_0$	$\overline{I}_1$	$\overline{I}_2$	$\overline{I}_3$	$\overline{I}_4$	$\overline{I}_5$	$\overline{I}_6$	$\overline{I}_7$	Y_2	Y_1	Y_0
0	1	1	1	1	1	1	1	0	0	0
1	0	1	1	1	1	1	1	0	0	1
1	1	0	1	1	1	1	1	0	1	0
1	1	1	0	1	1	1	1	0	1	1
1	1	1	1	0	1	1	1	1	0	0
1	1	1	1	1	0	1	1	1	0	1
1	1	1	1	1	1	0	1	1	1	0
1	1	1	1	1	1	1	0	1	1	1

（二）二—十进制编码器

除了二进制编码器以外，还有一类二—十进制编码器。相比普通的 8 线—3 线二进制编码器，二—十进制编码器是 10 线—4 线编码器，即有 10 个输入端，4 个输出端。二—十进制编码器是将十进制的 10 个数码 0、1、2、3、4、5、6、7、8、9（或其他 10 个信息对象）编成二进制代码的逻辑电路。

拨盘开关案例中所选用的即为二—十进制编码器。该编码器的逻辑图即为图 2.4.1，真值表如

表 2.4.2 所示。这里所用的代码是二—十进制代码，8421BCD 码只是其中之一。

表 2.4.2　编码器真值表

输　入	输出 8421BCD 码			
十进制数	A	B	C	D
0	0	0	0	0
1	0	0	0	1
2	0	0	1	0
3	0	0	1	1
4	0	1	0	0
5	0	1	0	1
6	0	1	1	0
7	0	1	1	1
8	1	0	0	0
9	1	0	0	1

【扩展应用】 优先编码器

前述的普通编码器优点是电路简单，缺点是同一时刻只能对一路输入信号进行赋值编码，若同时有多个有效信号同时输入，输出就会出现逻辑错误。此类情况可选用优先编码器。在优先编码器中，允许同时输入两个以上有效编码信号，但因为集成电路的各个输入端的信号优先顺序不同，当几个输入信号同时出现时，系统只对其中优先级最高的一个进行编码。

常用的优先编码器有 8 线—3 线优先编码器 74LS148，10 线—4 线 8421BCD 优先编码器 74LS147 等。图 2.4.3 所示为 74LS148 的方框图，表 2.4.3 为 74LS148 的真值表，8 个输入优先级别的高低次序依次为 $\overline{I}_7$、$\overline{I}_6$、$\overline{I}_5$、$\overline{I}_4$、$\overline{I}_3$、$\overline{I}_2$、$\overline{I}_1$、$\overline{I}_0$，下标号码越大优先级别越高。

表 2.4.3　74LS148 优先编码真值表

$\overline{S}$	$\overline{I}_7$	$\overline{I}_6$	$\overline{I}_5$	$\overline{I}_4$	$\overline{I}_3$	$\overline{I}_2$	$\overline{I}_1$	$\overline{I}_0$	$\overline{Y}_2$	$\overline{Y}_1$	$\overline{Y}_0$	$\overline{Y}_S$	$\overline{Y}_{EX}$
1	×	×	×	×	×	×	×	×	1	1	1	1	1
0	0	×	×	×	×	×	×	×	0	0	0	1	0
0	1	0	×	×	×	×	×	×	0	0	1	1	0
0	1	1	0	×	×	×	×	×	0	1	0	1	0
0	1	1	1	0	×	×	×	×	0	1	1	1	0
0	1	1	1	1	0	×	×	×	1	0	0	1	0
0	1	1	1	1	1	0	×	×	1	0	1	1	0
0	1	1	1	1	1	1	0	×	1	1	0	1	0
0	1	1	1	1	1	1	1	0	1	1	1	1	0
0	1	1	1	1	1	1	1	1	1	1	1	1	1

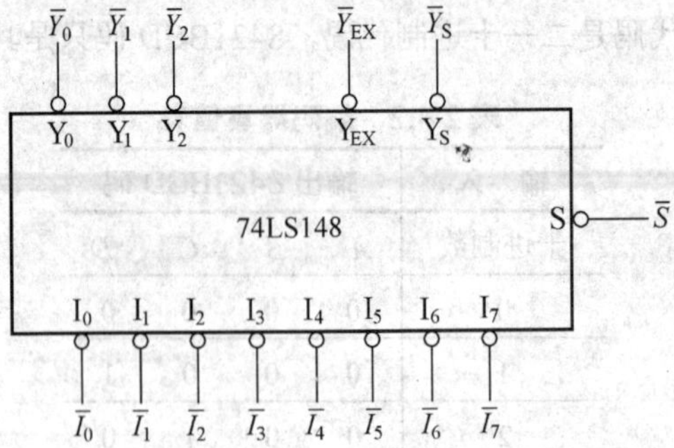

图 2.4.3　74LS148 方框图

为了便于级联扩展，74LS148 增加了使能端 $\overline{S}$（低电平有效）和优先扩展端 $\overline{Y}_{EX}$ 和 $\overline{Y}_S$。其作用：

（1）$\overline{S}$ 为电路工作控制端。当 $\overline{S}=0$ 时，电路处于编码状态，即允许编码，编码器编码过程遵循表 2.4.3 所示规律；当 $\overline{S}=1$ 时，电路处于禁止状态，即禁止编码，电路不工作，输出端均为高电平。

（2）当 $\overline{S}=0$，输出 $\overline{Y}_S=0$ 时表明虽然电路允许编码，但是编码输入 $\overline{I}_7 \sim \overline{I}_0$ 均为无效电平。

（3）当 $\overline{S}=0$，输出 $\overline{Y}_{EX}=0$ 时表明电路正在编码。

项目五　译码器

【案例导入】 PC 系统地址译码器

一个完整的计算机系统包括寄存器、计数器、存储器等众多内部器件和键盘、鼠标、打印机等许多外设。如图 2.5.1 所示，各器件都经由统一的地址总线 AB、数据总线 DB、控制总线 CB 与 CPU 相连。其中 $\overline{RD}$、$\overline{WR}$ 分别是 CPU 的读、写控制输出信号，$\overline{OE}$、$\overline{WR}$ 分别是外设的读、写控制输入信号，$\overline{CS}$ 为外设各期间按的片选输入信号。以上控制信号皆为低电平有效。

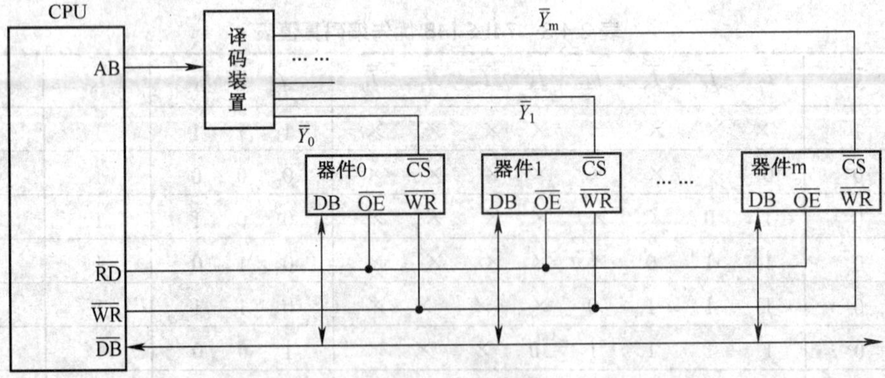

图 2.5.1　PC 系统中的译码装置及其应用

当 CPU 需要与某一外设器件传送数据时，首先将该外设的地址码发送往地址总线 AB，经过某一译码装置对地址进行译码后，才能选中所需联系的器件，进而在 CPU 与该器件之间进行数据的传送。其他未被片选且经过地址译码的器件，尽管在物理上也与 CPU 保持连接，但未被片选，一般处于高阻态，因而不会与 CPU 发生数据交换。

案例中出现的译码操作，是前述编码的逆过程。在编码时，每一种二进制代码状态，都赋予了特定的含义，即都表示了一个确定的信号或者对象。译码则是将每个输入的二进制编码还原为对应的输出高、低电平信号，以之对应编码时被赋值的确定的信号或对象，就好比说是把编码的特定含义“翻译”出来。实现译码操作的电路称为译码器。译码器对每一种可能的输入组合，有且仅有一个有效的输出信号。译码器种类很多，根据工作原理和分析设计方法的不同，分为二进制译码器、二—十进制译码器和显示译码器等译码电路。

案例电路中的译码装置，因为所处理的是计算机内部的二进制信号，因此属二进制译码器。译码器在实际工作中应用广泛。如存储器内部的单元寻址，也是片内的译码装置（即地址译码器）完成的，n 位地址线可以寻址 2^n 个存储单位。

【知识链接】

（一）二进制译码器

二进制译码器的输入是一组二进制代码，输出是一组与输入代码一一对应的高、低电平信号。图 2.5.2 所示为二进制译码器的方框图，输入的 n 位二进制代码共有 2^n 个状态，译码器将每个输入状态译成对应的输出高、低电平信号。

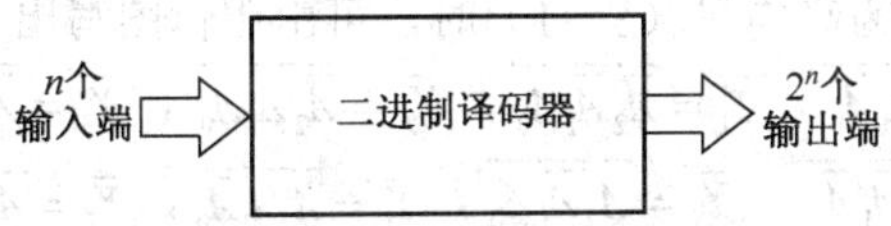

图 2.5.2 二进制译码器方框图

如 3 位二进制译码器，它有 3 个输入端 A_2、A_1、A_0，对应 2^3 即 8 个输出端 Y_0、Y_1、Y_2、Y_3、Y_4，Y_5、Y_6、Y_7，因此这个译码器叫做 3 线—8 线译码器。其真值表如表 2.5.1 所示。

表 2.5.1 3 线－8 线译码器真值表

输入			输出							
A_2	A_1	A_0	Y_0	Y_1	Y_2	Y_3	Y_4	Y_5	Y_6	Y_7
0	0	0	1	0	0	0	0	0	0	0
0	0	1	0	1	0	0	0	0	0	0
0	1	0	0	0	1	0	0	0	0	0
0	1	1	0	0	0	1	0	0	0	0
1	0	0	0	0	0	0	1	0	0	0
1	0	1	0	0	0	0	0	1	0	0
1	1	0	0	0	0	0	0	0	1	0
1	1	1	0	0	0	0	0	0	0	1

由真值表可得 Y_0～Y_7 的表达式

$$\begin{aligned}&Y_0=\overline{A}_2\overline{A}_1\overline{A}_0,\quad Y_1=\overline{A}_2\overline{A}_1A_0,\quad Y_2=\overline{A}_2A_1\overline{A}_0,\quad Y_3=\overline{A}_2A_1A_0\\&Y_4=A_2\overline{A}_1\overline{A}_0,\quad Y_5=A_2\overline{A}_1A_0,\quad Y_6=A_2A_1\overline{A}_0,\quad Y_7=A_2A_1A_0\end{aligned}\tag{2.5.1}$$

由式（2.5.1）观察知，每一个输出信号表达式刚好是输入 3 个变量对应的 8 个最小项，所以也把这种译码器称为最小项译码器。

74LS138 是由 TTL 与非门组成的 3 线—8 线译码器，它的逻辑图如图 2.5.3（a）所示，其方框图如图 2.5.3（b）所示。

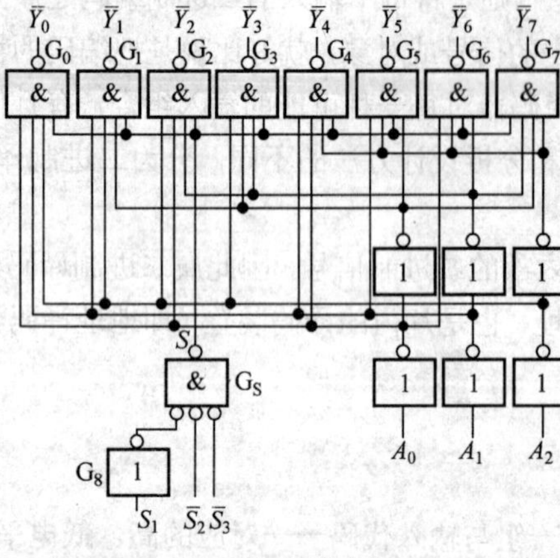

（a）逻辑图

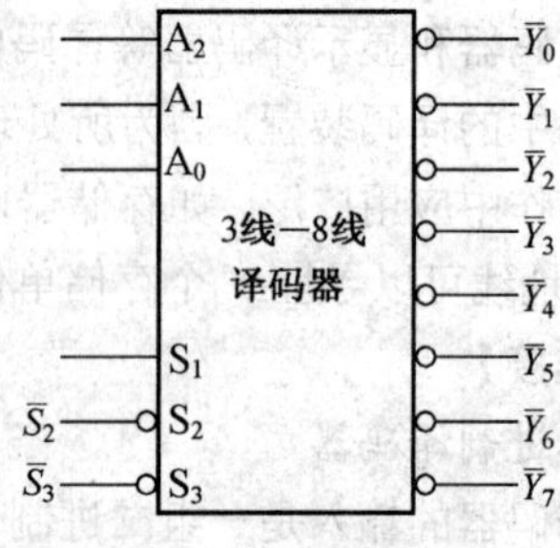

（b）方框图

图 2.5.3　74LS138 逻辑图及方框图

当附加控制门 G_S 的输出为高电平（$S=1$）时，可由逻辑图写出

$$\overline{Y}_0=\overline{\overline{A}_2\overline{A}_1\overline{A}_0}，\overline{Y}_1=\overline{\overline{A}_2\overline{A}_1A_0}，\overline{Y}_2=\overline{\overline{A}_2A_1\overline{A}_0}，\overline{Y}_3=\overline{\overline{A}_2A_1A_0}$$

$$\overline{Y}_4=\overline{A_2\overline{A}_1\overline{A}_0}，\overline{Y}_5=\overline{A_2\overline{A}_1A_0}，\overline{Y}_6=\overline{A_2A_1\overline{A}_0}，\overline{Y}_7=\overline{A_2A_1A_0} \quad (2.5.2)$$

图中 S_1、$\overline{S}_2$ 和 $\overline{S}_3$ 是 74LS138 设有的 3 个附加的“片选”输入控制端。当 $S_1=1$、$\overline{S}_2=\overline{S}_3=0$ 时，译码器才处于工作状态，完成译码操作；当 S_1=0 或者 $\overline{S}_2+\overline{S}_3=1$ 时，译码器被禁止，译码器的输出端 $\overline{Y}_0\sim\overline{Y}_7$ 全为无效电平 1。利用片选端可以将多片 74LS138 连接起来以扩展译码器的功能。

（二）二—十进制译码器

二—十进制译码器是将输入 BCD 码的 10 个代码译成 10 个高、低电平输出信号。它有 4 个输入端，10 个输出端。图 2.5.4 是二—十进制（4 线—10 线）译码器 74LS42 的逻辑图。

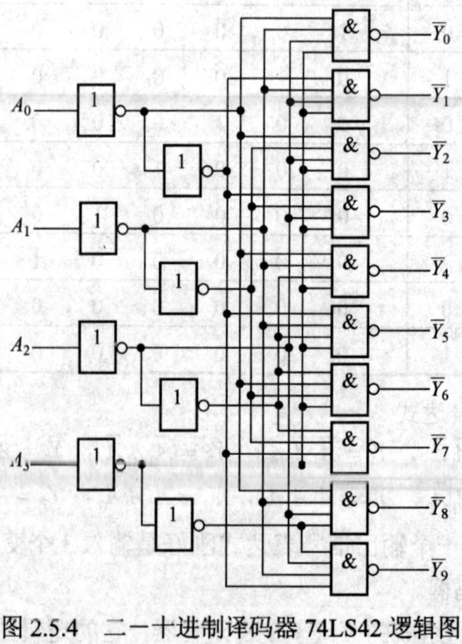

图 2.5.4　二—十进制译码器 74LS42 逻辑图

根据逻辑图得到逻辑表达式并列出真值表如表 2.5.2 所示。对于 BCD 代码以外的伪码（即 1010～1111 共 6 个代码）$\overline{Y}_0 \sim \overline{Y}_9$ 均无有效电平信号产生，译码器拒绝翻译。

$$
\begin{aligned}
\overline{Y}_0 &= \overline{\overline{A}_3\overline{A}_2\overline{A}_1\overline{A}_0} & \overline{Y}_1 &= \overline{\overline{A}_3\overline{A}_2\overline{A}_1A_0} \\
\overline{Y}_2 &= \overline{\overline{A}_3\overline{A}_2A_1\overline{A}_0} & \overline{Y}_3 &= \overline{\overline{A}_3\overline{A}_2A_1A_0} \\
\overline{Y}_4 &= \overline{\overline{A}_3A_2\overline{A}_1\overline{A}_0} & \overline{Y}_5 &= \overline{\overline{A}_3A_2\overline{A}_1A_0} \\
\overline{Y}_6 &= \overline{\overline{A}_3A_2A_1\overline{A}_0} & \overline{Y}_7 &= \overline{\overline{A}_3A_2A_1A_0} \\
\overline{Y}_8 &= \overline{A_3\overline{A}_2\overline{A}_1\overline{A}_0} & \overline{Y}_9 &= \overline{A_3\overline{A}_2\overline{A}_1A_0}
\end{aligned} \tag{2.5.3}
$$

表 2.5.2　二—十进制译码器 74LS42 的真值表

序号	输入	输出									
	A_3 A_2 A_1 A_0	$\overline{Y}_0$	$\overline{Y}_1$	$\overline{Y}_2$	$\overline{Y}_3$	$\overline{Y}_4$	$\overline{Y}_5$	$\overline{Y}_6$	$\overline{Y}_7$	$\overline{Y}_8$	$\overline{Y}_9$
0	0 0 0 0	0	1	1	1	1	1	1	1	1	1
1	0 0 0 1	1	0	1	1	1	1	1	1	1	1
2	0 0 1 0	1	1	0	1	1	1	1	1	1	1
3	0 0 1 1	1	1	1	0	1	1	1	1	1	1
4	0 1 0 0	1	1	1	1	0	1	1	1	1	1
5	0 1 0 1	1	1	1	1	1	0	1	1	1	1
6	0 1 1 0	1	1	1	1	1	1	0	1	1	1
7	0 1 1 1	1	1	1	1	1	1	1	0	1	1
8	1 0 0 0	1	1	1	1	1	1	1	1	0	1
9	1 0 0 1	1	1	1	1	1	1	1	1	1	0
伪码	1 0 1 0	1	1	1	1	1	1	1	1	1	1
	1 0 1 1	1	1	1	1	1	1	1	1	1	1
	1 1 0 0	1	1	1	1	1	1	1	1	1	1
	1 1 0 1	1	1	1	1	1	1	1	1	1	1
	1 1 1 0	1	1	1	1	1	1	1	1	1	1
	1 1 1 1	1	1	1	1	1	1	1	1	1	1

（三）显示译码器

在数字系统中，经常要把数字、文字和符号等二进制编码，翻译成人们习惯的形式显示出来，常用的显示器是 7 段显示器，能够驱动显示器的译码器称为显示译码器。实际应用中，也常常把计数、译码、显示电路组合在一起，制成集成计数显示译码器，将在模块四有详细介绍。

1. 常用数码显示器

（1）7 段显示器。7 段显示器是一种常用的半导体数码显示器，如图 2.5.5（a）所示，它有 a～g 七个光段，从 0 到 9 十个数码将由其中不同的光段组合而成。半导体 7 段显示器的每个光段都是一个发光二极管组成，发光二极管如图 2.5.5（b）所示。发光二极管与普通二极管一样，具有单向导电性，当外加反向电压时，处于截止状态；当外加正向电压且足够大时，发光二极管导通并发光。

发光二极管的驱动电路有两种，如图 2.5.5（c）、（d）所示，其中所用门电路均为 OC 门。在图 2.5.5（c）中，当 OC 门输出为低电平时，发光二极管因正向电压太低而不可能发光；当 OC 门输出为高电平时，只要电阻 R 取值合适，发光二极管就会有足够大的正向电流而发光，该电路为高电平驱动电路；图 2.5.5（d）所示电路恰好相反，当 OC 门输出为低电平时，只要电阻 R 取值合适，发光二极管就会有足够大的正向电流而发光；当 OC 门输出为高电平时，发光二极管因正向电压过小不足以使其导通而不发光，该电路为低电平驱动电路。对于确定的 7 段显示器只能选择使用一种有效电平驱动其光段发光。

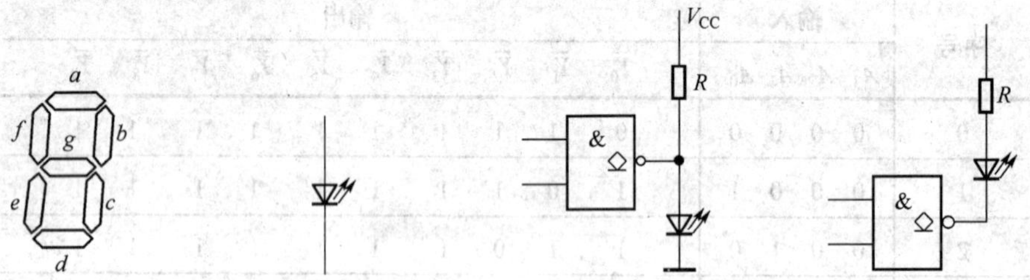

（a）7 段显示器　（b）发光二极管　（c）高电平驱动　（d）低电平驱动

图 2.5.5　7 段显示器及其驱动电路

（2）液晶显示器件。液晶显示器件（LCD），是一种介于晶体和液体之间的有机化合物，常温下既有液体的流动性和连续性，又有晶体的某些光学特性。液晶显示器件本身不发光，在黑暗中不能显示数字，靠外界电场作用下产生的光电效应，调制外界光线使液晶不同部位显现出反差，从而显示出字形。它是一种平板薄型显示器件，其最大的优点是驱动电压很低，工作电流极小，功耗极小，与 CMOS 电路结合起来可以组成微功耗系统，广泛地用于电子钟表、电子计算器、各种仪器和仪表中。

2. 4 线—7 段译码器及其显示驱动电路

7 段显示译码器的输入为 8421BCD 码 $A_3A_2A_1A_0$，输出为 Y_a、Y_b、Y_c、Y_d、Y_e、Y_f 、Y_g，7 个信号分别驱动 7 段显示器的 7 个光段，因而也称为 4 线—7 段译码器。

型号为 74LS247 的输出低电平有效的 4 线—7 段译码器的方框图如图 2.5.6 所示。它的输出变量低电平有效且为集电极开路输出，真值表如表 2.5.3 所示。当输入变量取值确定时，显示器的字形必然随之确定，因而 $\overline{Y}_a$ ～$\overline{Y}_g$ 的值也就唯一地确定下来。

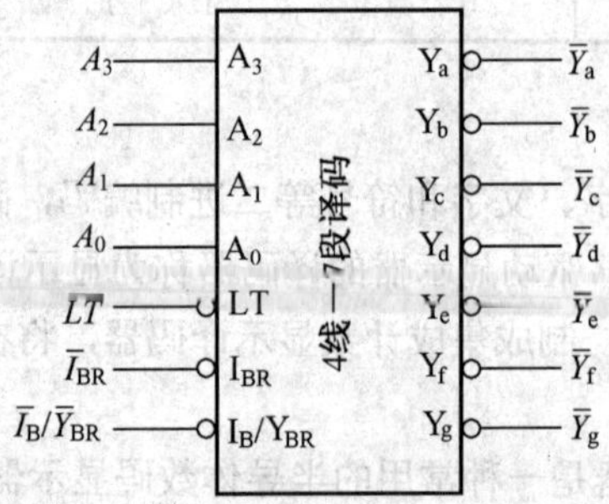

图 2.5.6　74LS247 方框图

表 2.5.3　4 线—7 段译码器真值表

输　入				输　　出							字形
A_3	A_2	A_1	A_0	$\bar{Y}_a$	$\bar{Y}_b$	$\bar{Y}_c$	$\bar{Y}_d$	$\bar{Y}_e$	$\bar{Y}_f$	$\bar{Y}_g$	
0	0	0	0	0	0	0	0	0	0	1	0
0	0	0	1	1	0	0	1	1	1	1	1
0	0	1	0	0	0	1	0	0	1	0	2
0	0	1	1	0	0	0	0	1	1	0	3
0	1	0	0	1	0	0	1	1	0	0	4
0	1	0	1	0	1	0	0	1	0	0	5
0	1	1	0	0	1	0	0	0	0	0	6
0	1	1	1	0	0	0	1	1	1	1	7
1	0	0	0	0	0	0	0	0	0	0	8
1	0	0	1	0	0	0	0	1	0	0	9

在图 2.5.6 所示方框图中，$\overline{LT}$，$\bar{I}_{BR}$，$\bar{I}_B/\bar{Y}_{BR}$ 作用如下：

（1）$\overline{LT}$ 为灯测试输入端，用于检查 7 段显示器各字段是否能正常发光。当 $\overline{LT}=0$ 时，不管 $A_3A_2A_1A_0$ 状态如何，74LS247 所驱动的 7 段显示器应显示 8，即所有光段均发光。

（2）$\bar{I}_{BR}$ 为灭零输入端，当 $A_3=A_2=A_1=A_0=0$ 时，若 $\bar{I}_{BR}=0$，则所有光段均应不发光，为黑码。因此，用于熄灭多位 7 段显示器不必要的零，从而提高视读的清晰度。例如用 8 位显示器显示 88.8，就可利用 $\bar{I}_{BR}$ 消去 000088.80 中前 4 个与最后一个零。

（3）$\bar{I}_B/\bar{Y}_{BR}$ 可以作为输入端，也可以作为输出端。$\bar{I}_B$ 为灭灯输入端，当 $\bar{I}_B=0$ 时，不论 $\overline{LT}$、$\bar{I}_{BR}$、A_3、A_2、A_1、A_0 状态如何，74LS247 所驱动的 7 段显示器的所有光段均不发光，为黑码。它与 $\overline{LT}$ 的作用相反。当作为输出端时，$\bar{Y}_{BR}$ 的逻辑表达式为：

$$\bar{Y}_{BR}=\overline{\overline{LT}\,\bar{A}_3\,\bar{A}_2\,\bar{A}_1\,\bar{A}_0 I_{BR}}$$

它的物理意义是当本位为 0 而且又被熄灭时，$\bar{Y}_{BR}=0$，即当 $\overline{LT}=1$ 时，$A_3A_2A_1A_0=0000$ 且 $\bar{I}_{BR}=0$ 时，$\bar{Y}_{BR}$ 才为 $\bar{I}_{BR}=0$。因此，可用 $\bar{Y}_{BR}$ 接至高位（或低位）的 $\bar{I}_{BR}$ 端，以控制其在输入 $A_3A_2A_1A_0$=0000 时熄灭。使用时所有的控制端均接高电平。即无效电平。

图 2.5.7 所示为 4 线—7 段译码器 74LS247 驱动 7 段显示器的电路。74LS247 的每一个输出端分别通过一个 390Ω电阻接到 7 段显示器的一个光段上，电阻起限流作用。当输出变量为 1 时，由于正向电流太小而不足以使光段发光；只有当输出变量为 0 时，才有足够大的驱动电流使光段发光。由于 7 段显示器的 7 个光段的阳极接在一起，因而称其为共阳极 7 段显示器。另外还有一种半导体 7 段显示器，它的 7 个光段的阴极接在一起，称为共阴极显示器，而 74LS249 是输出变量为高电平有效的 4 线—7 段译码器，以此来驱动这类显示器，显示电路类似 74LS247 的驱动电路，只是发光二极管方向改变一下，电源换成接地。

由以上分析可知，7 段显示器必须与 4 线—7 段译码器配合使用，共阳极显示器应选用输出低电平有效的译码器与之配合使用，共阴极显示器应选用输出高电平有效的译码器与之配合使用。

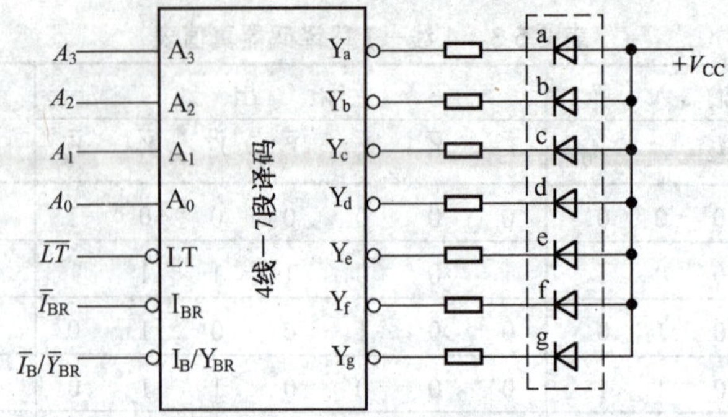

图 2.5.7　74LS247 及其显示电路

【扩展应用】

（一）案例：3 路防盗报警器

3 路防盗报警器电路如图 2.5.8 所示，由双四选一译码器 4555 和其他元件组成，该电路采用多种检测方式，有较好的防盗作用。

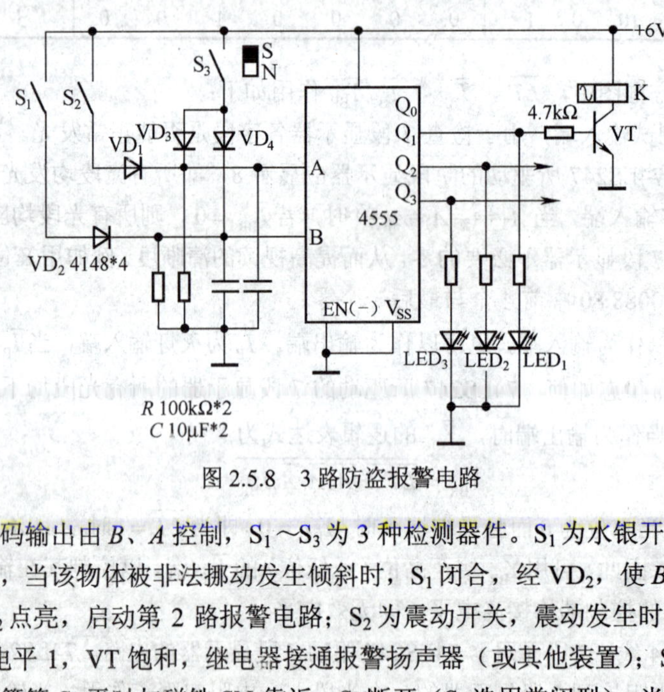

图 2.5.8　3 路防盗报警电路

功能特性：译码输出由 B、A 控制，S_1～S_3 为 3 种检测器件。S_1 为水银开关，用于倾斜检测，隐藏于被动物体上，当该物体被非法挪动发生倾斜时，S_1 闭合，经 VD_2，使 BA=10，译码后 Q_2 为有效电平 1，LED_2 点亮，启动第 2 路报警电路；S_2 为震动开关，震动发生时，S_2 闭合，BA=01，译码后 Q_1 为有效电平 1，VT 饱和，继电器接通报警扬声器（或其他装置）；S_3 为位移检测，被盗的物体上安置的干簧管 S_3 平时与磁铁 SN 靠近，S_3 断开（S_3 选用常闭型），当物体与 SN 离开一定距离时，S_3 闭合，BA=11，译码后 Q_3 为有效电平 1，LED_3 点亮，指示出第三路发生盗情。

（二）译码器的功能扩展

如前所述，利用片选端控制信号，可以将两片 3 线—8 线译码器 74LS138 组成一片 4 线—16 线译码器。更多的功能扩展可以此类推。

由图 2.5.3 可见，74LS138 仅有 3 个地址输入端。如果想实现 4 线—16 线译码器必须再加一个输入端，这里利用一个附加控制端（S_1、$\overline{S}_2$、$\overline{S}_3$ 当中的一个）作为第 4 个地址输入端。

取片 1 的 $\overline{S}_2$ 和 $\overline{S}_3$ 作为它的第 4 个地址输入端，同时令 $S_1=1$；取片 2 的 S_1 作为它的第 4 个地址输入端，同时令 $\overline{S}_2=\overline{S}_3=0$。取两片的 A_2=D_2、A_1=D_1、A_0=D_0，并将片 1 的 $\overline{S}_2$ 和 $\overline{S}_3$ 和片 2 的 S_1 都

接 D_3，如图 2.5.9 所示，于是得到输出信号表达式为

$$\begin{cases}\bar{Z}_0=\overline{\bar{D}_3\bar{D}_2\bar{D}_1\bar{D}_0}\\ \bar{Z}_1=\overline{\bar{D}_3\bar{D}_2\bar{D}_1D_0}\\ \vdots\qquad\quad\vdots\\ \bar{Z}_7=\overline{\bar{D}_3D_2D_1D_0}\end{cases}\tag{2.5.4}$$

$$\begin{cases}\bar{Z}_8=\overline{D_3\bar{D}_2\bar{D}_1\bar{D}_0}\\ \bar{Z}_9=\overline{D_3\bar{D}_2\bar{D}_1D_0}\\ \vdots\qquad\quad\vdots\\ \bar{Z}_{15}=\overline{D_3D_2D_1D_0}\end{cases}\tag{2.5.5}$$

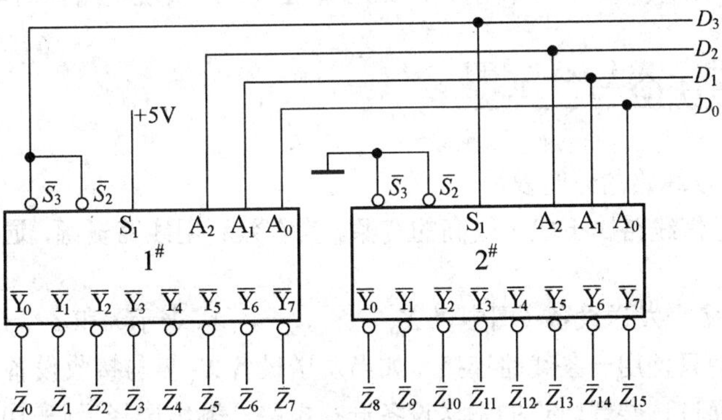

图 2.5.9　74LS138 的功能扩展

式（2.5.4）表明，当 $D_3=0$ 时，片 1 工作而片 2 禁止，将 $D_3D_2D_1D_0$ 的 0000～0111 这 8 个代码译成 $\bar{Z}_0\sim\bar{Z}_7$ 这 8 个低电平信号；而式（2.5.5）表明，当 $D_3=1$ 时，片 2 工作而片 1 禁止，将 $D_3D_2D_1D_0$ 的 1000～1111 这 8 个代码译成 $\bar{Z}_8\sim\bar{Z}_{15}$ 这 8 个低电平信号。译码器功能扩展后的连线图如图 2.5.9 所示。

（三）利用译码器设计一般组合电路

因为 n 位二进制译码器实际上是一个 n 变量最小项输出器，如 3 位二进制（3 线—8 线）译码器，输入 3 个变量，输出 8 个变量，每个输出均为一个最小项，而任意逻辑函数都可以写成最小项之和的形式，因此任意组合逻辑函数都可利用译码器实现。

【例 2.5.1】 利用 74LS138 实现 $Y=AB+BC+AC$。

解　（1）确定所设计电路的输入变量 A、B、C 与 74LS138 的输入变量 A_2 、A_1 、A_0 的关系。令 $A=A_2$，$B=A_1$，$C=A_0$。

（2）将 Y 的表达式变换成最小项之和的形式，并用 A_2、A_1、A_0 替换 A、B、C。

$$\begin{aligned}Y&=A\bar{B}C+AB\bar{C}+ABC+\bar{A}BC\\&=A_2\bar{A}_1A_0+A_2A_1\bar{A}_0+A_2A_1A_0+\bar{A}_2A_1A_0\end{aligned}$$

（3）因为 74LS138 输出低电平有效，所以将 Y 的表达式变换为“与非—与非”的形式。

$$\begin{aligned}Y&=\overline{\overline{\bar{A}_2A_1A_0}\cdot\overline{A_2\bar{A}_1A_0}\cdot\overline{A_2A_1\bar{A}_0}+\overline{A_2A_1A_0}}\\&=\overline{\bar{Y}_3\cdot\bar{Y}_5\cdot\bar{Y}_6\cdot\bar{Y}_7}\end{aligned}$$

（4）画出逻辑图，如图 2.5.10 所示。译码器的选通端均应接有效电平。

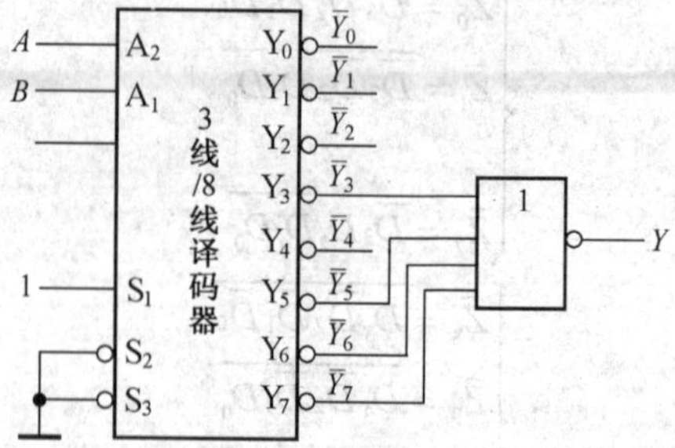

图 2.5.10　例 2.5.1 图

可以看出用译码器来实现组合逻辑函数，比用普通门电路实现电路要简单得多。

项目六　数据选择器与分配器

【案例导入】 通信线路的分时复用

在通信系统中，通信线路属于成本较高的资源。为有效利用线路资源，通信系统常采用分时复用线路的方法。

如图 2.6.1 所示，多个发送设备（图中以 X_0，X_1，…，X_7 表示）和多个接收装置（图中以 Y_0，Y_1，…，Y_7 表示）之间只使用一条线路连接。如当发送设备 X_5 需与接收设备 Y_3 进行通信时，则使用一数据选择装置，通过该装置附设的发送设备选择电路，输出选择译码 101（在此设为 X_5 的最小项编号，下同），选择发送端 X_5 接入传输线路；接收端则使用一数据分配装置，通过该装置附设的接收设备分配电路，输出分配译码 011，将信号分配至 Y_3 端输出。如此实现信息传送，称通信的分时复用技术。

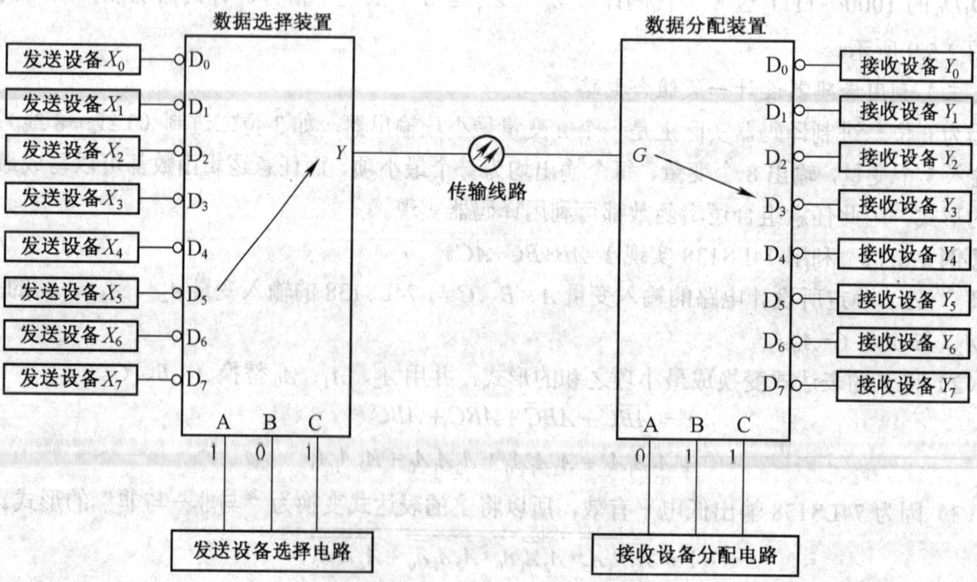

图 2.6.1　通信分时复用技术原理图

如此，当 X_5 与 Y_3 进行通信时，其他设备就不能使用该条传输线路了，也就出现了人们打电话时常常听到的“您所拨打的电话正在通话中”、“线路正忙请稍后再拨”等情况。

案例中出现数据选择装置，其作用是从一组输入数据中，按照一定的控制规律选出特定的某一个来使用，实现该功能的电路称数据选择器（又名多路开关），是一种常用的组合逻辑电路。数据选择器由地址译码器和多路数字开关组成，其方框图如图 2.6.2 所示。该电路有 n 个选择输入端（也称为地址输入端，即案例中的发送设备选择电路），2^n 个数据输入端，一个数据输出端。数据输入端与选择输入端输入的地址码有一一对应关系，当地址码确定时，输出端就输出与该地址码有对应关系的输入端的数据。

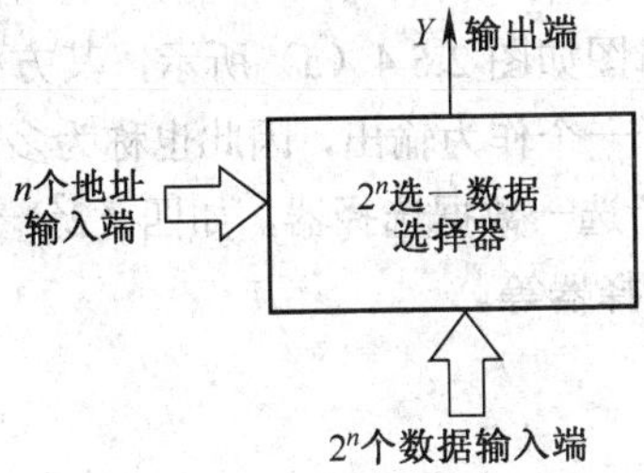

图 2.6.2　数据选择器方框图

案例中出现数据分配装置，逻辑功能正好与数据选择器相反，是将一路输入数据，按照一定的控制规律传送到 m 个输出端中的任何一个输出端的电路，实现该功能的电路称数据分配器。数据分配器只有一个数据输入，但是有 m 个输出端，使用时从 m 个输出端中选出一个，供数据输出用，此称为 1 路—m 路数据分配器。数据的分配同样受控于地址端（即案例中的接收设备分配电路），所需地址输入端个数为 n，且 m 与 n 的关系是 $m=2^n$。

【知识链接】

（一）四选一数据选择器

图 2.6.3 所示为四选一数据选择器的示意图，它的功能是根据地址码 A_1A_0 从 4 个输入数据 D_0 、D_1 、D_2 、D_3 中选择一个送到输出端 Y。地址译码器的输入 A_1A_0 有 4 种不同的取值 00、01、10、11，它的输出 C_0、C_1、C_2、C_3 分别控制 S_0、S_1、S_2、S_3 4 个开关，当 $A_1A_0=00$ 时，开关 S_0 倒向 Y，使 $Y=D_0$；当 $A_1A_0=01$ 时，开关 S_1 倒向 Y，使 $Y=D_1$；当 $A_1A_0=10$ 时，开关 S_2 倒向 Y，使 $Y=D_2$；当 $A_1A_0=11$ 时，开关 S_3 倒向 Y，使 $Y=D_3$。其真值表如表 2.6.1 所示。

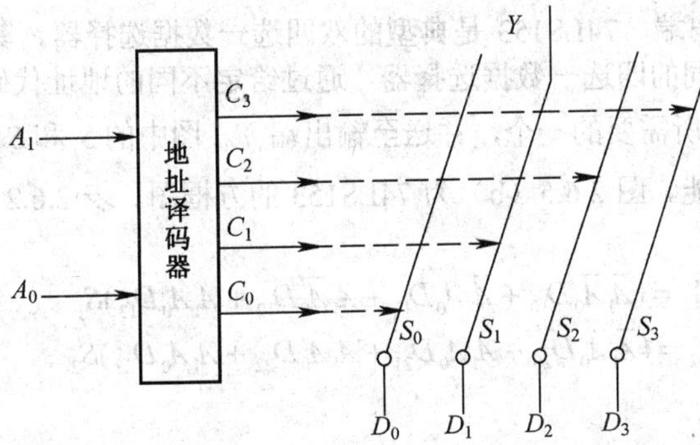

图 2.6.3　四选一数据选择器示意图

表 2.6.1 四选一数据选择器

A_1	A_0	Y
0	0	D_0
0	1	D_1
1	0	D_2
1	1	D_3

它的逻辑表达式为

$$Y=\overline{A}_1\overline{A}_0D_0+\overline{A}_1A_0D_1+A_1\overline{A}_0D_2+A_1A_0D_3 \tag{2.6.1}$$

根据式（2.6.1）可以画出逻辑图如图 2.6.4（a）所示，其方框图如图 2.6.4（b）所示。由于数据选择器是在多个数据输入中选择一个作为输出，因此也称为多路选择器或多路开关。对于具有 n 位地址码的数据选择器，则称为 2^n 选一数据选择器，如四（2^2）选一数据选择器，八（2^3）选一数据选择器，十六（2^4）选一数据选择器等。

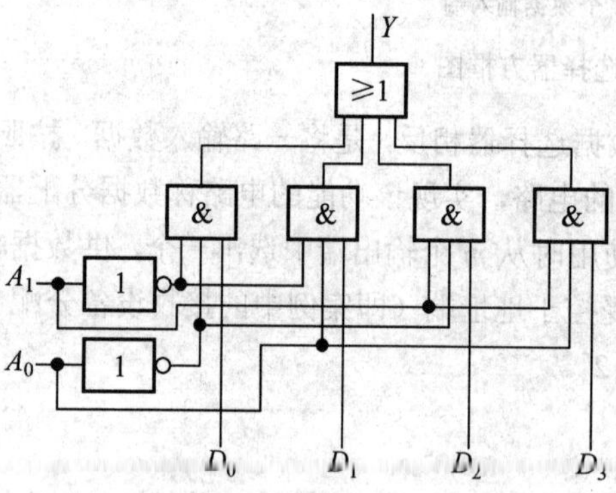

（a）逻辑图

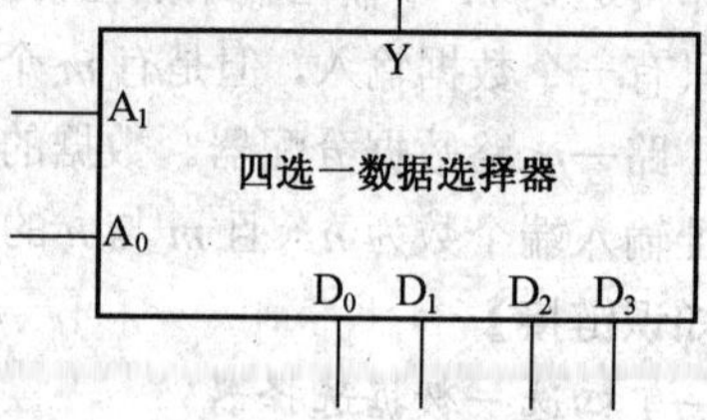

（b）方框图

图 2.6.4 四选一数据选择器逻辑图及方框图

（二）集成数据选择器

1. 双四选一数据选择器

双四选一数据选择器是将两个四选一数据选择器做在一个硅片上，其地址输入端公用，各自有 4 个数据输入端和一个输出端。74LS153 是典型的双四选一数据选择器，其逻辑图如图 2.6.5（a）所示，它包含两个完全相同的四选一数据选择器，通过给定不同的地址代码（即 A_1A_0 的状态），即可从 4 个输入数据中选出所需要的一个，并送至输出端 Y。图中的 $\overline{S}_1$ 和 $\overline{S}_2$ 是附加控制端，用于控制电路工作状态和扩展功能。图 2.6.5（b）为 74LS153 的方框图。表 2.6.2 为 74LS153 的功能表。逻辑表达式为

$$\begin{aligned}Y_1&=(\overline{A}_1\overline{A}_0D_{10}+\overline{A}_1A_0D_{11}+A_1\overline{A}_0D_{12}+A_1A_0D_{13})S_1\\Y_2&=(\overline{A}_1\overline{A}_0D_{20}+\overline{A}_1A_0D_{21}+A_1\overline{A}_0D_{22}+A_1A_0D_{23})S_2\end{aligned} \tag{2.6.2}$$

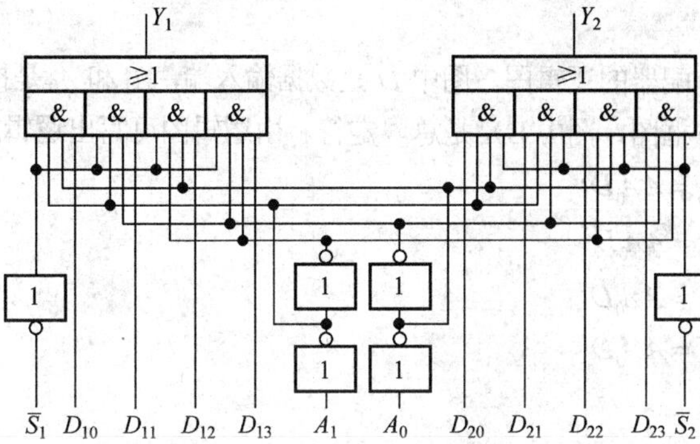

（a）逻辑图

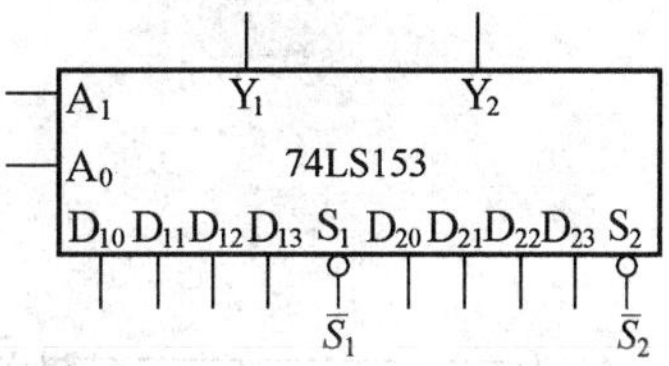

（b）方框图

图 2.6.5　74LS153 的逻辑图及方框图

表 2.6.2　双四选一选择器功能表

A_1	A_0	Y_1	Y_2
0	0	D_{10}	D_{20}
0	1	D_{11}	D_{21}
1	0	D_{12}	D_{22}
1	1	D_{13}	D_{23}

2. 八选一数据选择器

74LS151 是八选一数据选择器，其方框图如图 2.6.6 所示，其功能表如表 2.6.3 所示，$\overline{S}$ 为选通端，低电平有效，Y 与 $\overline{Y}$ 是一对互补的输出。Y 的逻辑表达式为

$$Y=(\overline{A}_2\overline{A}_1\overline{A}_0D_0+\overline{A}_2\overline{A}_1A_0D_1+\overline{A}_2A_1\overline{A}_0D_2+\overline{A}_2A_1A_0D_3 \\ +A_2\overline{A}_1\overline{A}_0D_4+A_2\overline{A}_1A_0D_5+A_2A_1\overline{A}_0D_6+A_2A_1A_0D_7)S \qquad (2.6.3)$$

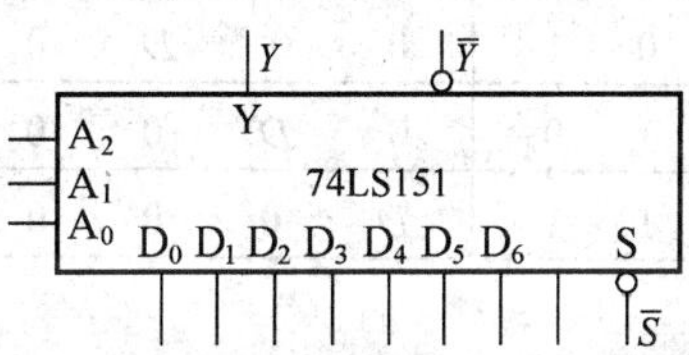

图 2.6.6　八选一数据选择器方框图

表 2.6.3　八选一选择器功能表

A_2	A_1	A_0	Y
0	0	0	D_0
0	0	1	D_1
0	1	0	D_2
0	1	1	D_3
1	0	0	D_4
1	0	1	D_5
1	1	0	D_6
1	1	1	D_7

（三）1 路—4 路数据分配器

图 2.6.7（a）是一个 1 路—4 路输出数据分配器的逻辑图。图中 D 是数据输入端，A_1 和 A_0 是控制端，Y_3～Y_0 是 4 个输出端。图 2.6.7（b）是其方框图，图中 DX 是总限定符。由逻辑图可写出逻辑式

$$\begin{cases} Y_0 = \overline{A}_1\overline{A}_0D \\ Y_1 = \overline{A}_1A_0D \\ Y_2 = A_1\overline{A}_0D \\ Y_3 = A_1A_0D \end{cases}$$

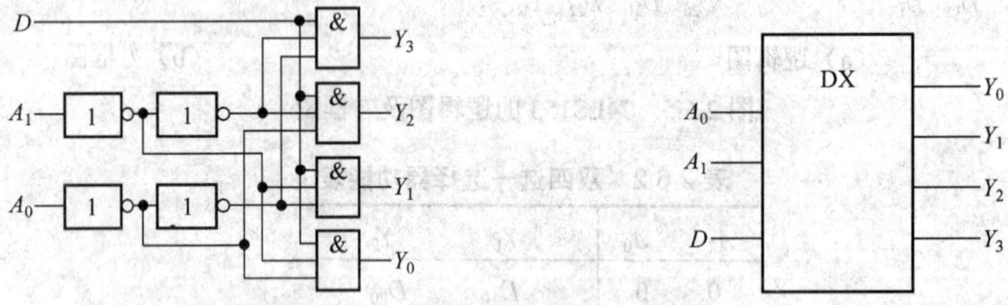

（a）逻辑图　　　（b）方框图

图 2.6.7　1 路－4 路输出数据分配器的逻辑图及方框图

由逻辑式列出分配器的功能表如表 2.6.4 所示。A_1 和 A_0 有 4 种组合，分别将数据 D 分配给 4 个输出端，从而构成 1 路—4 路分配器。

表 2.6.4　1 路－4 路分配器功能表

控制		输出			
A_1	A_0	Y_3	Y_2	Y_1	Y_0
0	0	0	0	0	D
0	1	0	0	D	0
1	0	0	D	0	0
1	1	D	0	0	0

（四）集成数据分配器

目前多采用中规模的译码器来实现分配器，图 2.6.8 所示将 74LS138 用作集成数据分配器的逻辑电路。

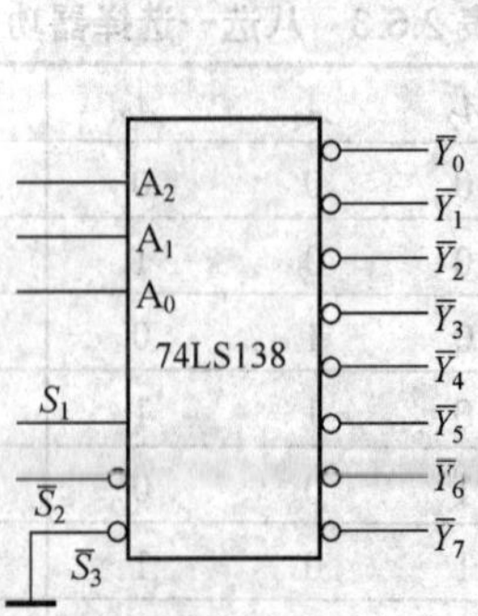

图 2.6.8　74LS138 用作数据分配器

将 74LS138 的控制端 $\overline{S_2}=\overline{S_3}=0$，允许译码器工作，控制端 S_1 作为数据输入端，A_0、A_1、A_2 作为地址输入端，组成了一个 1 路－8 路的数据分配器。

当地址输入端 $A_2A_1A_0=001$ 时，由集成译码器的工作原理，可得 $\overline{Y_1}=\overline{\overline{A_2}\,\overline{A_1}A_0(\overline{S_3}\,\overline{S_2}S_1)}=\overline{S_1}$，而其余输出端均为高电平。因此，当 $A_2A_1A_0=001$ 时，只有输出端 $\overline{Y_1}$ 得到与输入变化相同的数据波形。

【扩展应用】

（一）案例：数据选择器实现检偶电路

如图 2.6.9 所示是用选择器实现的检偶电路，其中 74LS153 是一个双四选一的选择器，图中所示检偶电路实现了判断输入信号 ABC 中是否有偶数个 1。由分析可知，输出 $F=\overline{A}\,\overline{B}\,\overline{C}+\overline{A}BC+A\overline{B}C+AB\overline{C}$，由表达式列出真值表见表 2.6.5，当输入信号 ABC 中的 1 的个数为偶数个时，输出为 1，否则输出为 0。

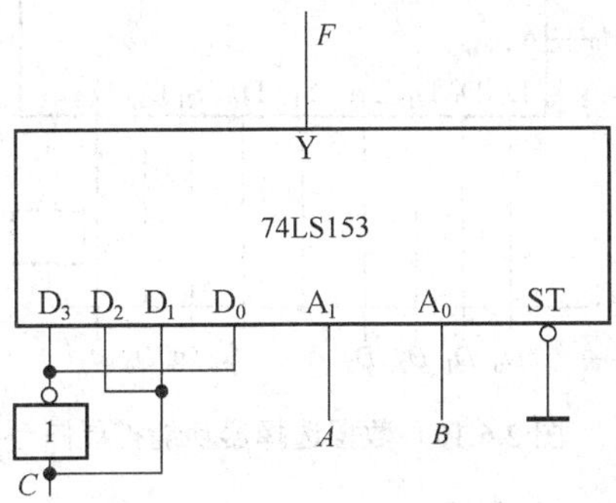

图 2.6.9 用选择器实现的检偶电路

表 2.6.5 检偶电路的真值表

A	B	C	F
0	0	0	1
0	0	1	0
0	1	0	0
0	1	1	1
1	0	0	0
1	0	1	1
1	1	0	1
1	1	1	0

（二）选择器的功能扩展

双四选一数据选择器 74LS153 可以通过使能端的功能扩展构成一个八选一数据选择器（功能表如前述表 2.6.3 所示）。

根据前述的图 2.6.5 和图 2.6.6，首先确定 D_0～D_7 与 D_{10}～D_{13}、D_{20}～D_{23} 之间的对应关系，令 $D_0=D_{10}$，$D_1=D_{11}$，$D_2=D_{12}$，$D_3=D_{13}$，$D_4=D_{20}$，$D_5=D_{21}$，$D_6=D_{22}$，$D_7=D_{23}$。正常情况下，两个四选一数据选择器中只有一个处于使能状态，因此可利用 $\overline{S_1}$、$\overline{S_2}$ 端作为地址输入的最高位 A_2。$A_2A_1A_0=000$～011 时，$\overline{S_1}=A_2=0$，则左边数据选择器工作；当 $A_2A_1A_0=100$～111 时，$\overline{S_2}=\overline{A_2}=0$，

则右边的数据选择器工作，将其代入式（2.6.2）得出

$$Y_1 = (\bar{A}_1\bar{A}_0D_0 + \bar{A}_1A_0D_1 + A_1\bar{A}_0D_2 + A_1A_0D_3)\bar{A}_2$$

$$Y_2 = (\bar{A}_1\bar{A}_0D_4 + \bar{A}_1A_0D_5 + A_1\bar{A}_0D_6 + A_1A_0D_7)A_2$$

输出 $Y=Y_1+Y_2$，所以需用一个或门电路来实现，输出 Y 的表达式为

$$Y = (\bar{A}_2\bar{A}_1\bar{A}_0D_0 + \bar{A}_2\bar{A}_1A_0D_1 + \bar{A}_2A_1\bar{A}_0D_2 + \bar{A}_2A_1A_0D_3 \\ + A_2\bar{A}_1\bar{A}_0D_4 + A_2\bar{A}_1A_0D_5 + A_2A_1\bar{A}_0D_6 + A_2A_1A_0D_7)$$

因此，由 74LS153 构成的八选一数据选择器如图 2.6.10 所示。

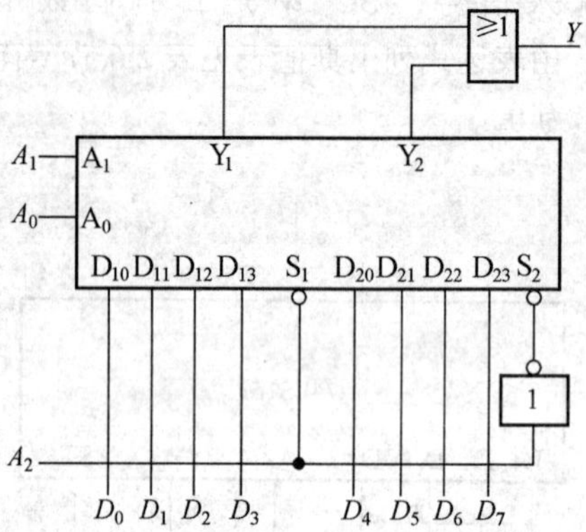

图 2.6.10　数据选择器功能扩展图

（三）利用数据选择器设计一般组合电路

用数据选择器实现组合逻辑函数可以用“降元法”。即对于 n 变量逻辑函数，用 $n-1$ 个因子作为多路选择器的选择输入（地址输入），以剩下的一个因子作数据输入端，数据输入端的值可以是 0 或 1，也可以是这个变量的原变量或反变量。这里“降元”是指减少输入端的个数。

【例 2.6.1】 用数据选择器实现 $F = \bar{A}D + C\bar{D} + B\bar{C}D$

解　（1）将所设计电路的逻辑函数表达式变换成最小项之和的形式。

$$\begin{aligned} F &= (\bar{A}B\bar{C}\bar{D} + \bar{A}B\bar{C}D + \bar{A}BC\bar{D} + \bar{A}BCD) \\ &\quad +(\bar{A}\bar{B}C\bar{D} + \bar{A}BC\bar{D} + A\bar{B}C\bar{D} + ABC\bar{D}) + (\bar{A}B\bar{C}D + AB\bar{C}D) \qquad (2.6.4) \\ &= \bar{A}\bar{B}C\bar{D} + \bar{A}B\bar{C}\bar{D} + \bar{A}B\bar{C}D + \bar{A}BC\bar{D} + \bar{A}BCD \\ &\quad + A\bar{B}C\bar{D} + AB\bar{C}D + ABC\bar{D} \end{aligned}$$

（2）确定所设计函数的输入变量、输出变量与数据选择器的输入变量、输出变量的对应关系。令 $A=A_2$，$B=A_1$，$C=A_0$，D 为 $D_0 \sim D_7$，$F=Y$。

（3）利用逐项比较法（即公式法），确定 $D_0 \sim D_7$ 所接信号。

首先用 A_2、A_1、A_0 替换式（2.6.4）中的 A、B、C，得出

$$F = \bar{A}_2\bar{A}_1A_0\bar{D} + \bar{A}_2A_1\bar{A}_0\bar{D} + \bar{A}_2A_1\bar{A}_0D + \bar{A}_2A_1A_0\bar{D} + \bar{A}_2A_1A_0D \\ + A_2\bar{A}_1A_0\bar{D} + A_2A_1\bar{A}_0D + A_2A_1A_0\bar{D} \qquad (2.6.5)$$

然后写出数据选择器的逻辑表达式

$$Y = \bar{A}_2\bar{A}_1\bar{A}_0D_0 + \bar{A}_2\bar{A}_1A_0D_1 + \bar{A}_2A_1\bar{A}_0D_2 + \bar{A}_2A_1A_0D_3 \\ + A_2\bar{A}_1\bar{A}_0D_4 + A_2\bar{A}_1A_0D_5 + A_2A_1\bar{A}_0D_6 + A_2A_1A_0D_7 \qquad (2.6.6)$$

在式（2.6.5）和式（2.6.6）中的每一项均有 4 个因子，两式中凡前 3 个因子（即地址码）相

同的项互称为对应项。因为 $F=Y$，利用对应项相等则式相等的结论便可确定 D_0～D_7，如表 2.6.6 所示。

表 2.6.6 例 2.6.1 中 D_0～D_7 所接信号

数据输入端	D_0	D_1	D_2	D_3	D_4	D_5	D_6	D_7
应接信号	0	$\bar{D}$	1	1	0	$\bar{D}$	D	$\bar{D}$

（4）画图，如图 2.6.11 所示。

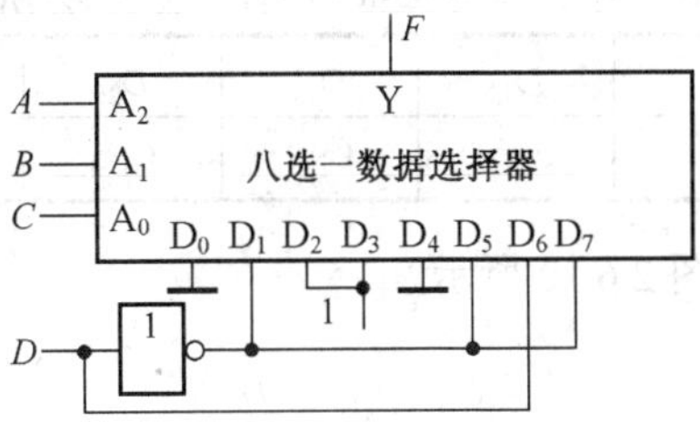

图 2.6.11 例 2.6.1 接线图

【例 2.6.2】 试用一片双四选一数据选择器设计一个全减器。

解 全减是指在计算两数减法同时还要考虑低位向本位的借位的减法，能实现全减功能的电路称为全减器。

（1）定义输入变量和输出变量。设全减器的输入变量被减数为 A_i，减数为 B_i，低位的借位为 C_{i-1}，输出变量差为 D_i，向高位的借位为 C_i。

（2）根据全减器功能列真值表。全减器的功能是用被减数 A_i 减去减数 B_i 和低位的借位 C_{i-1}，结果为向高位的借位 C_i 和差 D_i，所列真值表如表 2.6.7 所示。

表 2.6.7 全减器真值表

A_i	B_i	C_{i-1}	C_i	D_i
0	0	0	0	0
0	0	1	1	1
0	1	0	1	1
0	1	1	1	0
1	0	0	0	1
1	0	1	0	0
1	1	0	0	0
1	1	1	1	1

（3）根据真值表写出 C_i 、 D_i 的最小项之和表达式。

$$C_i=\bar{A}_i\bar{B}_iC_{i-1}+\bar{A}_iB_i\bar{C}_{i-1}+\bar{A}_iB_iC_{i-1}+A_iB_iC_{i-1}$$

$$D_i=\bar{A}_i\bar{B}_iC_{i-1}+\bar{A}_iB_i\bar{C}_{i-1}+A_i\bar{B}_i\bar{C}_{i-1}+A_iB_iC_{i-1}$$

（4）确定 A_i 、 B_i 、 C_{i-1} 、 C_i 、 D_i 与数据选择器的 A_1、A_0，D_{10}～D_{13}，D_{20}～D_{23}，Y_1、Y_2 的对应关系。令 $A_i=A_1$， $B_i=A_0$，D_{10}～D_{13}，D_{20}～D_{23} 对应于 C_{i-1} ， $C_i=Y_1$， $D_i=Y_2$。

（5） 确定 D_{10}～D_{13}，D_{20}～D_{23} 所接的信号用 A_1、A_0 替换上式中 A_i、B_i，得出

$$C_i = \overline{A}_1\overline{B}_0C_{i-1} + \overline{A}_1B_0\overline{C}_{i-1} + \overline{A}_1B_0C_{i-1} + A_1B_0C_{i-1}$$

$$D_i = \overline{A}_1\overline{B}_0C_{i-1} + \overline{A}_1B_0\overline{C}_{i-1} + A_1\overline{B}_0\overline{C}_{i-1} + A_1B_0C_{i-1}$$

双四选一数据选择器的逻辑表达式

$$Y_1 = \overline{A}_1\overline{A}_0D_{10} + \overline{A}_1A_0D_{11} + A_1\overline{A}_0D_{12} + A_1A_0D_{13}$$

$$Y_2 = \overline{A}_1\overline{A}_0D_{20} + \overline{A}_1A_0D_{21} + A_1\overline{A}_0D_{22} + A_1A_0D_{23}$$

C_i 和 Y_1、D_i 和 Y_2 相对应，逐项比较得出 D_{10}～D_{13}、D_{20}～D_{23} 应接的信号，如表 2.6.8 所示。

表 2.6.8 例 2.6.2 中 D_{10}～D_{13}，D_{20}～D_{23} 所接信号

数据输入端	D_{10}	D_{11}	D_{12}	D_{13}	D_{20}	D_{21}	D_{22}	D_{23}
应接信号	C_{i-1}	1	0	C_{i-1}	C_{i-1}	$\overline{C}_{i-1}$	$\overline{C}_{i-1}$	C_{i-1}

（6）画图，外部接线图如图 2.6.12 所示。

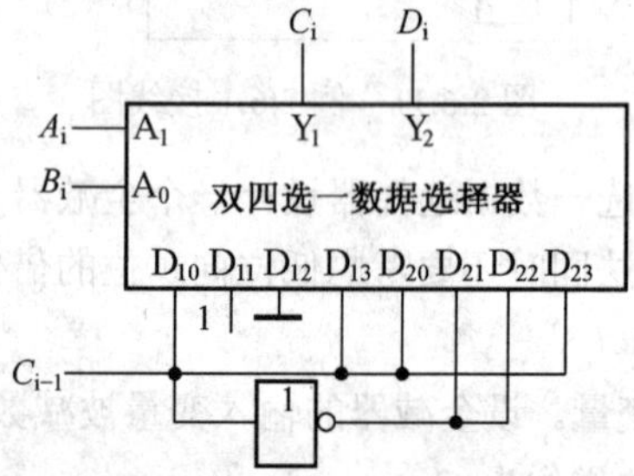

图 2.6.12 例 2.6.2 接线图

应当指出，利用数据选择器设计组合电路适用于单变量输出的情况，而且设计方案不唯一. 所设计电路的输入变量与数据选择器的输入变量的对应关系不同，设计结果也不尽相同。

项目七 触发器

一、基本 RS 触发器

【案例导入】 机械开关防抖动电路

图 2.7.1（a）所示为一个机械开关。当开关闭合时，由于金属的刚性作用，两个触点之间将发生弹性抖动。因此，电路无法在瞬间达到预期的稳定闭合状态，会随着抖动产生多个相应的干扰脉冲，俗称“毛刺”，如图 2.7.1（b）所示。这种干扰信号对系统危害极大，例如在微机系统里的手动复位电路中，甚至可能使整个机器无法正常工作。为了消除抖动造成的影响，必须在机械开关处设计配置一个防抖动电路。

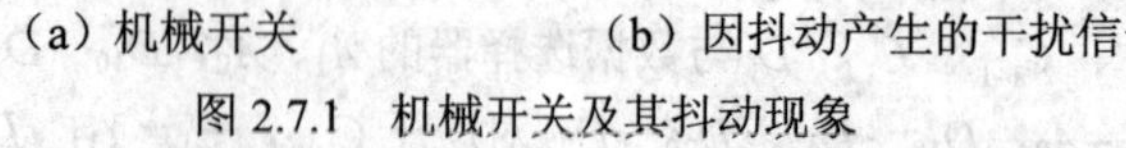

（a）机械开关　　（b）因抖动产生的干扰信号

图 2.7.1 机械开关及其抖动现象

这种防抖动电路必须要具有两个功能：一是体现开关作用，将电路开和关的状态准确稳定的保存下来；二是防抖动，即确保电路不受干扰脉冲的影响。显然，采用前述的组合逻辑电路是无法实现这些功能的。典型的组合电路如加法器、比较器等可以进行算术运算或逻辑运算，但是没有记忆性，不能保存运算结果，其输入信号的清零或置位同时引起输出信号的清零或置位。

在此引入一种新的数字逻辑单元触发器，则上述问题可以得到解决，构成一个比较理想的防抖动开关。组合逻辑电路和时序逻辑电路是数字电路的两大分支。时序逻辑电路简称时序电路，通常是由触发器加组合逻辑电路所构成。触发器是构成时序电路的基本单元，本身也是最简单的时序电路。将触发器以不同的方式连接，还可以组成多种类型的时序电路，如计数器、寄存器、顺序脉冲发生器等。

如图 2.7.2 所示，图中虚线框内的部分即为触发器。该电路属于触发器中结构最简单的基本 RS 型触发器，由两个与非门交叉耦合连接而成，有两个输入端和两个输出端，分别用 R、S 和 P、Q 来表示。在此设定 Q 作为防抖动电路总的输出端。机械开关 T 的两个触点 M、N 分别对应着输入端 R、S，设定以开关置于触点 M 为关断，置于触点 N 为导通，电路导通、关断的状态通过输出端 Q 来反映。在此，只需了解基本 RS 触发器的输入输出特性，就能够较好的分析理解该案例电路的作用。

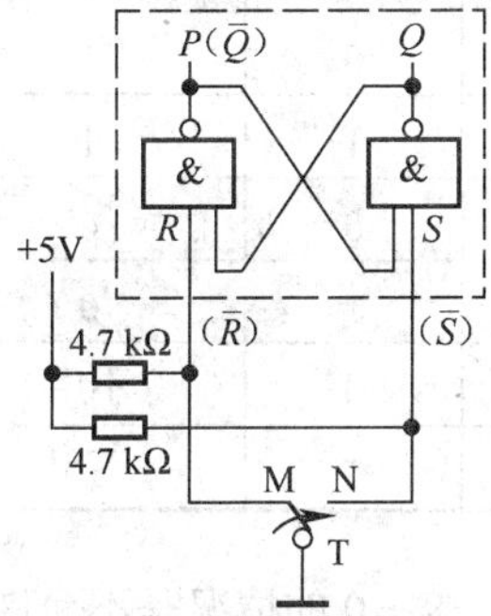

图 2.7.2 机械开关防抖动电路

【知识链接】

（一）基本 RS 触发器输入输出特性

基本 RS 触发器的逻辑图和逻辑符号如图 2.7.3 所示，图中输入信号 $\bar{R}$ 和 $\bar{S}$ 表示低电平有效。根据前述防抖电路的功能要求可知，触发器是一种具有记忆功能的电路，与组合电路有着本质的不同，其输出信号可稳定的自保持。触发器接收信号前的状态称现态，用 Q^n 表示；接收输入信号后的状态称次态，用 Q^{n+1} 表示。触发器的状态（0 或 1）以输出端 Q 的状态来确认。例如接收信号前 Q 端输出为 0 态，则称触发器现态 $Q^n=0$。现态和次态都是相对的，某一时刻的次态就是其相邻的下一个时刻的现态。

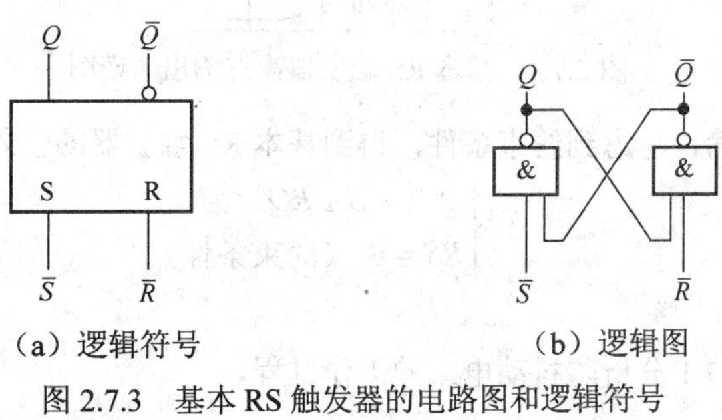

图 2.7.3 基本 RS 触发器的电路图和逻辑符号

参照电路图，将触发器次态 Q^{n+1} 与现态 Q^n 和输入信号之间的逻辑关系用表格的形式加以描述，类似于组合电路中的真值表，称为触发器的特性表，如表 2.7.1 所示。在特性表中可以看出，基本 RS 触发器具有三大功能：

（1）当 $R=S=0$ 即 $\overline{R}=\overline{S}=1$ 时，$Q^{n+1}=Q^n$，输出保持原状态不变，体现了自保持功能。

（2）当 $R=0$、$S=1$ 即 $\overline{R}=1$、$\overline{S}=0$ 时，$Q^{n+1}=1$，输出处于稳定 1 态，体现了输出置 1 功能。因此 S 端称为置 1 端或置数端。

（3）当 $R=1$、$S=0$ 即 $\overline{R}=0$、$\overline{S}=1$ 时，$Q^{n+1}=0$，输出处于稳定 0 态，体现了输出置 0 功能。因此 R 端称为置 0 端或复位端。

表 2.7.1 基本 RS 触发器特性表

输入信号		现态	次态（输出）	功能
R	S	Q^n	Q^{n+1}	
0	0	0	0	自保持
0	0	1	1	
0	1	0	1	置 1
0	1	1	1	
1	0	0	0	置 0
1	0	1	0	
1	1	0	不用	不允许
1	1	1	不用	

实际应用中，$R=1$、$S=1$ 即 $\overline{R}=0$、$\overline{S}=0$ 的情况是不允许出现的。因为该情况下两个输出端 Q 和 $\overline{Q}$ 将同时为 1，既非 0 态也非 1 态，输出逻辑混乱。触发器是一种基本存储单元，逻辑混乱状态是非正常工作状态。正常工况的触发器两个输出端信号一定是互补的，因此案例中的输出端 P 在触发器电路中用 $\overline{Q}$ 来表示。

根据特性表可以列出基本 RS 触发器的次态输出卡诺图，如图 2.7.4 所示。图中的每一格代表一个次态输出 Q^{n+1}，与特性表一一对应。特性表中不允许出现的状态在卡诺图中作为约束项。

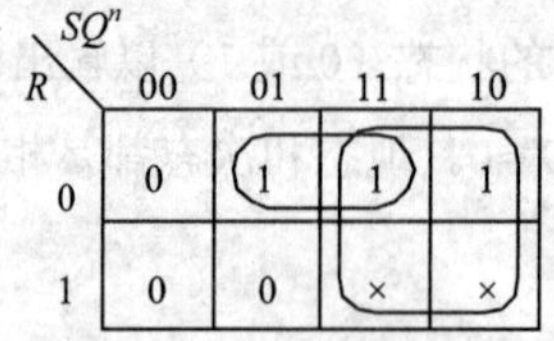

图 2.7.4 基本 RS 触发器次态输出卡诺图

根据卡诺图进行化简，考虑到约束条件，得到基本 RS 触发器的输入输出特性方程如下：

$$\begin{cases} Q^{n+1}=S+\overline{R}Q^n \\ RS=0 \quad \text{（约束条件）} \end{cases} \tag{2.7.1}$$

（二）案例回顾

结合图 2.7.2 和表 2.7.1 分析防抖动电路的工作过程。

初始状态下开关置于触点M，输入端信号$\overline{R}$=0、$\overline{S}$=1即R=1、S=0。查表2.7.1可知，此时电路的功能为置0。总输出端Q为0，表示开关断开。开关由断开到导通的过程分为3个阶段。

（1）开关离开触点M还未到达触点N时，电路输入端信号$\overline{R}$=1、$\overline{S}$=1即R=0、S=0。查表2.7.1可知电路的功能为自保持，输出状态不改变，Q端保持为0，表示开关仍保持断开状态。

（2）开关到达触点N时，电路输入端信号变为$\overline{R}$=1、$\overline{S}$=0即R=0、S=1。查表2.7.1可知电路的功能为置1，总输出端Q的状态变为1，表示此时开关为导通状态。

（3）开关到达触点N后，短时间内会产生微小的抖动而造成与N点的多次接通和断开。这样电路的输入信号R、S也就在0、1和0、0之间快速的来回转换，反映在波形上就是类似图2.7.1（b）所示的毛刺现象。输入信号的这种变化不会影响输出状态，查表2.7.1可知，此时电路的功能是在置1和自保持之间来回转换。如此，总输出端的状态$Q=1$被锁定而不会改变，这也正是触发器存储记忆功能的体现，正是时序电路与组合电路的本质区别。

整个过程中电路两个输出端始终处于互补状态，因此$P=\overline{Q}$。

综上可知，触发器电路以Q端的0、1态分别代表开关的断开和导通状态，在开关闭合的过程中，Q稳定的从0变为1，即使发生抖动也不会造成状态的改变，从而有效地消除了抖动现象造成的影响。

（三）触发器综述

（1）通过前述案例中可知，触发器是一种具有记忆功能的电路，它可以用来存储二进制数字。一个触发器可以存放一位二进制数。

（2）触发器有两个基本特点，一是具有两个稳定状态，即稳定0态（$Q=0$、$\overline{Q}=1$）和稳定1态（$Q=1$、$\overline{Q}=0$）；二是能够接收、保存和输出信号。

（3）触发器次态Q^{n+1}与现态Q^n和输入信号之间的逻辑关系，是贯穿触发器的基本问题。如何理解和求取这种逻辑关系是学习触发器的中心任务。用逻辑表达式的形式来描述这一逻辑关系，即得到触发器的特性方程。电路图→特性表→卡诺图→特性方程，是通常分析触发器的一条逻辑主线。

（4）触发器有两种主要的分类方法。

一是按照电路结构和工作特点的不同，分为基本触发器、同步触发器、主从触发器和边沿触发器。

二是根据触发器自身输入输出逻辑特性的不同，将其分为RS型触发器、JK型触发器、D型触发器、T型触发器和T′型触发器等。不同逻辑功能的触发器，特性方程各不相同；相同功能的触发器特性方程也相同。如RS型触发器，无论其电路结构如何，特性方程均为式（2.7.1）所示的形式。这种分类方法是对时钟触发器而言的，本书约定：时钟触发器仅限于主从触发器和边沿触发器。关于时钟触发器的内容将在下一章节介绍。

【扩展应用】

（一）案例：555定时电路

基本RS触发器的重要功能扩展是可以通过外接元件，得到一种在工程实际中应用十分广泛的集成电路：555定时器。

1. 组成结构

图2.7.5所示是555定时器内部结构的简化原理图。555定时器主要由5部分构成，从左向右依次：由3个阻值为5kΩ的电阻组成的分压器（555定时器由此得名）、两个电压比较器C_1和C_2、

由 2 个与非门组成的基本 RS 触发器、输出缓冲器 G_3 以及集电极开路的放电三极管 VT。其中，电压比较器的输出电平由同相输入端和反相输入端所加的电压决定，当 $u_+ > u_-$ 时输出为高电平 1，反之则输出低电平。

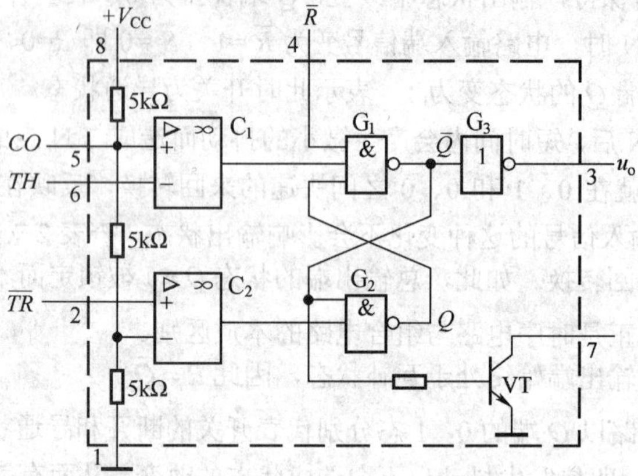

图 2.7.5　555 定时器原理图

555 定时器为双列直插式 8 引脚封装。1 端接地。2 端是低电平触发输入端，低电平触发，当 2 端的输入电压低于 $1/3V_{CC}$ 时，C_2 输出低电平 0，使 RS 触发器 $Q=1$，$\overline{Q}=0$，定时器输出高电平 $u_o=1$。3 端是信号输出端。4 端是复位清零端，优先级别最高，低电平复位。5 端是电压控制端，在 5 端加控制电压时，可改变 C_1、C_2 的参考电压，该端不用时一般通过一个 0.01 μF 的电容接地，以旁路高频干扰。6 端是高电平触发输入端，高电平触发，当 6 端的输入电压高于 $2/3V_{CC}$ 时，C_1 输出低电平 0，使 RS 触发器 $Q=0$，$\overline{Q}=1$，定时器输出低电平 $u_o=0$。7 端是放电端。8 端接电源 V_{CC}。

2. 基本逻辑功能

555 定时器的输出逻辑功能如表 2.7.2 所示。其中的 $2/3V_{CC}$ 和 $1/3V_{CC}$ 分别是比较器 C_1 和 C_2 的比较电压。555 定时器的具体工作原理可以参看原理图和功能表，结合基本 RS 触发器的输入输出特性分析得出，在此不再赘述。

表 2.7.2　555 定时器功能表

u_{TH}	$u_{\overline{TR}}$	$\overline{R}$	输出 u_o	放电管 VT
×	×	0	0	导通
$<2/3V_{CC}$	$<1/3V_{CC}$	1	1	截止
$>2/3V_{CC}$	$>1/3V_{CC}$	1	0	导通
$<2/3V_{CC}$	$>1/3V_{CC}$	1	不变	不变

根据表 2.7.2 所示，555 定时器是一种将模拟功能与逻辑功能结合在一起的中规模集成电路，通常输入的是连续的模拟信号，输出是离散数字信号。该电路能够产生精确的时间延迟和振荡，只需外接少量阻容元件就可构成各类脉冲产生与整形电路，在数字电路中被广泛用于构成多谐振荡器、单稳态触发器和施密特触发器等电路，具体内容在后续章节有详细阐述。该电路在定时、测量、控制、家用电器、电子玩具等诸多领域被广泛应用。

目前生产的 555 定时器品种繁多，主要有 TTL 型和 CMOS 型。表 2.7.3 给出了两种主要型号的 555 定时器的主要参数。从表中不难看出，TTL 型（以 5G555 为代表）具有较强的驱动能力，而 CMOS 型（以 CC7555 为代表）则具有低功耗、高输入阻抗的优点。产品型号以 555 结尾的是 TTL 型；产品型号以 7555 结尾的是 CMOS 型。两个 555 定时器集成到一个芯片上可以构成双定时器产品，如 5G556、CC7556 等。

表 2.7.3　555 定时器主要参数表

参数	单位	CC7555	5G555
电源电压	V	3～18	4.5～16
静态电源电流	mA	0.12	10
定时精度	%	2	1
放电端放电电流	mA	10～50	200
输出端驱动电流	mA	1～20	200
最高工作频率	kHz	500	500

（二）同步触发器与主从触发器

1. 同步 RS 触发器

前述防抖动开关案例中出现的是基本 RS 触发器，它是触发器中最简单也是最基本的类型，其他各类型的触发器在结构上都是由基本 RS 触发器改进组合而成的，在功能上也是由基本 RS 触发器发展演化而来。

同步 RS 触发器的逻辑图和逻辑符号如图 2.7.6 所示，它是在基本 RS 触发器的基础上增加了一个控制信号 CP 和两个控制门 G_3、G_4。

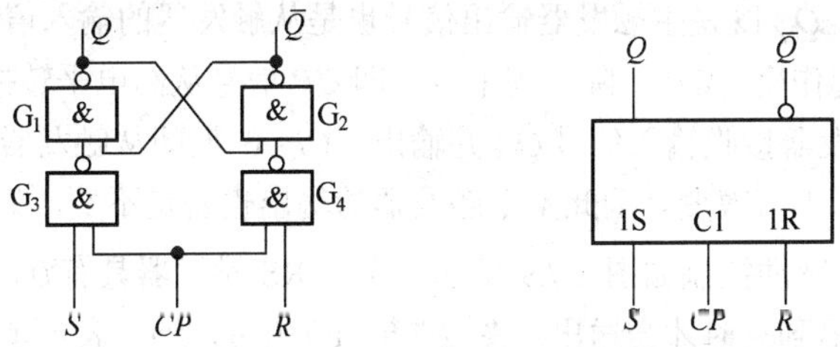

（a）逻辑图　　（b）逻辑符号

图 2.7.6　同步 RS 触发器的逻辑图和逻辑符号

在功能上，基本 RS 触发器是输入电平直接控制，同步 RS 触发器是受时钟脉冲信号 CP 的电平控制。分析图 2.7.6（a）可知，只要 CP=0，控制门 G_3、G_4 的输出只能是 1、1，触发器处于自保持状态。此时输入信号 R、S 不起作用，触发器状态也保持不变，称触发器被封锁。只有 CP=1 时，触发器才能正常工作，输入输出逻辑关系见表 2.7.1 所示。CP 脉冲控制如图 2.7.7 所示。显然，同步 RS 触发器更容易控制，抗干扰性也更好。

同步 RS 触发器的特性方程与基本 RS 触发器相同，只是加入了一个时钟脉冲条件，如（2.7.2）所示。

$$\begin{cases} Q^{n+1} = S + \overline{R}Q^n \\ RS = 0 \ \text{（约束条件）} \qquad CP=1\ \text{期间有效} \end{cases} \tag{2.7.2}$$

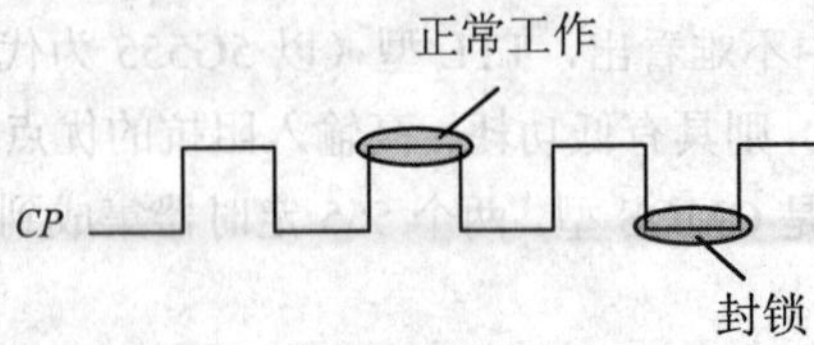

图 2.7.7　同步触发器 CP 电平控制示意图

2. 主从 RS 触发器

两个同步 RS 触发器级联就构成了主从 RS 触发器，其逻辑图和逻辑符号如图 2.7.8 所示。其中 G_1、G_2、G_3、G_4 构成从触发器，G_5、G_6、G_7、G_8 构成主触发器，二者的控制信号 CP 互补。

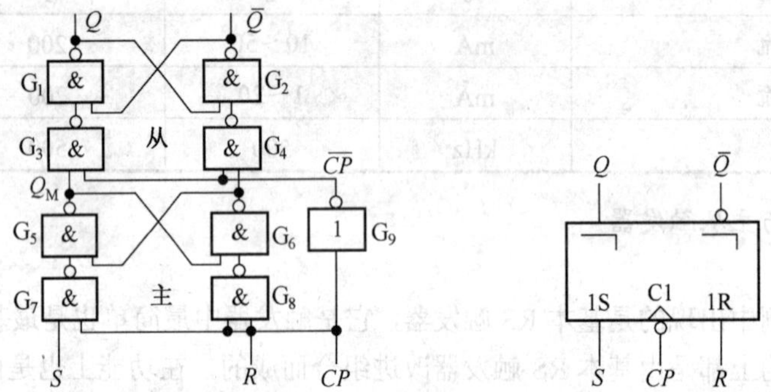

（a）逻辑图　　　　（b）逻辑符号

图 2.7.8　主从 RS 触发器的电路图和逻辑符号

主从 RS 触发器接收输入信号时受时钟脉冲信号 CP 的电平控制，在 CP=1 期间主触发器接收信号并在输出端 Q_M 送出。Q_M 既是主触发器输出信号也是从触发器的输入信号。在 CP=1 期间从触发器封锁，Q_M 对其不起作用。CP 下降沿到来时，即 CP 信号从高电平转换成为低电平的瞬间，从触发器打开，这时从触发器接收输入信号 Q_M 并输出。CP=0 期间从触发器可以正常触发，但此时主触发器被封锁使得 Q_M 不再改变。因此整个触发器的输出也稳定不变，处于自保持状态。

主从 RS 触发器的 CP 脉冲控制如图 2.7.9 所示。主从 RS 触发器具有延时功能，CP=1 期间接收的信号要等待 CP 下降沿到来时才会送出。图 2.7.8（b）中的“¬”表示延迟，这也是识别主从触发器的一个标志。图中 CP 端的小圆圈表示下降沿有效。

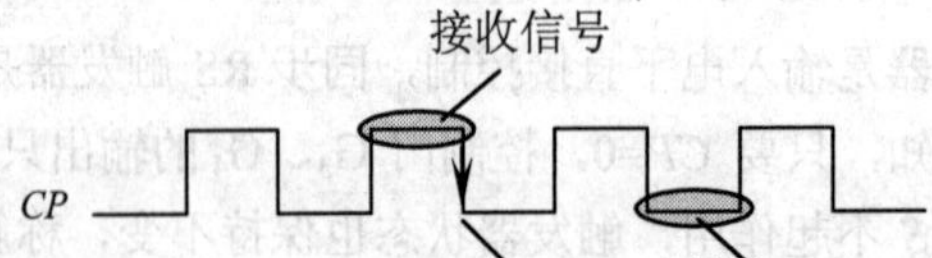

图 2.7.9　主从触发器 CP 电平控制示意图

主从 RS 触发器的特性方程如式（2.7.3）所示。

$$\begin{cases} Q^{n+1} = S + \overline{R}Q^n \\ RS = 0 \quad \text{（约束条件）} \end{cases} \quad CP\text{ 下降沿时刻有效} \tag{2.7.3}$$

（三）JK 触发器

RS 型触发器共同的特点是具有自保持、置 0 和置 1 三个功能，其中 R、S 分别是置 0 端和置 1 端，约束条件 RS=0。JK 型触发器具有自保持、置 0、置 1 和翻转 4 个功能，其两个输入端 J、K 分别是置 1 端和置 0 端。JK 触发器无约束条件，当输入 J=K=1 时，触发器输出为现态的反，即 $Q^{n+1}=\bar{Q}^n$，称此功能为翻转。表 2.7.4 是 JK 触发器特性表。

表 2.7.4　JK 触发器特性表

输入信号		现态	次态（输出）	功能
J	K	Q^n	Q^{n+1}	
0	0	0	0	自保持
0	0	1	1	
0	1	0	0	置 0
0	1	1	0	
1	0	0	1	置 1
1	0	1	1	
1	1	0	1	翻转
1	1	1	0	

由特性表得到 JK 触发器的特性方程：

$$Q^{n+1}=J\bar{Q}^n+\bar{K}Q^n \tag{2.7.4}$$

JK 触发器逻辑符号如图 2.7.10 所示。主从 JK 触发器受 CP 脉冲控制的情况与主从 RS 触发器相同，可参见图 2.7.9。边沿 JK 触发器不具有主从型触发器的延时功能，逻辑符号中没有延时标志“¬”。其整个触发过程都是在时钟脉冲的边沿时刻到来时完成，故名边沿触发器。图 2.7.10（b）中所示为下降沿触发的边沿 JK 触发器，其时钟控制功能如图 2.7.11 所示。

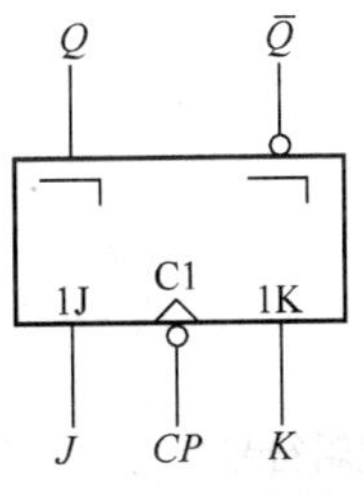

（a）主从 JK 触发器逻辑符号

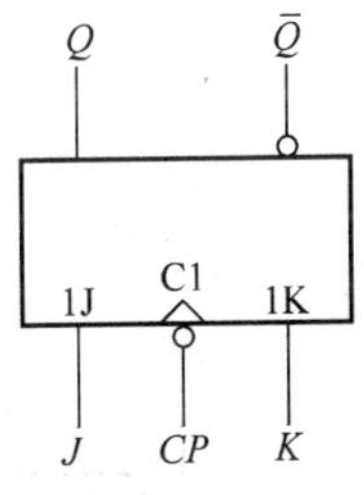

（b）边沿 JK 触发器逻辑符号

图 2.7.10　JK 触发器逻辑符号

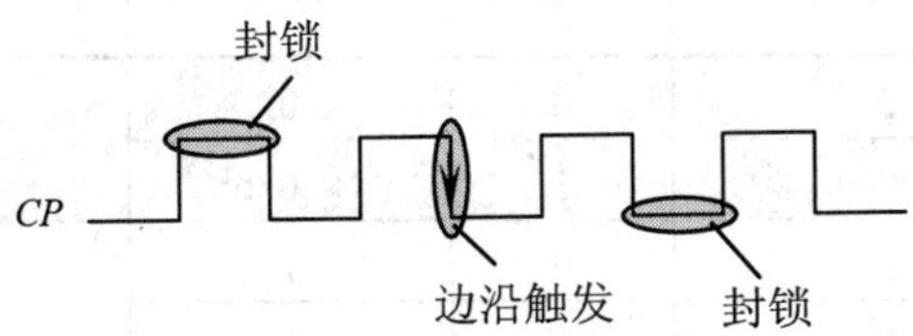

图 2.7.11　边沿 JK 触发器 CP 控制示意图

【例 2.7.1】 CP 下降沿触发的边沿 JK 触发器，CP、J、K 的波形如图 2.7.12 所示，试求其输出 Q 的波形。规定触发器起始为 0 态。

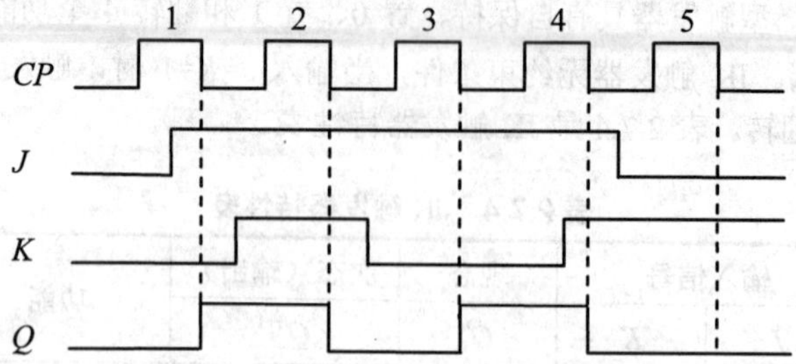

图 2.7.12　例 2.7.1 图

解　如图 2.7.11 所示，当且仅当图中脉冲的 5 个下降沿时刻到来时，输入信号才能起作用，触发器状态有可能改变，其他时间输入不会影响输出 Q 的波形。5 处下降沿的输入信号 J、K 依次是：1、0，1、1，1、0，1、1，0、1。查表 2.7.4 或代入公式（2.7.4）可知，5 个触发时刻对应的功能依次是：置 1，翻转，置 1，翻转，置 0。

脉冲 1 下降沿处的现态 Q^n=0，功能为置 1，则次态输出 Q^{n+1}=1，波形反映为低电平翻转成高电平。以此类推，得到图 2.7.12 所示的波形。如将题设条件改为 CP 上升沿触发，则结果会有不同，读者可自行分析。

JK 触发器功能齐全，是一种全功能性的电路，使用灵活方便。边沿触发器抗干扰能力极强，只要在 CP 信号边沿触发的瞬间保证输入信号 J、K 的稳定，触发器就能够稳定可靠的按照特性方程更新状态。其他时间段触发器均封锁，输入信号不起作用。

（四）D 触发器

图 2.7.13 所示是一个下降沿触发的边沿 D 触发器。其只有一个输入端 D，无约束条件，触发信号到来时根据 D 端输入信号的不同而具有置 0 和置 1 两个功能。表 2.7.5 是 D 触发器的特性表。

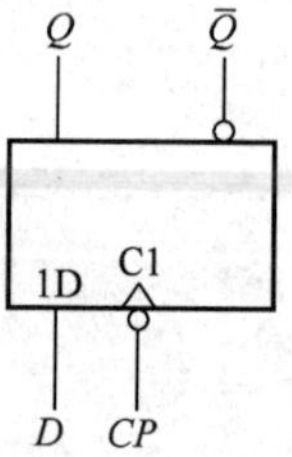

图 2.7.13　边沿 D 触发器逻辑符号

表 2.7.5　D 触发器特性表

输入信号	现态	次态（输出）	功能
D	Q^n	Q^{n+1}	
0	0	0	置 0
0	1	0	
1	0	1	置 1
1	1	1	

边沿 D 触发器的特性方程

$$Q^{n+1}=D \quad (CP\text{下降沿时刻有效}) \tag{2.7.5}$$

早期的集成触发器品种类型很多，后来逐渐归并成两大类，即 JK 型和 D 型。作为小规模的集成电路，它们已经能满足各种情况下对触发器功能的需要。

二、时钟触发器

【案例导入】 秒脉冲信号发生器

数字电路可以构成各式的计时系统，如数字钟电路，可以实现时、分、秒以及日期、星期等的计时。实现这一系列计时功能首先需要一个稳定、精确、规则的基准信号。如某一数字钟，其最小计时单位是秒，那么就需要给出一个频率为 1Hz 的秒脉冲信号作为基准。图 2.7.14 所示即为一个秒脉冲信号发生器。

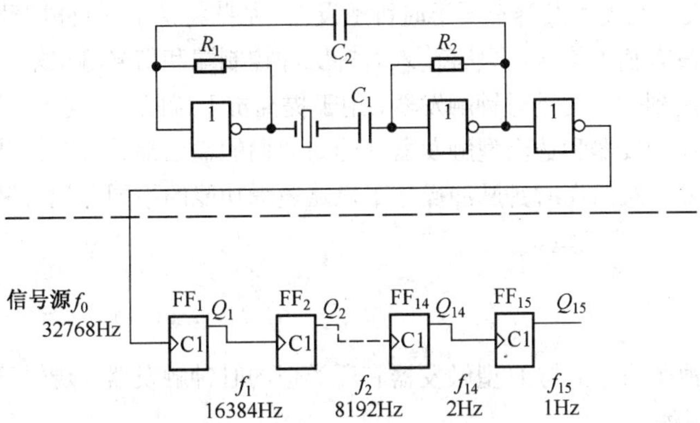

图 2.7.14 秒脉冲信号发生器

图示电路虚线以上的部分是一个石英晶体多谐振荡器，其通过自激振荡产生一个 32768Hz 的脉冲信号，作为时钟信号源。该部分内容将在后续章节详细介绍。图中虚线以下的部分是一个分频电路，将时钟信号源送来的 32768Hz 脉冲转换成为 1Hz 的秒脉冲送出。该分频电路是由 15 个触发器级联而构成的，在图 2.7.14 表示为 $FF_1 \sim FF_{15}$，中间部分在图中略去。图 2.7.14 中选用的触发器比较特殊，没有输入信号，只有输入时钟脉冲控制端和信号输出端。此类触发器称为 T′ 型触发器，逻辑符号如图 2.7.15 所示。

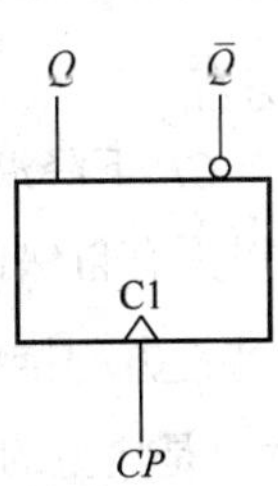

图 2.7.15 T′ 型触发器逻辑符号

T′ 型触发器只有一个功能：翻转。图 2.7.15 中的 CP 表示时钟脉冲控制信号。图中所示为一个 CP 上升沿触发的 T′ 型触发器，每当 CP 上升沿到来，触发器就翻转一次。其特性方程为

$$Q^{n+1}=\bar{Q}^n \tag{2.7.6}$$

T′ 型触发器的工作波形图如图 2.7.16 所示。

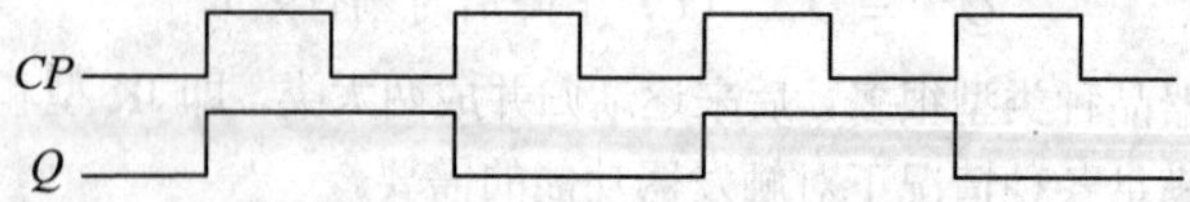

图 2.7.16　T′ 型触发器工作波形图

根据工作波形图，在单位时间内每经过 2 个时钟脉冲，T′ 型触发器就输出一个完整的脉冲信号。因此，一个 T′ 型触发器就是一个二分频器，可以将输入的时钟脉冲信号的频率减半输出。图 2.7.14 所示的秒脉冲发生器，就是将上一级 T′ 型触发器的输出端作为下一级 T′ 型触发器的时钟脉冲输入端，由此实现了信号源频率的逐级减半，15 个时钟触发器的异步分频，最终将 32768Hz 的源信号转化为 1Hz 的秒脉冲。

分析前述案例，结合图 2.7.16 可知，分频电路中用到的触发器有一个重要的功能特点：信号输出受时钟脉冲边沿控制。此类触发器都属于时钟触发器。某些特殊的时钟触发器如案例中出现的 T′ 型触发器，甚至可以没有输入信号，只有输入时钟脉冲控制端和信号输出端。

时序逻辑电路中用到的主要是时钟触发器，用于提高抗干扰能力，便于数字系统进行时序控制和操作。前述的主从型触发器和边沿型触发器，因为它们的输出都具有时钟脉冲边沿控制的特性，因此均属于时钟触发器。按照在时钟脉冲操作下电路逻辑功能的不同，把时钟触发器分成 RS 型、JK 型、D 型、T 型和 T′ 型等类型。

【知识链接】

（一）T 触发器

T 型触发器是一种在功能上与 T′ 型触发器有所类似的时钟触发器，逻辑符号如图 2.7.17 所示。图示类型为 *CP* 下降沿触发。

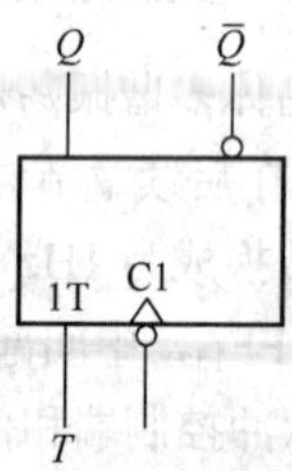

图 2.7.17　T 型触发器逻辑符号

T 型触发器有一个输入信号 *T*，其特性方程：

$$Q^{n+1} = T \oplus Q^n \quad （CP\text{ 下降沿时刻有效}） \tag{2.7.7}$$

根据输入信号 *T* 的取值，T 型触发器可以具有自保持（输入 $T=0$，$Q^{n+1} = Q^n$）和翻转（输入 $T=1$，$Q^{n+1} = \overline{Q^n}$）两个功能，其特性表可由特性方程推出，在此不再赘述。

T′ 型触发器和 T 型触发器均为边沿触发，是典型的时钟触发器。

（二）时钟触发器综述

前述的 5 种类型时钟触发器简表如表 2.7.6 所示。表中列出的触发器均为下降沿触发，即输出信号在 *CP* 下降时刻送出。其中 RS 触发器为主从型，其他都是边沿型。触发器的逻辑功能由输入信号和电路的现态所决定，可参见前述章节中的特性表，也可以根据特性方程进行推算。

表 2.7.6 5 种类型时钟触发器简表

名称	功能				特性方程	逻辑符号
RS 型	置 0	置 1	保持		$\begin{cases}Q^{n+1}=S+\overline{R}Q^n\\RS=0\text{（约束条件）}\end{cases}$	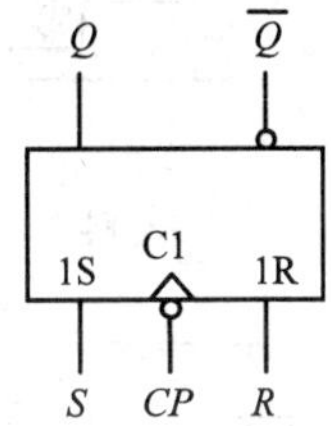
JK 型	置 0	置 1	保持	翻转	$Q^{n+1}=J\overline{Q^n}+\overline{K}Q^n$	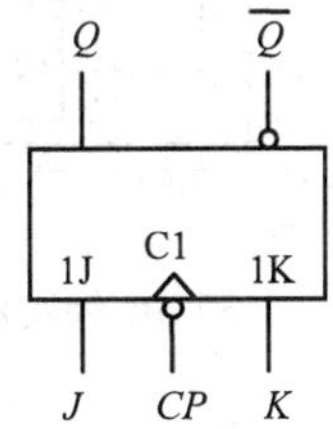
T 型			保持	翻转	$Q^{n+1}=T\oplus Q^n$	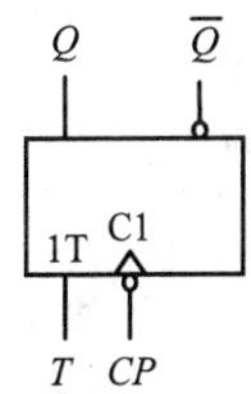
T′ 型				翻转	$Q^{n+1}=\overline{Q^n}$	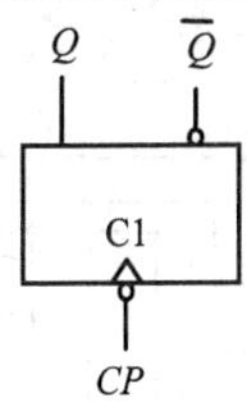

【扩展应用】

（一）触发器的相互转换

早期的集成触发器品种类型很多，后来逐渐归并成两大类，即 JK 型和 D 型。作为小规模的集成电路，它们已经能满足各种情况下对触发器功能的需要。实际生产的集成时钟触发器，只有 JK 型和 D 型两种，其他类型都是由这两种触发器转化而成。

1. JK 触发器转化为其他类型触发器

JK 触发器转化成其他类型触发器的电路图如图 2.7.18 所示。只需将图中所示的输入信号代入 JK 触发器的两个输入端 J、K，然后在原 JK 触发器的特性方程 $Q^{n+1}=J\overline{Q^n}+\overline{K}Q^n$ 中进行计算，即可得到所要转化的目标触发器的特性方程，也就实现了所要转化的目标触发器的逻辑功能。具体操作如图 2.7.18 所示。

2. D 触发器转化为其他类型触发器

D 触发器转化成其他类型触发器原理与 JK 触发器的转化相同，都是通过改变输入信号来实现转化逻辑功能。电路图如图 2.7.19 所示。

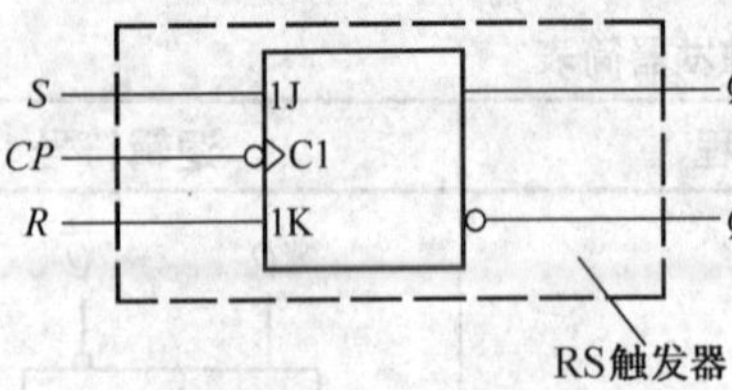

（a）JK 触发器转化为 RS 触发器

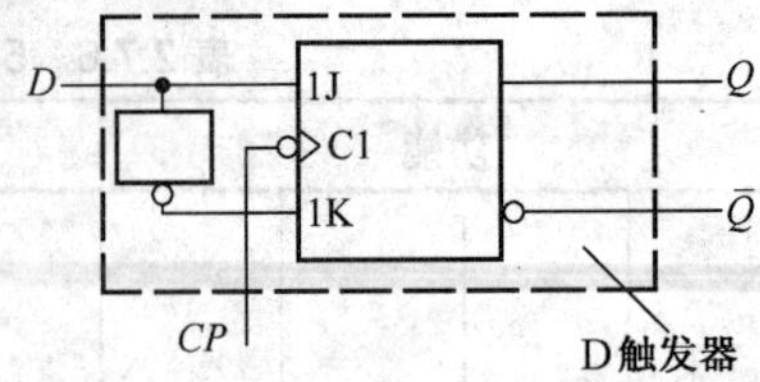

（b）JK 触发器转化为 D 触发器

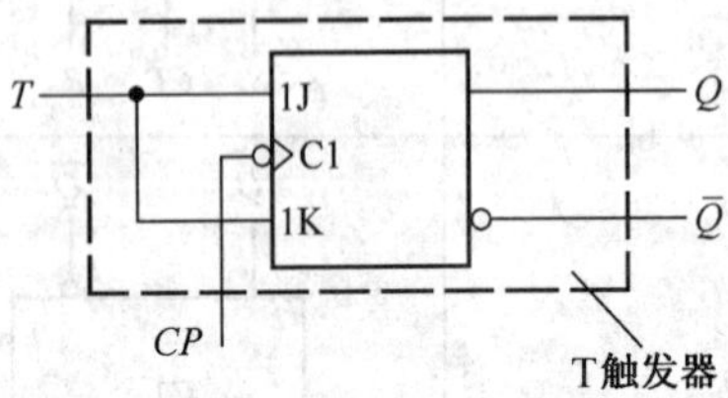

（c）JK 触发器转化为 T 触发器

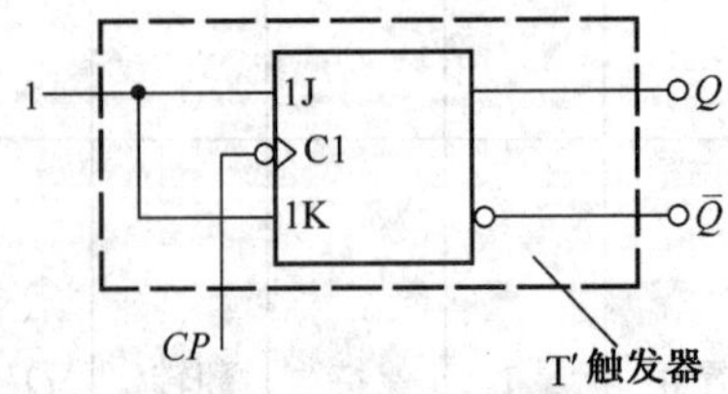

（d）JK 触发器转化为 T′ 触发器

图 2.7.18　JK 触发器转化为其他类型触发器

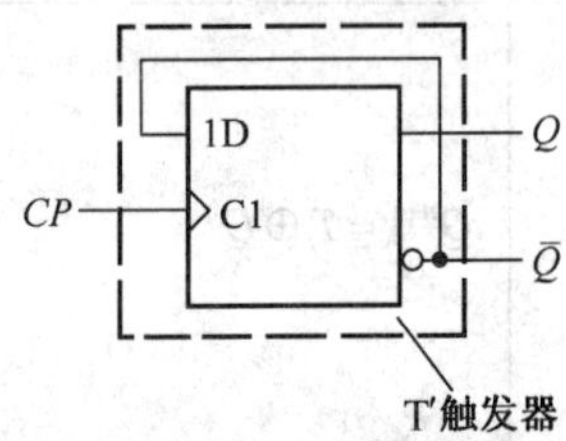

（a）D 触发器转化为 T′ 触发器

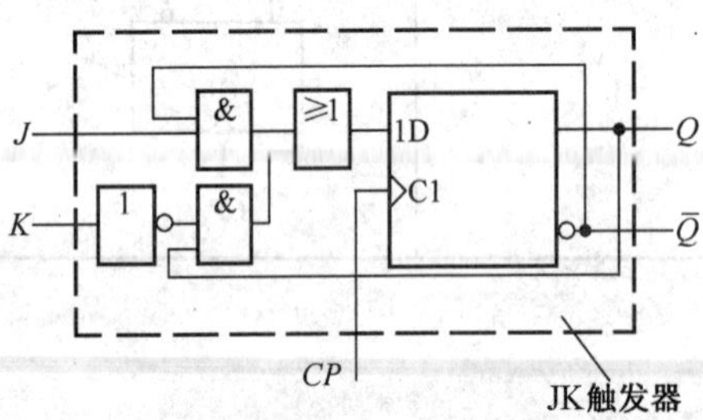

（b）D 触发器转化为 JK 触发器

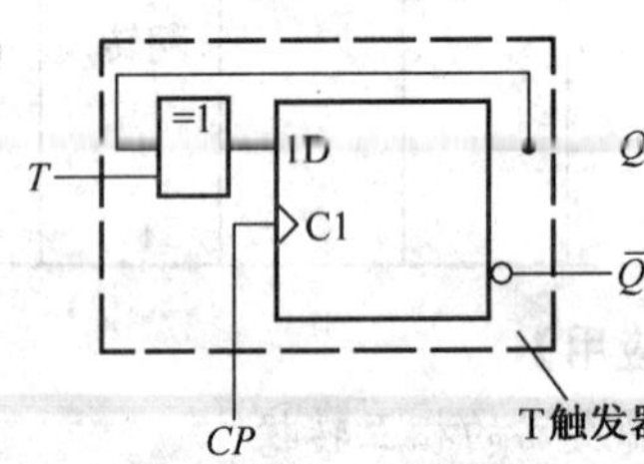

（c）D 触发器转化为 T 触发器

图 2.7.19　D 触发器转化为其他类型触发器

（二）触发器逻辑功能表示方法

触发器有很多种表示方法，常用的有特性表、卡诺图、特性方程、状态图和时序图等。其中特性表、卡诺图和特性方程在前面已经出现并介绍过，这里仅介绍状态图和时序图。

1. 状态图

以几何图形的形式来描述触发器的逻辑功能，并能具体直观的表达触发器状态转换规律及相应输入取值情况，可以称之为状态迁移图，简称状态图。其主要功能是表征触发器在时钟脉冲控制下的状态迁移情况。图 2.7.20（a）、（b）分别为边沿 D 触发器和边沿 JK 触发器的状态图。图中的箭头表示触发器 0、1 两状态间的迁移，箭头上标出的是输入迁移条件。状态迁移在时钟脉冲条件到来时进行。

由图 2.7.20（a）所示状态图说明，当触发器处于 0 状态时（$Q^n=0$），若输入信号 D=0，则在 CP 作用沿到来时，触发器保持 0 状态不变；若 D=1，则在 CP 作用沿到来时，触发器将置 1 状态。当触发器处于 1 状态时，若输入信号 D=1，则在 CP 作用沿到来时，触发器保持 1 状态不变；若 D=0，则在 CP 作用沿到来时，触发器将置 0 状态。

图 2.7.20（b）所示状态图，其含义可参考边沿 D 触发器的状态图。其中“×”表示任意逻辑值，即无论信号取值为 0 或是 1，触发器都会按照箭头指示的方向进行转换。

2. 时序图

反映时钟脉冲 CP、输入信号和触发器各个状态之间在时间上的对应关系的工作波形称为时序图。显然，在前述的例 2.7.1 中的工作波形图就是时序图，只是名称不同而已，在此不再赘述。

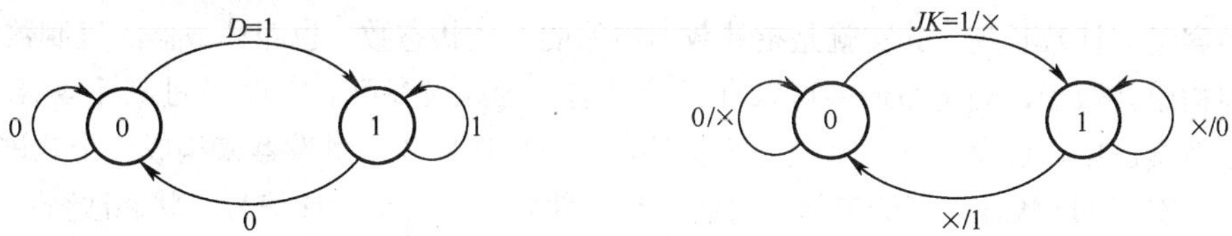

（a）边沿 D 触发器状态图　　（b）边沿 JK 触发器状态图

图 2.7.20　触发器的状态图举例

项目八　计数器

【案例导入】 装箱流水线

在现代工业的自动化生产线中，成品工件的打包装箱通常是最后一道工序。这其中又包括传送、计件、装箱等步骤。因此，如要流水线来实现这一操作，就对应有传送带、计数装置、装箱装置等。装箱流水线的示意图如图 2.8.1 所示。本节重点分析的是其中的计数装置。流水线中的计数装置可以选取一种典型的时序逻辑电路计数器来实现。

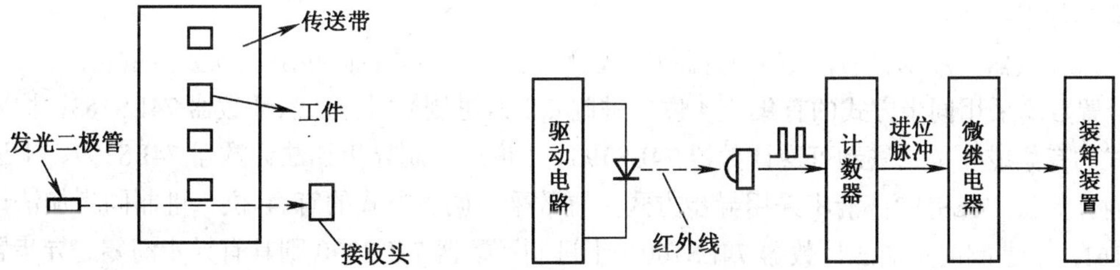

（a）装箱流水线结构示意图　　（b）流水线计数装置示意图

图 2.8.1　装箱流水线示意图

如图 2.8.1 所示，在流水线两侧分别安装红外线发射和接收头。当传送带上没有工件经过时，发光二极管发射出的红外线直接落到接收头上，接收头输出低电平；当工件经过传送带遮住了光线，接收头相应的输出高电平，工件运行过去之后再回复低电平。这样每经过一个工件，接收头便向计数器送出一个计数脉冲。当工件恰好装满一箱（或一盒、一包等）时，计数器接收计数脉冲同时达到设定数值，计数器便向下一级的微继电器发出计数进位信号。然后微继电器得电吸合，驱动装箱装置工作，完成最后的包装工序。

实际应用中，也常常在计数装置中接入前述的 7 段显示译码器，使得计数过程更加直观的显示出来。

本案例中出现的计数器，是数字系统中使用较多的基本逻辑器件，是一种典型的时序逻辑电路。如案例中所介绍，计数器所记录的，实际上是其输入的时钟脉冲的个数，当计数达到预设值后，输出端即发出进位脉冲，同时计数器实现自清零，重新开始下一计数循环。根据这一特性，计数器还可以实现分频、定时、产生节拍脉冲、发生脉冲序列等功能。计算机中的时序发生器、分频器、寄存器等都要使用计数器。

计数器的核心是触发器。如前所述，一个触发器有 0、1 两个稳态，本身就是一个二进制的计数器。在计数器中，有一个很重要的概念叫“模”，表示一个计数器能够记忆输入时钟脉冲的数目，又称计数容量或计数长度，其实就是指计数器电路的有效状态数，也即计数器的进制数。若使用 n 个触发器构成计数器，则电路最多可以有 2^n 个状态，因此最多可以实现 2^n 进制计数器。

在本节案例中，假设装满一箱是 8 个工件，则可以选用 3 个触发器来构成一个八进制计数器。流水线自 0 态（000 状态）开始工作，每装一个工件就计入一个脉冲信号，状态改变一次。装入 8 个工件后，八进制计数器自清零（回复 000 状态），待下一个工件到来时再进入一个工作循环。与此同时，信号输出端发出进位脉冲，驱动后一级的电路。计数器具体的硬件结构和工作过程在后续章节详细介绍。

【知识链接】

（一）*N* 进制计数器

计数器的种类繁多。按计数器有效状态数即模值的不同，可分为二进制计数器、十进制计数器和 *N* 进制计数器；按计数时是递增还是递减，可分为加法计数器、减法计数器和可逆计数器；按计数器中触发器翻转是否同步分，可分为同步计数器和异步计数器；按计数器中使用的开关元件分，可分为 TTL 计数器和 CMOS 计数器。

获得 *N* 进制计数器常用的方法通常有两种：一是先根据需求列出状态图，再用时钟触发器和门电路进行设计。这种方法比较繁琐，将在后续的【扩展应用】中详细介绍。二是利用已有的集成计数器芯片来构成。

集成计数器一般都设有清零输入端和置数输入端，其中又有同步触发和异步触发之分。例如：清零、置数均采用同步方式的有集成 4 位二进制（十六进制）同步加法计数器 74LS163；均采用异步方式的有集成 4 位二进制可逆计数器 74LS193、4 位二进制异步加法计数器 74LS197、十进制同步可逆计数器 74LS192；清零采用异步方式、置数采用同步方式的有 4 位二进制同步加法计数器 74LS161，十进制同步加法计数器 74LS160；十进制计数器 74LS290 则具有异步清零、异步置“9”的功能。本书模块三中还附有十进制同步计数器的仿真应用实例。

在利用集成计数器获得 *N* 进制计数器时，应注意每种集成芯片的不同功能，选择合适的芯片，利用清零端和置数端的反馈归零来实现任意进制的计数器。

（二）常用集成计数器

1. 集成 4 位二进制同步加法计数器：74LS161

74LS161 是集成 4 位二进制同步加法计数器，其工作原理与前面介绍的几种计数器并无区别，最多可以实现 2^4=16 进制功能。为了使用和功能扩展的方便，在制作集成电路时，增加了一些辅助功能，其电路图如图 2.8.2 所示。

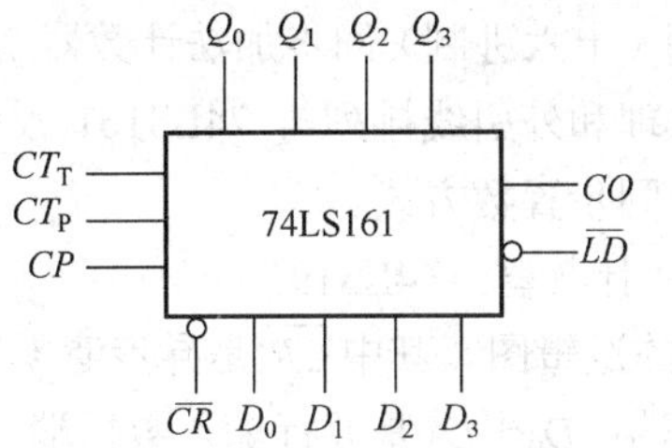

图 2.8.2 集成计数器 74LS161

图 2.8.2 中 CP 是输入计数脉冲；$\overline{CR}$ 是清零端，在所有引脚中优先级别最高；$\overline{LD}$ 是置数控制端；CT_P 和 CT_T 是两个计数器工作状态控制端；D_0～D_3 是并行输入数据端；CO 是进位信号输出端；Q_0～Q_3 是计数器状态输出端。表 2.8.1 所示是集成计数器 74LS161 的状态表。

表 2.8.1 74LS161 的状态表

输入									输出				
$\overline{CR}$	$\overline{LD}$	CT_P	CT_T	CP	D_0	D_1	D_2	D_3	Q_0^{n+1}	Q_1^{n+1}	Q_2^{n+1}	Q_3^{n+1}	CO
0	×	×	×	×	×	×	×	×	0	0	0	0	0
1	0	×	×	↑	d_0	d_1	d_2	d_3	d_0	d_1	d_2	d_3	
1	1	1	1	↑	×	×	×	×	计数				
1	1	0	×	×	×	×	×	×	保持				
1	1	×	0	×	×	×	×	×	保持				0

由表 2.8.1 所示状态表可以清楚地看出，在实际应用中，集成电路的几个辅助功能端按照优先级别的从高到低依次：清零端 $\overline{CR}$，置数控制端 $\overline{LD}$，两个计数器工作状态控制端 CT_P 和 CT_T。

集成 4 位二进制同步加法计数器 74LS161 具有以下功能：

（1）异步清零功能。

当 $\overline{CR}=0$ 时，计数器清零，使得 $Q_3^{n+1}Q_2^{n+1}Q_1^{n+1}Q_0^{n+1}=0000$。从表中可看出，只要 $\overline{CR}=0$ 时，其他输入信号均不起作用。

（2）同步并行置数功能。

当没有清零信号输入，即 $\overline{CR}=1$ 时，置数信号才能起作用。当 $\overline{LD}=0$ 时，在 CP 上升沿作用下，并行输入数据 d_0～d_3 进入计数器，使 $Q_3^{n+1}Q_2^{n+1}Q_1^{n+1}Q_0^{n+1}=d_3d_2d_1d_0$。

（3）二进制同步加法计数功能。

当 $\overline{CR}=\overline{LD}=1$ 时，若两个计数器工作状态控制端 $CT_P=CT_T=1$，则计数器在 CP 信号上升沿控制下按照 8421 编码进行加法计数。

（4）保持功能。

当 $\overline{CR}=\overline{LD}=1$ 时，若 $CT_PCT_T=0$，也就是说两个计数器工作状态控制端至少有一个为 0 时，计数器将保持原状态不变。对于进位输出信号 CO，若 $CT_T=0$，则 $CO=0$；若 $CT_T=1$，则 $CO=Q_3^nQ_2^nQ_1^nQ_0^n$。

综上所述可知，表 2.8.1 反映了 74LS161 是一个具有异步清零、同步置数、可保持状态不变的 4 位二进制（十六进制）同步加法计数器。这里的同步和异步都是指的受 CP 脉冲的同步控制和异步控制。

类似的还有集成4位二进制（十六进制）同步加法计数器74LS163，采用同步清零、同步置数方式。其逻辑功能、计数工作原理和外引线排列与74LS161没有大的区别。74LS160是集成十进制同步计数器，采用异步清零、同步置数方式。

2. 集成4位二进制异步加法计数器：74LS197

如图2.8.3所示是74LS197的逻辑图。其中$\overline{CR}$是异步清零端；$CT/\overline{LD}$是计数和置数控制端；CP_0和CP_1是两组时钟脉冲输入端；D_0～D_3是并行输入数据端；Q_0～Q_3是计数器状态输出端。

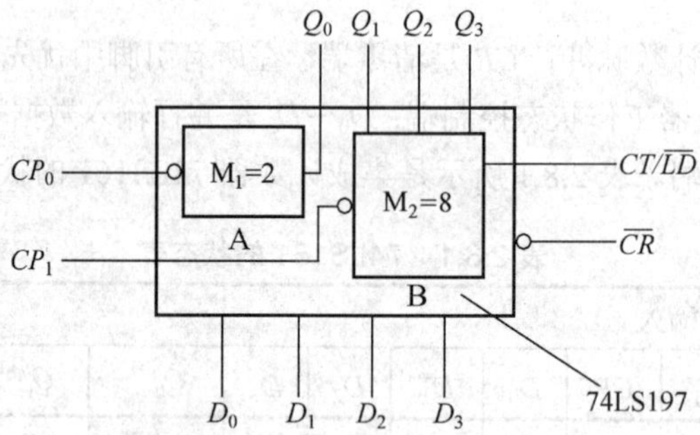

图2.8.3　集成计数器74LS197逻辑图

74LS197各个引脚的功能与前面介绍的集成4位二进制同步加法计数器74LS161的对应引脚的功能相同。值得注意的是：该集成电路有两组CP输入端，其内部其实也包括两组相对独立的计数器。

在图2.8.3中，若将CP加在CP_0端，再把Q_0与CP_1连接起来，则实现了计数器A、B的级联，构成4位二进制即十六进制异步加法计数器，如图2.8.4所示；若将CP加在CP_0端，CP_1端接地或置1，则仅有计数器A工作，构成一位二进制异步加法计数器，如图2.8.5所示；若将CP加在CP_1端，CP_0端接地或置1，则仅有计数器B工作，构成3位二进制即八进制异步加法计数器，如图2.8.6所示。因此，也把74LS197称为二－八－十六进制计数器。

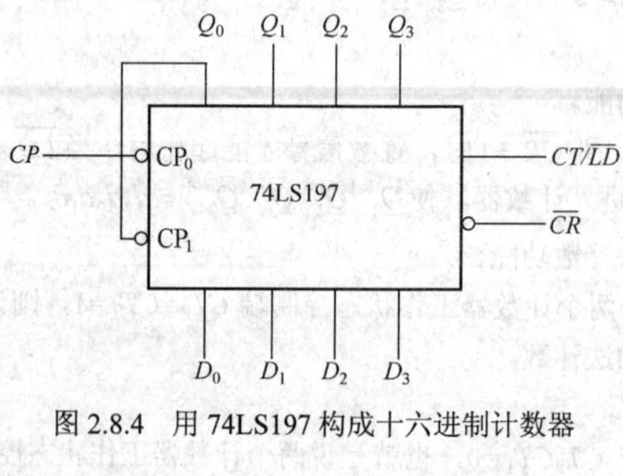

图2.8.4　用74LS197构成十六进制计数器

74LS197具有以下功能：

（1）清零功能。当$\overline{CR}=0$时，计数器异步清零。

（2）置数功能。当$\overline{CR}=1$、$CT/\overline{LD}=0$时，计数器异步置数。

（3）二进制异步加法计数功能。当$\overline{CR}=1$、$CT/\overline{LD}=1$时，异步加法计数。此时可以实现如前所述的二—八—十六进制功能。

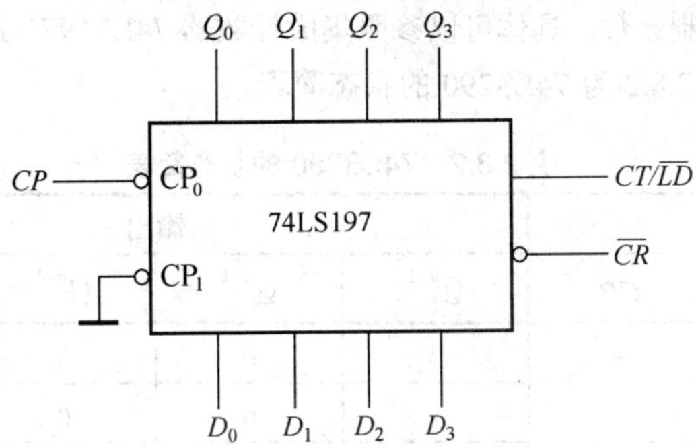

图 2.8.5　用 74LS197 构成二进制计数器

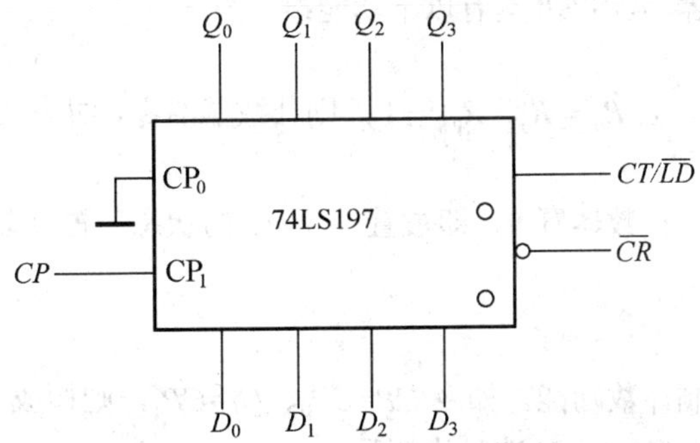

图 2.8.6　用 74LS197 构成八进制计数器

由此也可知，$\overline{CR}$ 端的优先级要高于 $CT/\overline{LD}$ 端。

集成计数器 74LS197 状态表可参见表 2.8.1（74LS161 状态表）。类似的应用还有同步十进制可逆计数器 74LS190，采用同步置数。同步十六进制可逆计数器 74LS191，采用同步置数。所谓可逆计数器，是既可实现加法计数也可实现减法计数。

3. 集成十进制异步计数器：74LS290

如图 2.8.7 所示是 74LS290 的逻辑图。图中 CP_0 和 CP_1 是两组时钟脉冲输入端；Q_0～Q_3 是计数器状态输出端；S_9 包括两个并行端口，是置 9 端；R_0 包括两个并行端口，是清零端。

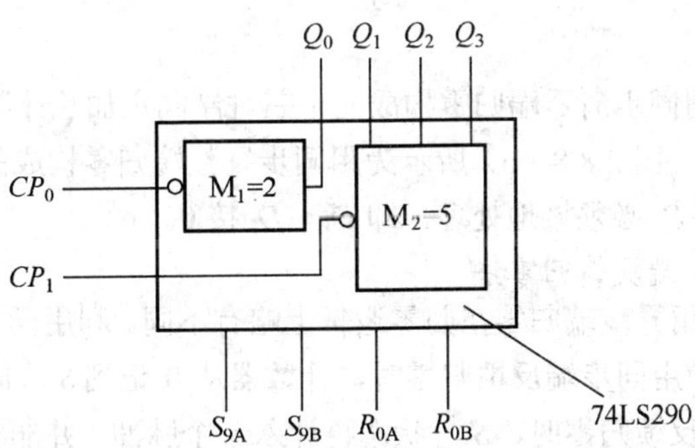

图 2.8.7　集成计数器 74LS290 逻辑图

当 $S_9 = S_{9A} \cdot S_{9B} = 0$，$R_0 = R_{0A} \cdot R_{0B} = 0$ 时，计数器计数。根据不同的连接方法，74LS290 可实

现二进制、五进制和十进制计数，具体可以参照集成计数器 74LS197。因此，74LS290 又可称为二一五一十进制计数器。表 2.8.2 为 74LS290 的状态简表。

表 2.8.2 74LS290 的状态简表

输入			输出				备注
R_0	S_9	CP	Q_0^{n+1}	Q_1^{n+1}	Q_2^{n+1}	Q_3^{n+1}	
1	0	×	0	0	0	0	清 零
×	1	×	1	0	0	1	置 9
0	0	↓	计		数		

集成十进制异步计数器 74LS290 具有以下功能：

（1）异步清零功能。

当 $S_9 = S_{9A} \cdot S_{9B} = 0$ 时，若 $R_0 = R_{0A} \cdot R_{0B} = 1$，则计数器清零，并与 CP 无关。

（2）异步置 9 功能。

当 $S_9 = S_{9A} \cdot S_{9B} = 1$ 时，计数器置 9，即被置成 1001 的状态。置 9 功能也与 CP 无关，并且其优先级别高于 R_0。

（3）计数功能。

可实现二—五—十进制计数功能。如令 $CP=CP_0$、$Q_0=CP_1$，则构成十进制计数器。

（三）用常用集成计数器构成 N 进制计数器

1. 同步清零（置数）端反馈归零法

【例 2.8.1】 试用 74LS163 构成十三进制计数器。

解 （1）写出状态 S_{N-1} 的二进制代码。

$$S_{N-1} = S_{13-1} = S_{12} = 1100$$

（2）求出归零逻辑。

$$\overline{CR} = \overline{LD} = \overline{P_{N-1}} = \overline{P_{12}}$$

$$P_{N-1} = P_{12} = \prod_{0\sim3} Q^1 = Q_3^n Q_2^n \tag{2.8.1}$$

式(2.8.1)中 P_{N-1} 表示状态 S_{N-1} 的译码，$\prod_{0\sim3} Q^1$ 表示 S_{N-1} 时状态为 1 的各个触发器 Q 端的连乘。

（3）画连线图。

图 2.8.8（a）所示为用同步清零端归零构成的十三进制同步加法计数器的连线图，D_0～D_3 可随意处理，在此做接地处理；图 2.8.8（b）所示为用同步置数端归零构成的十三进制同步加法计数器的连线图，注意此时 D_0～D_3 必须接地处理，即 D_0～D_3 接 0。

2. 异步清零（置数）端反馈归零法

与方法 1 相比较，利用异步端归零在归零逻辑上略有不同。利用同步端是求出 P_{N-1}，异步端则是求出 P_N。究其原因，使用同步端反馈归零时，计数器从 0 记到 S_{N-1} 时，再计入一个脉冲，电路立即归零；而利用异步端反馈归零时，S_{N-1} 状态再计入一个脉冲，并非马上归零，而是先转换到一个短暂的状态 S_N，以 S_N 的译码使电路归零。S_N 持续的时间只有大约几十纳秒，转瞬即逝而不能稳定保持，因此不构成计数器的一个有效计数状态。因而就整个电路而言，仍构成 N 进制计数器，只是当 S_{N-1} 状态再计入一个脉冲后，在归零过程中，夹杂了一个 S_N 的短暂过渡状态。但该状态必须作为归零逻辑存在，否则就无法产生异步归零信号，所以也就造成了同步端和异步端归零逻辑的差异。

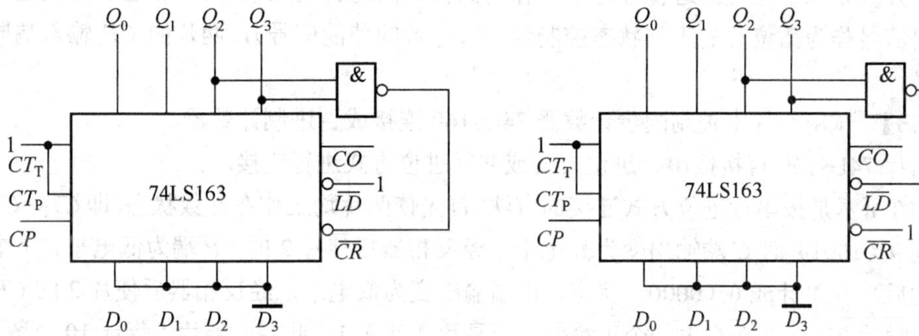

（a）同步清零端反馈归零　　（b）同步置数端反馈归零

图 2.8.8　集成计数器 74LS163 构成十三进制计数器

【例 2.8.2】 试用 74LS197 构成十三进制计数器。

解　74LS197 是一个二一八一十六进制异步加法计数器芯片，首先将其按照图 2.8.4 所示，连接成十六进制计数器。然后按以下步骤进行：

（1）写出状态 S_N 的二进制代码。

$$S_N = S_{13} = 1101$$

（2）求出归零逻辑。

$$\overline{CR} = \overline{CT/\overline{LD}} = \overline{P_N} = \overline{P_{13}}$$

$$P_N = P_{13} = \prod_{0\sim3} Q^1 = Q_3^n Q_2^n Q_0^n$$

（3）画连线图，如图 2.8.9 所示。

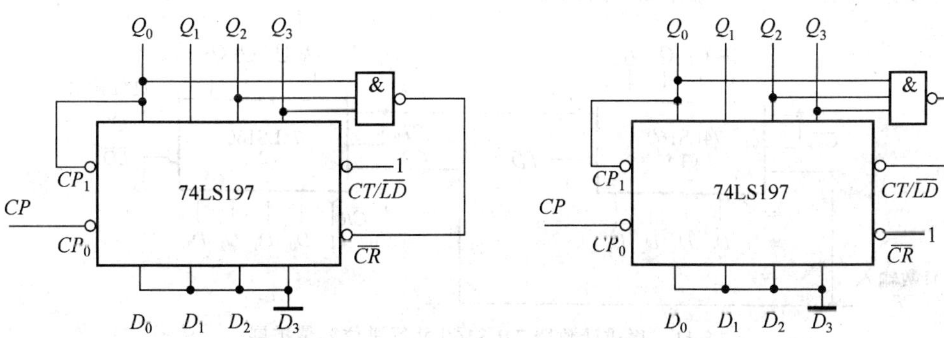

（a）异步清零端反馈归零　　（b）异步置数端反馈归零

图 2.8.9　集成计数器 74LS197 构成十三进制计数器

3. 集成计数器容量扩展

当计数器容量超过现有计数器容量时，可用多个计数器进行扩展。如在数字钟电路中，先将每片计数器接成十进制计数器，再分别用两片计数器电路构成六十、六十和二十四进制计数器，即可作为数字钟的的秒、分和时计时器。相关内容可参见模块四。各计数器之间的连接方式可分为串行进位方式、并行进位方式、整体清零方式和整体置数方式。以下仅以两级之间的级联为例简单说明。

串行进位方式是以低位片的进位输出信号作为高位片的时钟输入信号。并行进位方式是以低位片的进位输出信号作为高位片的工作状态控制信号（计数的使能信号），两片的 CP 输入端同时接计数输入信号。

【例 2.8.3】 试用两片十进制同步计数器 74LS160 连接成百进制计数器。

解 将两片 74LS160 直接按串行进位方式或并行进位方式进行连接。

如图 2.8.10 所示是按串行进位方式连接的方法。首先使两片均工作在计数状态，即 $CT_P=CT_T=1$。当片 1 每计到 9（1001）时 C 端输出变为高电平，经反相器后使片 2 的 CP 端为低电平。下个计数输入脉冲到达后，片 1 计成 0（0000）状态，C 端输出变为低电平，经反相器后使片 2 的 CP 端变为高电平，此时片 2 的 CP 端产生一个正跳变，于是片 2 计入 1。此后，当片 1 每计 10 个数（0 到 9）时，就使片 2 的 CP 端产生一个正跳变，即片 2 计入一个数，如此即可完成百进制计数。

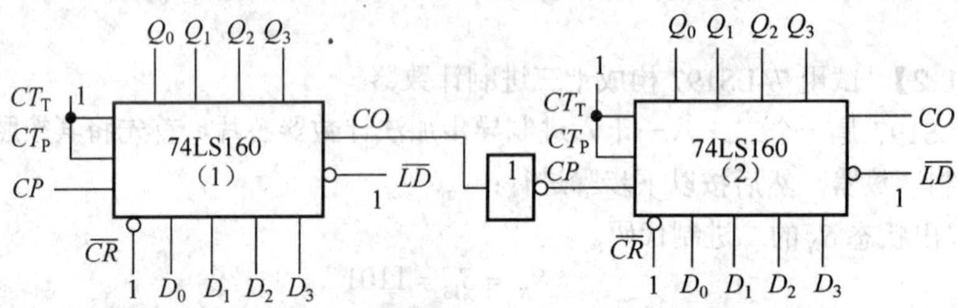

图 2.8.10 集成计数器 74LS160 串行进位容量扩展

图 2.8.11 所示是按并行进位方式连接的方法。使片 1 工作在计数状态，即 $CT_P=CT_T=1$。以片 1 的进位输出 C 作为片 2 的使能输入。每当片 1 计到 9（1001）时 C 端输出变为高电平，下个 CP 信号到达时，片 2 为计数工作状态，计入一个数，而片 1 计成 0（0000），它的 C 端回到低电平。片 2 保持不变，直至下一个 C 端输出变为高电平时。两片 74LS160 完成百进制计数。

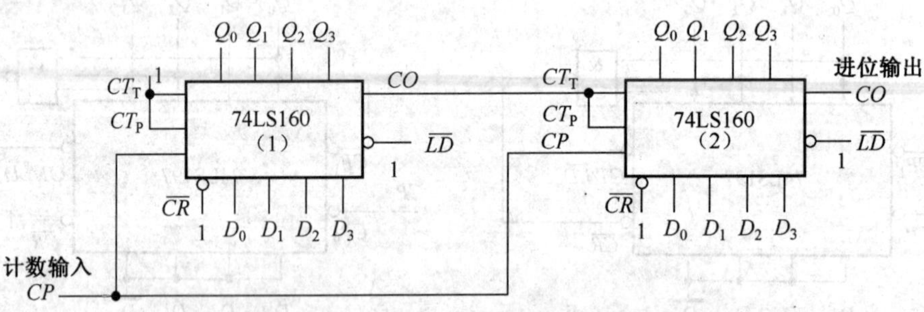

图 2.8.11 集成计数器 74LS160 并行进位容量扩展

所谓整体清零方式或整体置数方式是将 n 片计数器按最简单的连接方式连接后，将 N 计数状态的归零逻辑反馈至清零端或置数端。连接时应注意所使用集成芯片中的同步和异步的问题。

【例 2.8.4】 试用两片十进制同步计数器 74LS160 连接成二十九进制计数器

解 首先将两片 74LS160 连接成一个百进制计数器，这里选用并行进位连接方式连接。由于 74LS160 具有异步清零和同步置数功能，因此可参照例 2.8.1 和例 2.8.2 先分别写出其归零逻辑，再画出连线图。如图 2.8.12 所示是按照并行进位的连接方式，采用如前所述的异步清零端反馈归零法构成的二十九进制计数器。本例中应注意该电路的进位输出信号为负脉冲。

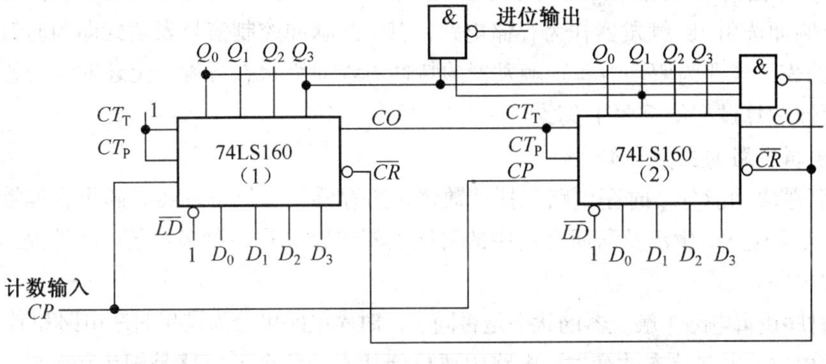

图 2.8.12 集成计数器 74LS160 整体清零容量扩展

本例还可以按照整体并行置数的连接方式，采用同步置数端反馈归零法。连线图可参照图 2.8.12 进行连接。

【扩展应用】

（一）时序逻辑电路综述

1. 时序逻辑电路的基本模型

如前所述，组合电路是由基本逻辑门电路所构成的，没有存储功能，其任意时刻的稳态输出仅取决于电路该时刻的输入。而在时序逻辑电路中，其任意时刻的稳态输出不仅取决于该时刻的输入，还与电路的原状态有关。例如前述的触发器，其次态输出 Q^{n+1} 就是由输入信号和电路的现态 Q^n 所共同决定的。因此，时序电路的结构中应当存在存储装置，以保存电路的状态。这一存储电路通常就是触发器。时序电路的一般模型就是组合电路（门电路）+存储电路（触发器），如图 2.8.13 所示。特殊情况下也可以不加组合电路，例如各种触发器，本身就是最简单的时序电路。

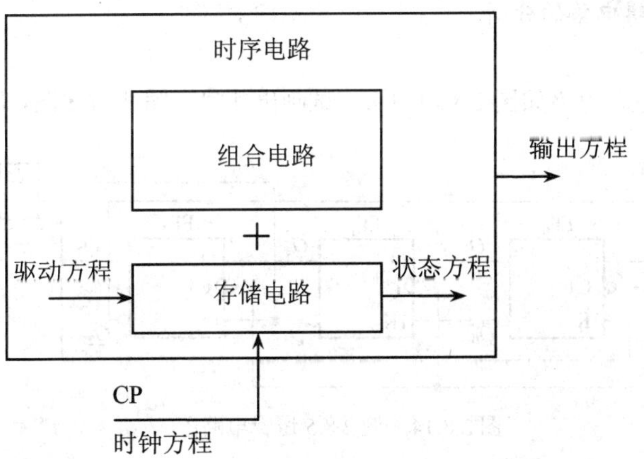

图 2.8.13 时序逻辑电路结构示意图

分析时序逻辑电路可以有多种工具，如前述的逻辑表达式、状态表、卡诺图、状态图和时序图。其中逻辑表达式是进行时序电路分析与设计的重要工具。

2. 时序逻辑电路分析与设计的基本工具

如图 2.8.13 所示，输入存储电路的信号的逻辑表达式，称为驱动方程或激励方程；存储电路的输出信号的逻辑表达式，称为状态方程；存储电路本身的 *CP* 脉冲控制信号的逻辑表达式称为时钟方程；电路总的输出信号的逻辑表达式称为输出方程。电路中存在 n 个触发器，就对应有 n 组驱动和状态方程。例如选用 JK 触发器作为存储电路，其 *CP* 脉冲控制信号表达式即为时钟方程，输入的 *J*、*K* 信号的表达式即为驱动方程，触发器的特性方程即为状态方程。上述四组方程是进行时序电路分析和设计运算过程的重要工具。

3. 时序逻辑电路的主要分类

（1）按照逻辑功能分，时序电路包括计数器、寄存器、移位寄存器、随机存储器、顺序脉冲发生器等。在实际生产、生活及科研活动中的时序逻辑电路又是多种多样的，此处提到的也只是几种比较典型的电路。

（2）按时序逻辑电路中触发器的状态是否同步，时序电路可分为同步时序电路和异步时序电路。

同步时序电路：电路状态改变时，电路中要更新状态的各个触发器是同步翻转的，即在这种时序电路中，各个触发器的 *CP* 信号都是同一个时钟脉冲——输入时钟脉冲 *CP*。各个存储电路共有一个时钟方程。

异步时序电路：电路状态改变时，电路中要更新状态的触发器，有的先翻转，有的后翻转，是异步进行的，即在这种时序电路中，各个触发器的 *CP* 信号不全是同一个时钟脉冲，既可以是输入时钟脉冲，也可以是其他触发器的输出。因此，电路中存在两个以上的时钟方程。例如前面案例中出现的由 T′ 型触发器构成的 15 级异步分频器，每一个触发器的时钟信号均不相同。

（3）按电路输出信号的特性，可分为 Mealy 型和 Moore 型。

Mealy 型时序电路：其输出不仅与触发器的现态有关，还和电路的输入有关。例如 JK 触发器、T 触发器等都属于此类型。

Moore 型时序电路：其输出仅与触发器的现态有关。例如 T′ 型触发器。

此外，按集成度不同又有 SSI、MSI、LSI、VLSI 之分；按使用的开关元件类型还有 TTL 和 CMOS 等时序电路之分。

（二）同步时序逻辑电路的分析

1. 例题分析

【例 2.8.5】 时序逻辑电路如图 2.8.14 所示，试画出其状态图和时序图，并简要说明逻辑功能。

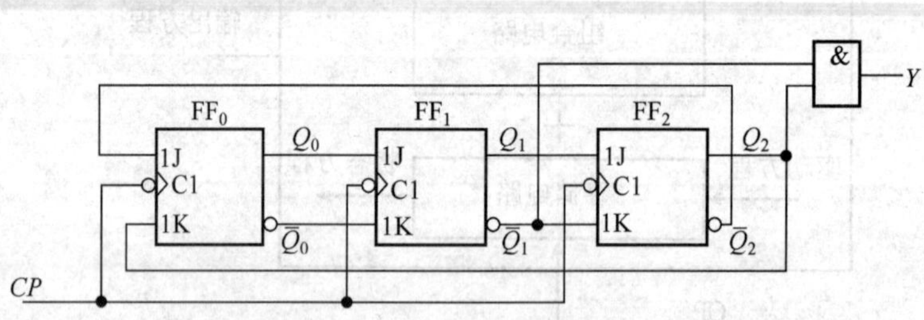

图 2.8.14　例 2.8.5 逻辑电路图

解　图示电路由 3 个下降沿触发的边沿 JK 触发器（依次表示为 FF_0、FF_1、FF_2）和一个与门所构成。3 个触发器共有一个 *CP* 脉冲控制端，无外接输入信号，因此属于同步 Moore 型的时序电路。分析电路的逻辑功能，要借助前述所介绍的重要工具：时钟方程、驱动方程、状态方程和输出方程。

首先读图，4 组方程中的 3 组在图 2.8.14 中可以直接读出。

（1）时钟方程：$CP_0 = CP_1 = CP_2 = CP$。

（2）输出方程：$Y = Q_2^n \cdot \overline{Q_1^n}$。

（3）驱动方程：$\begin{cases} J_0 = \overline{Q_2^n} & K_0 = Q_2^n \\ J_1 = Q_0^n & K_1 = \overline{Q_0^n} \\ J_2 = Q_1^n & K_2 = \overline{Q_1^n} \end{cases}$。

状态方程需要通过计算求取。由于图中是 3 个触发器，因此对应有 3 组驱动方程和状态方程。只需将每一组输入信号 J、K 的表达式即驱动方程代入 JK 触发器的特性方程中即可得到状态方程。

对于 FF_0：$Q_0^{n+1} = J_0\overline{Q_0^n} + \overline{K_0}Q_0^n$。将 J_0、K_0 的值代入计算得到：$Q_0^{n+1} = \overline{Q_2^n}$。

以此类推，继续计算 FF_1 和 FF_2，得到状态方程

$$Q_1^{n+1} = Q_0^n \qquad Q_2^{n+1} = Q_1^n$$

然后将触发器的所有状态组合带入到状态方程，经计算列出状态表，见表 2.8.3。

表 2.8.3　例 2.8.5 的状态表

时钟条件	现态			次态			输出
CP	Q_2^n	Q_1^n	Q_0^n	Q_2^{n+1}	Q_1^{n+1}	Q_0^{n+1}	Y
↓	0	0	0	0	0	1	0
↓	0	0	1	0	1	1	0
↓	0	1	0	1	0	1	0
↓	0	1	1	1	1	1	0
↓	1	0	0	0	0	0	1
↓	1	0	1	0	1	0	1
↓	1	1	0	1	0	0	0
↓	1	1	1	1	1	0	0

根据状态表可以画出相应的状态图，体现电路的状态迁移情况，再根据状态图得到时序图，以体现电路的输出波形情况。分别见于图 2.8.15 和图 2.8.16。

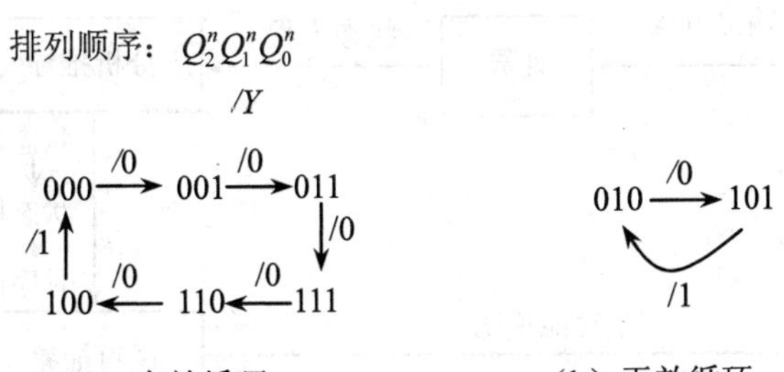

（a）有效循环　　（b）无效循环

图 2.8.15　例 2.8.5 的状态图

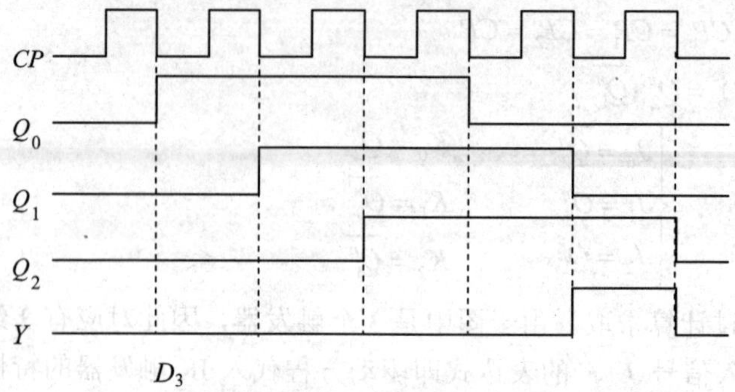

图 2.8.16　例 2.8.5 的时序图

最后就可以由状态图和时序图来确定电路的逻辑功能。

在时序电路中，凡是被利用了的状态都叫做有效状态；凡是没有被利用的状态都叫做无效状态。凡是有效状态形成的循环都称为有效循环；而无效状态形成的循环则称为无效循环。有效状态和无效状态并不是绝对的，而是相对的，要看在电路中到底利用了那些状态。在本例中，假设取 000、001、011、111、110、100 这 6 个状态作为有效状态，则该 6 个状态组成有效循环。如图 2.8.15（a）所示。

如此，分析结论：该电路的逻辑功能为一个六进制计数器。

2. 案例回顾

在装箱流水线案例中，若设计每箱装 6 个工件，则可以选用本例中的六进制计数器。流水线自 0 态（000 状态）开始工作，每装入一个工件计数器就计入一个脉冲信号，自身状态改变一次。装入 6 个工件后，计数器完成图 2.8.15（a）所示的有效循环，计满清零，然后等待下一个工件到来进入又一个工作循环。输出信号 Y 作为计数器进位信号，当且仅当计数器计满清零时发出，驱动装箱装置，完成最后的装箱操作。

时序电路中，虽然存在无效状态，但它们并没有形成循环，这样的时序电路叫做能够自启动的时序电路。时序电路中，既有无效状态，且无效状态又形成了无效循环，这样的电路叫做不能自启动的时序电路。显然，例 2.8.5 属于不能自启动的时序电路。这种时序电路一旦由于某种原因落入无效循环，便自动无法回到有效循环，必须依靠外加信号使其恢复正常工作。

3. 时序电路分析的一般步骤

通过例 2.8.5 的分析，可以总结得出时序逻辑电路分析的一般步骤，如图 2.8.17 所示。

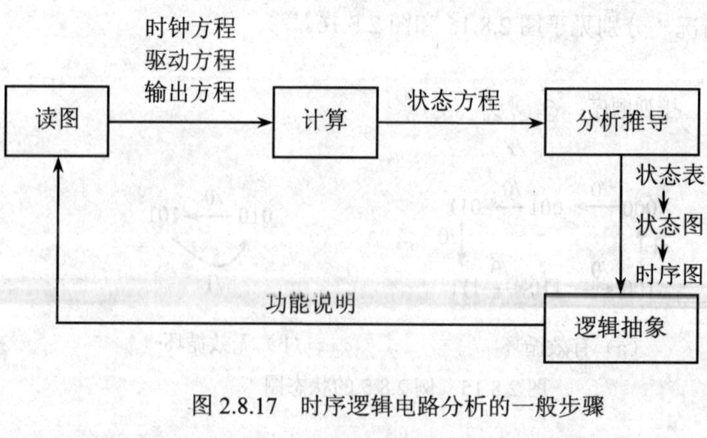

图 2.8.17　时序逻辑电路分析的一般步骤

时序电路分析的一般步骤大致可以分为 4 个模块：

（1）读图模块。首先观察题目给出的电路图，读图后可以将驱动方程和输出方程直接写出。如果是异步的时序电路还要读图写出时钟方程，如是例 2.8.5 所示的同步时序电路，时钟方程也可以不写。

（2）计算模块。第二步是要通过计算求出状态方程，也就是各个触发器的次态输出逻辑表达式。只需将驱动方程带入相应触发器的特性方程即可得到。

（3）分析推导模块。这一步是时序电路分析的关键，也是运算量最大的一步。时序电路的状态，都是由组成时序电路的各触发器来记忆和表示的，因此这一模块应从状态方程入手。通常是先根据状态方程列出状态表，然后依次作出状态图和时序图。在此要注意几个问题：

1）代入计算时应注意到状态方程的有效时钟条件，当时钟条件不满足时，触发器应保持原来的状态不变，这一点在后续的异步时序电路的分析中尤为重要；

2）电路的现态是指组成该电路各个触发器的现态组合；

3）不能漏掉任何可能出现的现态和输入的取值；

4）现态的起始值如果给定了，可以从给定值开始依次进行计算，倘若未给定可以从自己设定的起始值开始依次计算。

（4）逻辑抽象模块。一般情况下，用状态图或状态表就可以反映电路的工作特性。但是，在实际应用中，各个输入、输出信号都是有确定的物理含义，因此，常常需要参考时序图，结合这些信号的实际物理含义进一步说明电路的具体功能，如计数器、寄存器等。

以上步骤并不是分析电路时必需的固定程序，实际分析电路时应根据具体的情况灵活进行分析。

（三）异步时序逻辑电路的分析

异步时序逻辑电路的分析方法与例 2.8.5 所示的同步时序逻辑电路基本相同，只是在考虑 *CP* 脉冲时略有差异，因为异步时序逻辑电路中作用于各个触发器的时钟脉冲信号不是同一个，在分析时应仔细考虑各个触发时刻各触发器的时钟条件是否满足。下面参照图 2.8.17 处理一例异步时序电路的分析。

【例 2.8.6】时序逻辑电路如图 2.8.18 所示，试画出其状态图和时序图，并简要说明逻辑功能。

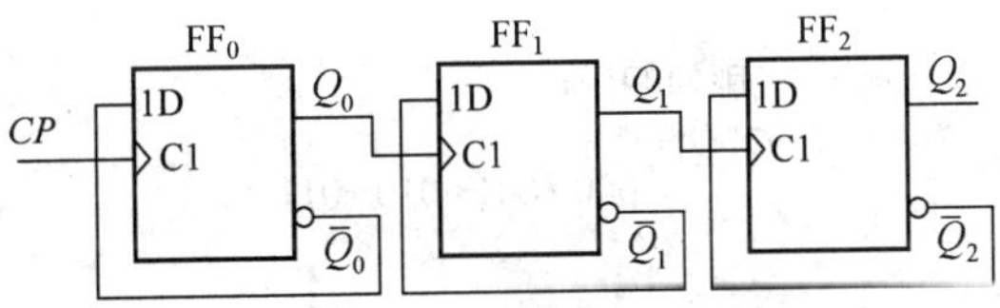

图 2.8.18　例 2.8.6 的逻辑图

解

第 1 步：读图，写方程式。

（1）时钟方程：$CP_0 = CP$，$CP_1 = Q_0$，$CP_2 = Q_1$。

（2）输出方程：无明显的输出端，此时一般将 Q_2 视为输出端，输出方程不写出。

（3）驱动方程：$D_0 = \overline{Q_0^n}$，$D_1 = \overline{Q_1^n}$，$D_2 = \overline{Q_2^n}$。

第 2 步：计算，求状态方程。

根据 D 触发器特性方程　$Q^{n+1}=D$　可求得：

$$\begin{cases} Q_2^{n+1} = D_2 = \overline{Q_2^n} & Q_1\text{上升沿时刻有效} \\ Q_1^{n+1} = D_1 = \overline{Q_1^n} & Q_0\text{上升沿时刻有效} \\ Q_0^{n+1} = D_0 = \overline{Q_0^n} & CP\text{ 上升沿时刻有效} \end{cases}$$

这一模块和同步时序电路相区别之处就在于 3 个状态方程成立的时钟条件各不相同。这一点将集中体现在第三步的状态表中。

第 3 步：分析推导。

（1）状态表。

依次将电路的现态代入到状态方程中，可求电路的次态。需要特别注意的是令状态方程有效的时钟条件，只有当时钟条件被满足时，触发器才会按照状态方程更新状态，否则如表 2.8.4 中阴影部分所示，触发器将保持原状态不变。

表 2.8.4　例 2.8.6 的状态表

时钟条件			现态			次态		
CP_2	CP_1	CP_0	Q_2^n	Q_1^n	Q_0^n	Q_2^{n+1}	Q_1^{n+1}	Q_0^{n+1}
↑	↑	↑	0	0	0	1	1	1
		↑	0	0	1	0	0	0
	↑	↑	0	1	0	0	0	1
		↑	0	1	1	0	1	0
↑	↑	↑	1	0	0	0	1	1
		↑	1	0	1	1	0	0
	↑	↑	1	1	0	1	0	1
		↑	1	1	1	1	1	0

（2）状态图。

根据状态表可以很方便的得到状态图，如图 2.8.19 所示。

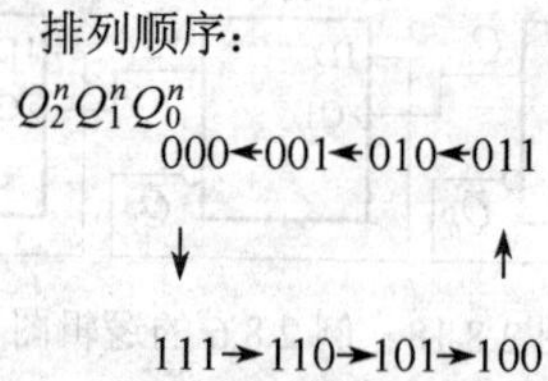

图 2.8.19　例 2.8.6 的状态图

（3）时序图。

在时序图中可以更清晰看出 3 个触发器各自的时钟脉冲触发情况，如图 2.8.20 所示。

第 4 步：逻辑抽象。

通过观察状态图和时序图，显然可知该电路是一个八进制计数器，或称 3 位二进制减法计数器。本例中，电路共 8 个状态，全部是有效状态，属于能自启动的 Moore 型时序逻辑电路。

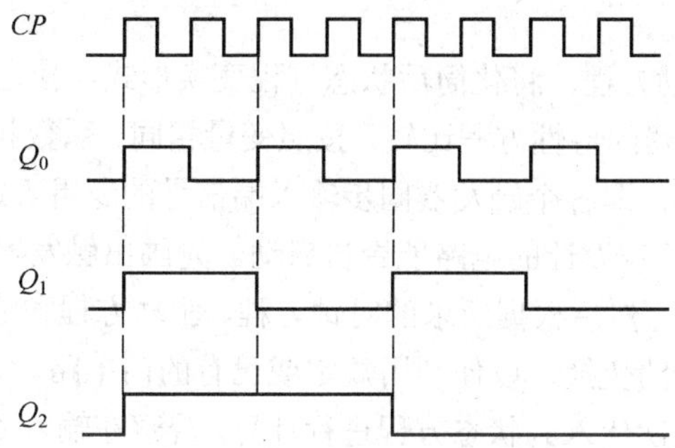

图 2.8.20　例 2.8.6 的时序图

（四）同步时序逻辑电路的设计

1. 同步时序电路设计的一般步骤

同步时序电路设计与分析是一对互逆的过程，即根据给定的逻辑功能要求，选择适当的逻辑器件，设计出符合要求的时序逻辑电路。大体上可以沿着图 2.8.17 所示的步骤反转一遍，仍可分成 4 个模块。

（1）进行逻辑抽象，求最简状态图并进行状态分配。根据给定的设计要求，首先确定输入变量、输出变量、电路内部状态间的关系及状态数；然后定义输入变量、输出变量逻辑状态的含义，进行状态赋值，并对电路的各个状态进行编号；最后按题意建立原始状态图。

在原始状态图中，凡是在输入相同时，输出相同，要转换到的次态也相同的状态，称为等价状态。显然，对外部电路来说，等价状态是可以合并的，多个等价状态合并成一个状态，并将多余的都去掉，即可得到最简的状态图。

然后确定二进制代码的位数，如果用 M 表示电路状态数，用 n 代表要使用的二进制代码的位数，那么根据编码的概念，确定 n 的公式为

$$2^{n-1}\leqslant M\leqslant 2^n$$

对电路状态进行编码，因为 n 位二进制代码有 2^n 种不同的取值，用来对 M 个状态进行编码，方案有很多。选用恰当的编码方法可以得到比较简单的设计电路，否则设计出来的电路就会比较复杂。所以在设计时应仔细研究，反复比较以得到较合理的方案。

最后根据已选定的编码方案，画出用二进制代码表示电路状态的状态图，在这种状态图中，电路的次态、输出与现态及输入间的函数关系都准确无误的被规定了。

（2）选择触发器，求时钟方程、输出方程和状态方程。首先要选择触发器，一般可供选择的触发器是 JK 触发器和 D 触发器，前者功能齐全使用灵活，后者控制简单设计容易。全于触发器的个数，应等于对电路状态进行编码的二进制代码的位数，即为 n。

其次求时钟方程，由于同步时序电路的时钟信号相同，因此都选用输入 CP 脉冲即可。

再次求输出方程，可以从状态图中规定的输出与现态和输入的逻辑关系写出输出信号的标准与或表达式，并用公式法化简为最简表达式。也可以将状态图画成卡诺图，再用图形法化简。需要注意的是，不管用哪种方法，无效状态对应的最小项应当成约束项来处理，因为在电路正常工作时，这些状态是不会出现的。

最后求状态方程，既可以由状态图直接写出次态的标准与或表达式，再用公式法求最简与或式；也可以由状态图画出卡诺图后，利用图形法化简。不管用何种方法，在化简时都应充分利用约束项

使之化成最简。

（3）对照比较，求驱动方程。将化简后状态方程变换形式，使之和选用的触发器的特性方程具有相同的形式，并与触发器的特性方程比较，按照变量相同、系数相等，两方程必相等的原则进行对照比较，求出驱动方程，即各个触发器同步输入端信号的逻辑表达式。

（4）画逻辑电路图，检查设计的电路能否自启动。先画出触发器，并将其进行必要的编号，标出有关的输入端和输出端，然后根据所求的时钟方程、驱动方程和输出方程连线，有时还需要对驱动方程和输出方程作适当的变换，以便利用规定或已有的门电路。

将电路中的无效状态依次代入到状态方程进行计算，观察在输入 *CP* 脉冲控制下能否回到有效状态。若无效状态形成了循环，则所设计的电路不能自启动，否则电路能自启动。若电路不能自启动，则在工程应用中一般是不允许的，应采取措施予以解决。

整个设计的过程可以概括为图 2.8.21 所示的形式。

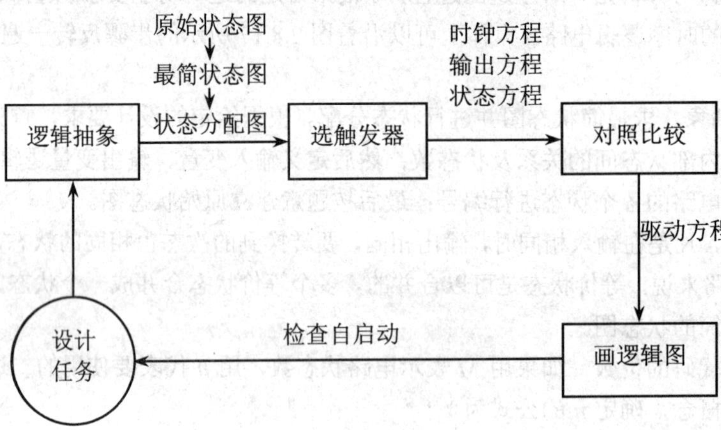

图 2.8.21　同步时序电路设计的一般步骤

2. 例题分析

【例 2.8.7】 设计一个按自然态序变化的七进制同步加法计数器，计数规则为逢 7 进 1，产生一个进位输出。

解　第 1 步：逻辑抽象。

（1）建立原始状态图。

根据题设条件所列原始状态图如图 2.8.22 所示。

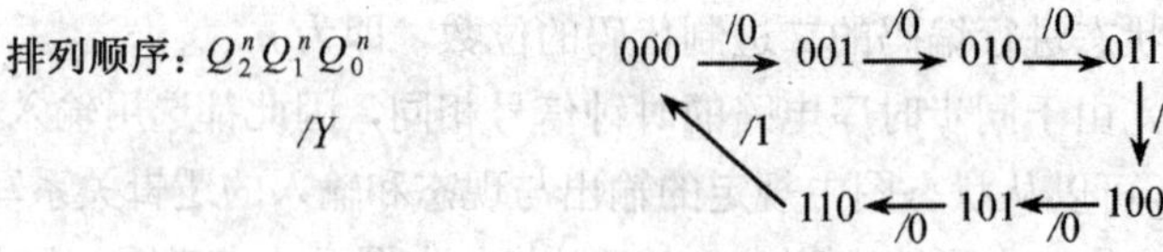

图 2.8.22　例 2.8.7 的状态图

（2）求最简状态图。

（3）列状态分配图。

本例题中的原始状态图已经是最简形式，且已经是二进制状态，因而无需化简和进行二进制编码。

第 2 步：选择触发器。

根据状态图，需用 3 位二进制代码，因此可选用 3 个 CP 下降沿触发的 JK 触发器，分别用 FF_0、FF_1、FF_2 表示。

（1）时钟方程。

采用同步方案，时钟方程为

$$CP=CP_0=CP_1=CP_2$$

（2）输出方程。

此时要借助卡诺图进行分析，如图 2.8.23 所示。

Q_2^n \ $Q_1^nQ_0^n$	00	01	11	10
0	0	0	0	0
1	0	0	×	1

图 2.8.23　输出端 Y 的次态输出卡诺图

经卡诺图化简，得到：$Y=Q_2^nQ_1^n$。

（3）状态方程。

为了更清楚的表示出现态与次态的逻辑关系，从而得到状态方程，可以将状态图直接写作次态输出卡诺图的形式，如图 2.8.24 所示。

Q_2^n \ $Q_1^nQ_0^n$	00	01	11	10
0	1	0	0	1
1	1	0	×	0

（a）Q_0^{n+1} 的卡诺图

Q_2 \ $Q_1^nQ_0^n$	00	01	11	10
0	0	1	0	1
1	0	1	×	0

（b）Q_1^{n+1} 的卡诺图

Q_2^n \ $Q_1^nQ_0^n$	00	01	11	10
0	0	0	1	0
1	1	1	×	0

（c）Q_2^{n+1} 的卡诺图

图 2.8.24　电路中各个触发器的次态输出卡诺图

根据图 2.8.24 进行化简，考虑到约束条件，可以得到状态方程：

$$\begin{cases} Q_0^{n+1}=\overline{Q_2^n}\,\overline{Q_0^n}+\overline{Q_1^n}\,\overline{Q_0^n}=\overline{Q_2^nQ_1^n}\,\overline{Q_0^n} \\ Q_1^{n+1}=\overline{Q_1^n}Q_0^n+\overline{Q_2^n}Q_1^n\overline{Q_0^n} \\ Q_2^{n+1}=Q_2^n\overline{Q_1^n}+Q_1^nQ_0^n \end{cases}$$

除了使用上述的图形法化简得到状态方程之外，也可以通过状态图列出状态表，而后通过状态表写出状态方程，最后再利用公式法进行化简。

第 3 步：对照比较。

JK 触发器的特性方程为：$Q^{n+1}=J\overline{Q^n}+\overline{K}Q^n$，将其分别于 3 个触发器的状态方程进行对照比较，即可得到各自的驱动方程。

FF_0：$\begin{cases} Q_0^{n+1}=J_0\overline{Q_0{}^n}+\overline{K_0}Q_0{}^n \\ Q_0^{n+1}=\overline{Q_2^nQ_1^n}\,\overline{Q_0^n}=\overline{Q_2^nQ_1^n}\,\overline{Q_0^n}+\bar{1}Q_0^n \end{cases}$

因此，$J_0=\overline{Q_2^nQ_1^n}$，$K_0=1$

$$\text{FF}_1:\begin{cases} Q_1^{n+1}=J_1\overline{Q_1^n}+\overline{K_1}Q_1^n \\ Q_1^{n+1}=\overline{Q_1^n}Q_0^n+\overline{Q_2^n}Q_1^n\overline{Q_0^n} \end{cases}$$

因此，$J_1=Q_0^n$，$K_1=\overline{\overline{Q_2^n Q_0^n}}$

FF_2：先对原状态方程进行变换，将其调整为方便与 JK 特性方程对照比较的形式。

$$\begin{aligned} Q_2^{n+1} &= Q_2^n\overline{Q_1^n}+Q_1^nQ_0^n \\ &= Q_2^n\overline{Q_1^n}+Q_1^nQ_0^n\overline{Q_2^n}+Q_1^nQ_0^nQ_2^n \\ &= Q_1^nQ_0^n\overline{Q_2^n}+(\overline{Q_1^n}+Q_1^nQ_0^n)Q_2^n \\ &= Q_1^nQ_0^n\overline{Q_2^n}+\overline{Q_1^n\overline{Q_0^n}}Q_2^n \end{aligned}$$

$$\begin{cases} Q_2^{n+1}=J_2\overline{Q_2^n}+\overline{K_2}Q_2^n \\ Q_2^{n+1}=Q_1^nQ_0^n\overline{Q_2^n}+\overline{Q_1^n\overline{Q_0^n}}Q_2^n \end{cases}$$

因此，$J_2=Q_1^nQ_0^n$，$K_2=Q_1^n\overline{Q_0^n}$。

第 4 步：逻辑电路图。

根据选定的触发器和计算所得的驱动方程、输出方程、时钟方程，可以得到逻辑电路图，如图 2.8.25 所示。

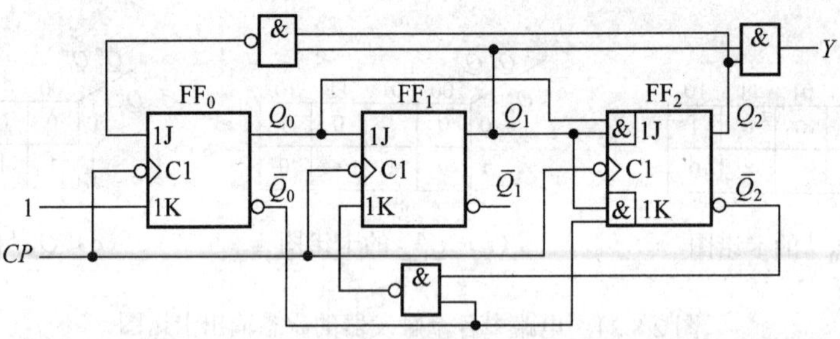

图 2.8.25 逻辑电路图

将无效状态 111 代入状态方程计算，得到其次态为 000，因此该电路属于能自启动的时序逻辑电路。也就是说，一旦电路发生故障落入无效状态，仍然可以自动恢复到有效循环中来。

在本例中推导 FF_2 的驱动方程时，如不考虑约束项，则运算过程将会大大简化。读者可自行计算，在此不再赘述。

项目九 寄存器

【案例导入】 旋转彩灯

如图 2.9.1 所示，其为一款简易的装饰用旋转彩灯电路。在时序图中可以看到，电路正常工作时，每一时刻只有一个触发器处于工作状态（输出为 0），以驱动发光二极管导通照明。在 *CP* 脉冲的控制下，4 个触发器依次顺序输出，驱动 LED 依次顺序闪亮，如此循环往复进行，达到良好的装饰效果。

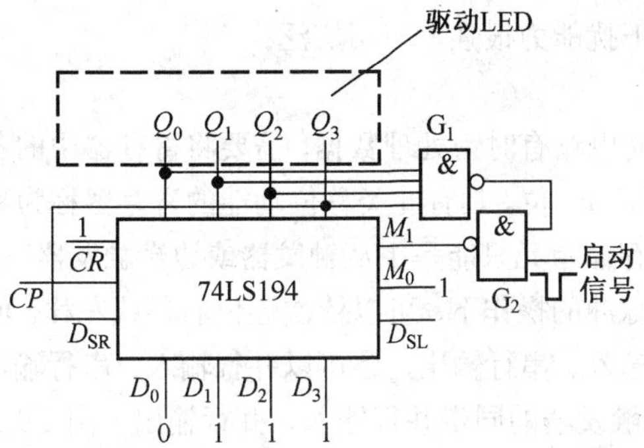

（a）逻辑电路图

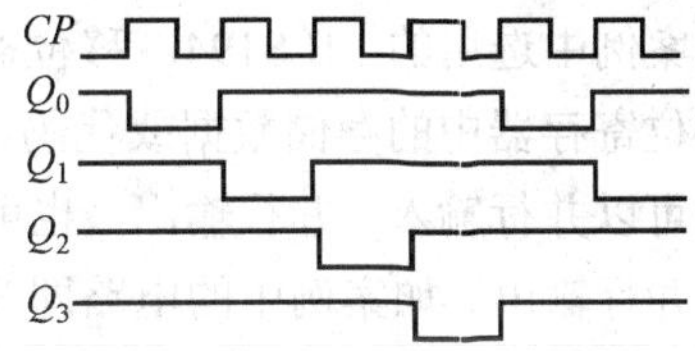

（b）时序图

图 2.9.1　简易旋转彩灯电路

分析案例电路工作特点，在数据输入端（$D_3D_2D_1D_0$）稳定的输入 4 位二进制数据 1110。组成电路的共 4 个触发器，各存储一位二进制数据。在移位控制信号（*CP* 脉冲）的作用下，数据依次向高位移动。每接收一个 *CP* 脉冲上升沿，数据就整体循环移动一位，以低电平驱动 LED，从而造成了彩灯的接力输出。实现该功能的电路，称移位寄存器。

把二进制数据或代码暂时存储起来的操作叫做寄存，具有寄存功能的电路称为寄存器。寄存器是一种基本时序电路，在各种数字系统中，几乎是无所不在。因为任何现代数字系统，都必须把需要处理的数据、代码先寄存起来，以便随时取用。

寄存器的主要组成部分是触发器，使用的可以是基本触发器、同步触发器、主从触发器或边沿触发器。一个触发器能存储一位二进制代码，所以构成存储 n 位二进制代码的寄存器就需要 n 个触发器。寄存器的任务是暂时存储二进制数据或者代码，一般不对存储内容进行处理，逻辑功能比较单一。

寄存器按功能差别可分为基本寄存器和移位寄存器，案例中选用的集成电路 74LS194，为 4 位双向移位寄存器；按开关元器件的不同可分为 TTL 寄存器和 CMOS 寄存器。

【知识链接】

（一）基本寄存器

基本寄存器是在控制脉冲的作用下把并行的数码寄存在各触发器中，再在脉冲的控制下取出数据。基本寄存器的存储单元用基本触发器、同步触发器、主从触发器或边沿触发器均可。图 2.9.2 所示是由边沿 D 触发器构成的基本寄存器。

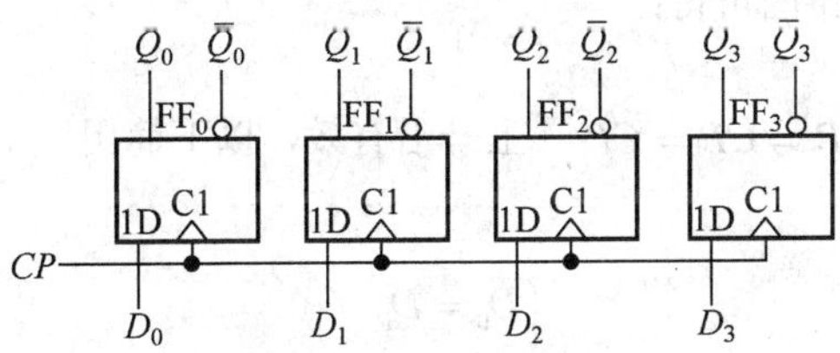

图 2.9.2　基本寄存器

无论寄存器中原来的内容是什么，只要时钟脉冲 *CP* 上升沿到来，加在并行数据输入端的数据 D_0～D_3，就立即被送入进寄存器中，即有

$$Q_3^{n+1}Q_2^{n+1}Q_1^{n+1}Q_0^{n+1} = D_3D_2D_1D_0$$

该寄存器结构简单，受 CP 脉冲控制，抗干扰能力很强，应用广泛。

（二）移位寄存器

基本寄存器只有寄存数据或代码的功能。而电路有时为处理数据，需要将寄存器中的各位数据在移位控制信号的作用下，依次向高位或低位移动一位。具有此类移位功能的寄存器称为移位寄存器，如案例中选用的 74LS194。移位寄存器的存储单元只能是主从触发器或边沿触发器。

移位寄存器中的存储数据或代码，在移位脉冲的操作下，可以依次逐位右移或左移，而数据或代码既可以并行输入、并行输出，也可以串行输入、串行输出，还可以并行输入、串行输出，串行输入、并行输出。如案例中的电路即为 4 个 D 触发器的同步并行输入、并行输出，图 2.9.3 所示即为串行输入、串行输出。

移位寄存器按照在移位命令控制下移位情况的不同，分为单向移位寄存器和双向移位寄存器。

1. 单向移位寄存器

单向移位寄存器又有右移和左移之分，通常用边沿 D 触发器构成。如图 2.9.3 所示，图 2.9.3（a）所示为右移，图 2.9.3（b）所示为左移。

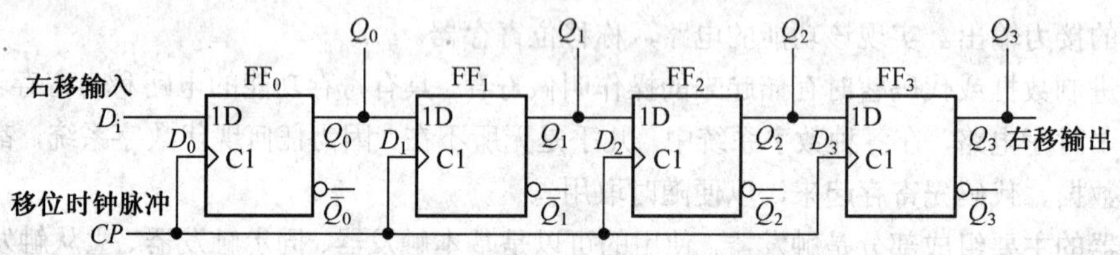

（a）右移

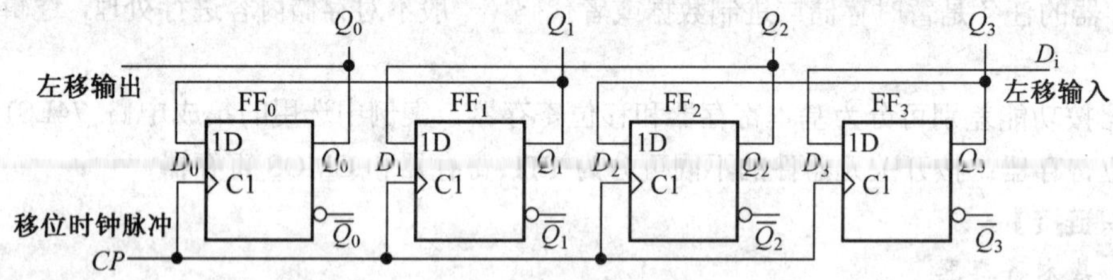

（b）左移

图 2.9.3　单向移位寄存器逻辑图

在右移移位寄存器中，高位触发器的 D 端与低位触发器的 Q 端相连，由同一个 CP 脉冲控制，并在上升沿触发。因此由电路图可得：

时钟方程为

$$CP_0 = CP_1 = CP_2 = CP_3 = CP \text{（上升沿有效，以下简用“↑”表示）} \tag{2.9.1}$$

驱动方程为

$$\begin{cases} D_0 = D_i \\ D_1 = Q_0^n \\ D_2 = Q_1^n \\ D_3 = Q_2^n \end{cases} \tag{2.9.2}$$

将驱动方程代入到边沿 D 触发器的特性方程中得状态方程为

$$\begin{cases} Q_0^{n+1} = D_i & CP\uparrow \\ Q_1^{n+1} = Q_0^n & CP\uparrow \\ Q_2^{n+1} = Q_1^n & CP\uparrow \\ Q_3^{n+1} = Q_2^n & CP\uparrow \end{cases} \tag{2.9.3}$$

设 D_i=1101，移位脉冲未到达之前 $Q_3Q_2Q_1Q_0 = 0000$，当经过 4 个移位脉冲后，触发器的 4 个输出端可获得并行的 4 位二进制数码，$Q_3Q_2Q_1Q_0 = 1101$；再经过 4 个移位脉冲后，触发器的第 4 个输出端 Q_3 可依次获得串行的 4 位二进制数码，$Q_3 = 1101$。其过程可见表 2.9.1。

表 2.9.1 4 位右移移位寄存器的状态表

输入		现态				次态			
D_i	CP（↑）	Q_0^n	Q_1^n	Q_2^n	Q_3^n	Q_0^{n+1}	Q_1^{n+1}	Q_2^{n+1}	Q_3^{n+1}
1	1	0	0	0	0	1	0	0	0
1	2	1	0	0	0	1	1	0	0
0	3	1	1	0	0	0	1	1	0
1	4	0	1	1	0	1	0	1	1

左移的单向移位寄存器是 D_i 从 FF_3 的 D_3 输入，在移位脉冲 CP 上升沿的作用下，将数码依次移入 FF_2、FF_1、FF_0。信号从右边移入，从左边移出，其工作原理与右移移位寄存器相同。

2. 双向移位寄存器

利用控制信号能实现右移或左移的移位寄存器称为双向移位寄存器，其电路原理图如图 2.9.4 所示。该图所示为基本的 4 位双向移位寄存器。M 是移位方向控制信号，D_{SR} 是右移串行输入端，D_{SL} 是左移串行输入端，Q_0～Q_3 是并行输出端，CP 是时钟脉冲同时也是移位操作信号。经分析可得以下方程

脉冲方程为 $$CP_0 = CP_1 = CP_2 = CP_3 = CP\uparrow$$

驱动方程为 $$\begin{cases} D_0 = \overline{M}D_{SR} + MQ_1^n \\ D_1 = \overline{M}Q_0^n + MQ_2^n \\ D_2 = \overline{M}Q_1^n + MQ_3^n \\ D_3 = \overline{M}Q_2^n + MD_{SL} \end{cases}$$

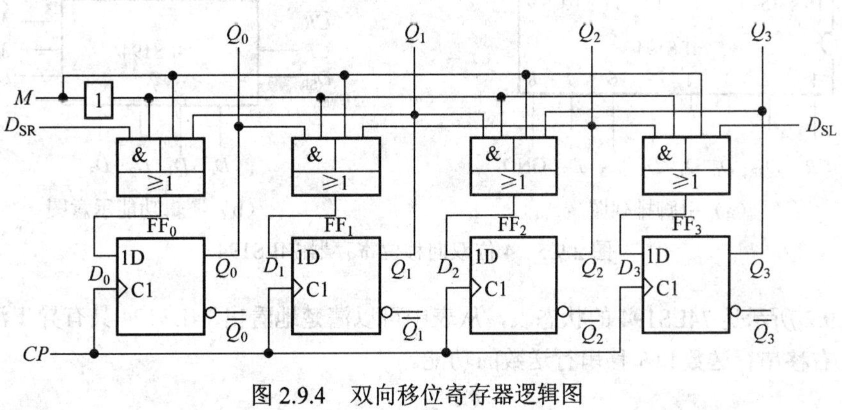

图 2.9.4 双向移位寄存器逻辑图

将驱动方程代入到边沿 D 触发器的特性方程中，得状态方程为

$$\begin{cases} Q_0^{n+1}=\overline{M}D_{SR}+MQ_1^n & CP\uparrow \\ Q_1^{n+1}=\overline{M}Q_0^n+MQ_2^n & CP\uparrow \\ Q_2^{n+1}=\overline{M}Q_1^n+MQ_3^n & CP\uparrow \\ Q_3^{n+1}=\overline{M}Q_2^n+MD_{SL} & CP\uparrow \end{cases}$$

当 M=0 时，

$$\begin{cases} Q_0^{n+1}=D_{SR} & CP\uparrow \\ Q_1^{n+1}=Q_0^n & CP\uparrow \\ Q_2^{n+1}=Q_1^n & CP\uparrow \\ Q_3^{n+1}=Q_2^n & CP\uparrow \end{cases}$$

此时电路成为右移移位寄存器。

当 M=1 时，

$$\begin{cases} Q_0^{n+1}=Q_1^n & CP\uparrow \\ Q_1^{n+1}=Q_2^n & CP\uparrow \\ Q_2^{n+1}=Q_3^n & CP\uparrow \\ Q_3^{n+1}=D_{SL} & CP\uparrow \end{cases}$$

此时电路成为左移移位寄存器。

因此，该电路具有双向移位功能，当 M=0 时右移；当 M=1 时左移。

3. 集成移位寄存器

集成移位寄存器产品较多，以案例中出现的典型 4 位双向移位寄存器 74LS194 为例作简单说明。

如图 2.9.5 所示是 4 位双向移位寄存器 74LS194 的引出端排列图和逻辑功能示意图。$\overline{CR}$ 是清零端；9、10 是工作状态控制端；2 和 7 分别是右移和左移串行输入端；3～6 是并行数码输入端；12～15 是并行数码输出端；CP 是时钟脉冲——移位操作信号。

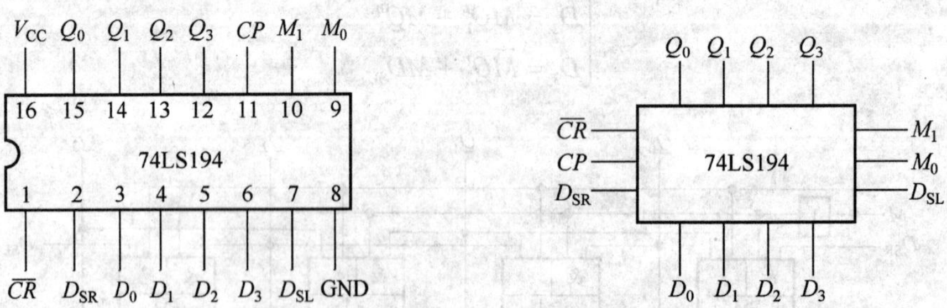

（a）引脚排列图　　（b）逻辑功能示意图

图 2.9.5　4 位双向移位寄存器 74LS194

如表 2.9.2 所示是 74LS194 的状态表，从表中可以清楚地看出 74LS194 具有异步清零、保持、并行送数、右移串行送数和左移串行送数的功能。

表 2.9.2 74LS194 的状态表

输入					输出	备注
$\overline{CR}$	M_1 M_0	D_{SR} D_{SL}	CP	D_0 D_1 D_2 D_3	$Q_0^{n+1}Q_1^{n+1}Q_2^{n+1}Q_3^{n+1}$	
0	× ×	× ×	×	× × × ×	0 0 0 0	清 零
1	× ×	× ×	0	× × × ×	Q_0^n Q_1^n Q_2^n Q_3^n	保 持
1	1 1	× ×	↑	d_0 d_1 d_2 d_3	d_0 d_1 d_2 d_3	并行输入
1	0 1	1 ×	↑	× × × ×	1 Q_0^n Q_1^n Q_2^n	右移输入 1
1	0 1	0 ×	↑	× × × ×	0 Q_0^n Q_1^n Q_2^n	右移输入 0
1	1 0	× 1	↑	× × × ×	Q_1^n Q_2^n Q_3^n 1	左移输入 1
1	1 0	× 0	↑	× × × ×	Q_1^n Q_2^n Q_3^n 0	左移输入 0
1	0 0	× ×	×	× × × ×	Q_0^n Q_1^n Q_2^n Q_3^n	保 持

【扩展应用】

（一）环形计数器

如果把移位寄存器的输出以一定方式反馈送到串行输入端，则可得到一些电路连接简单、编码别具特色、用途广泛的移位寄存器型计数器。开篇案例中出现的旋转彩灯，本身就可视为一款可以自启动的 4 位环形计数器。

环形计数器的突出优点是电路结构简单，正常工作时所有触发器中只有一个是 1（或 0）状态，因此可直接利用各个触发器的输出端作为电路的状态输出，不需要附加译码器。如图 2.9.1（b）所示的时序图，各个触发器顺序发出负脉冲 0。其缺点是没有充分利用电路的状态，设计 N 种状态需要用 N 个触发器，使用触发器个数较多。如 4 位二进制计数器最多有 16 个状态，而案例中的环形计数器仅用到 4 个。

这类的环形计数器本身也就是一个顺序脉冲发生器，可以广泛的应用于顺序脉冲控制。旋转彩灯只是其应用的一例。

（二）扭环形计数器

为了在不改变移位寄存器内部结构的条件下提高环形计数器的电路状态利用率，改进后可得到一种新型的扭环形计数器，其逻辑图和状态图如图 2.9.6 和图 2.9.7 所示。图示电路不可自启动，可自启动的扭环形计数器也可以由 74LS194 构成，读者可自行分析。

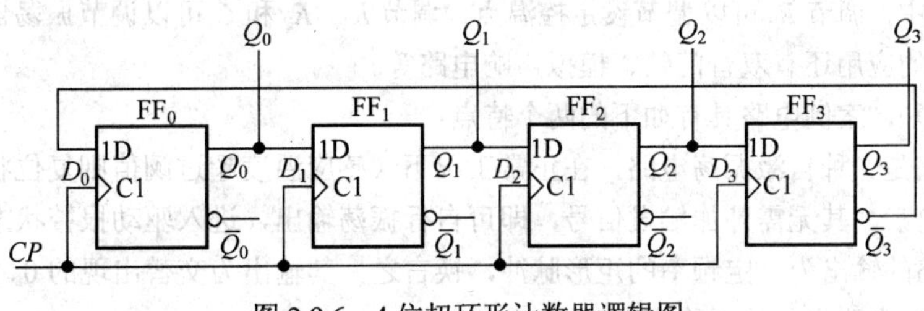

图 2.9.6 4 位扭环形计数器逻辑图

排列顺序：$Q_0^n Q_1^n Q_2^n Q_3^n$

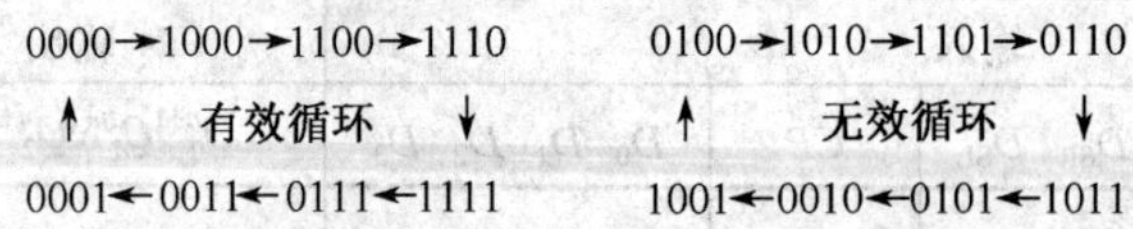

图 2.9.7　4 位扭环形计数器状态图

项目十　脉冲信号的产生与整形电路

一、多谐振荡器

【案例导入】　温控报警器

图 2.10.1 所示为一种简易温控报警器，该电路主体部分为前述触发器一节曾介绍过的 555 定时器。利用 555 定时器可以构成音频振荡电路，通过控制扬声器发声报警，实现监测火警或水温等用途的温控报警器。

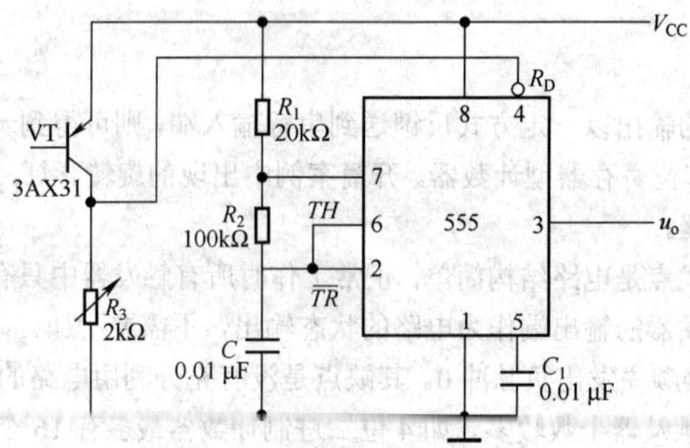

图 2.10.1　555 温控报警电路

电路中的晶体管 VT 可以选用锗管 3AX31 或 3DU 型光敏管。常温下 3AX31 的集—射穿透电流 I_{CEO} 很小，一般在 10～50μA，因此 555 定时电路的复位端 R_D 处于低电平状态。此时电路处于复位状态，输出（3 端）保持为低电平 0，扬声器不发声。I_{CEO} 受温度变化的影响较大，当温度升高时，I_{CEO} 增大，使复位端 R_D 处的电压升高。如果温度升高到设定值，I_{CEO} 的增大将会使 R_D 端电压达到阈值，从而解除复位状态。此时该音频振荡电路开始工作，输出端（3 端）输出矩形脉冲信号驱动扬声器发出报警声。

在图 2.10.1 中，调节 R_3 可以调节设定控温点，调节 R_1、R_2 和 C 可以调节振荡器频率以改变扬声器音调。类似的应用还有双音门铃、模拟声响电路等。

经过分析可知，案例电路具有如下的两个特点：

（1）该电路是一种自激振荡电路，在正常工况下（感应温度超过阈值则复位状态解除，电路自动恢复正常工况），其无需外加触发信号，即可自行振荡输出，进入驱动报警状态。

（2）该电路的输出为一定频率的矩形脉冲，换言之，其输出为交替出现的 0、1 两个暂稳态，而无稳态输出。该电路是一种无稳态电路。

具备以上功能特点的电路，称多谐振荡器，是一种脉冲信号的产生电路。案例所示，是用 555

定时器构成的多谐振荡器电路。

在时序逻辑电路中，为了控制各触发器同步协调一致的工作，通常需要一个稳定精确的时钟脉冲信号。获得这种脉冲信号的方法有两种：一种是通过多谐振荡器直接产生脉冲信号；另一种是通过脉冲整形电路如单稳态触发器、施密特触发器等，将已有的波形进行整形，获得稳定、精确、规则的矩形时钟脉冲。案例中的报警电路，正是利用此时钟脉冲信号驱动执行装置（扬声器）来构成的。

在脉冲信号产生、整形电路中，常采用 555 定时电路，只要在其外部配接少量阻容元件就可构成多谐振荡器、施密特触发器和单稳态触发器。555 定时电路的应用也是本章节重点介绍的内容之一。

【知识链接】

如前所述，多谐振荡器是一种自激振荡电路，无需外加输入信号，其状态转换完全由电路自行完成，电源接通后就可自动的产生矩形脉冲。产生的矩形脉冲含有丰富的高次谐波分量，因此习惯上称其为多谐振荡器。多谐振荡器不存在稳定状态，只有两个暂稳态，故又称无稳态电路。

（一）由门电路构成的多谐振荡器

1. 环形振荡器

图 2.10.2 所示是一个最简单的环形振荡器电路。它是利用逻辑门电路固有的传输延迟特性，将 3 个反相器首尾相接而构成的。显然，奇数个的反相器如此连接，电路不可能存在稳定状态。即使其中某一个门电路的输入电压有微小的扰动，也会引起整个电路的往复振荡。

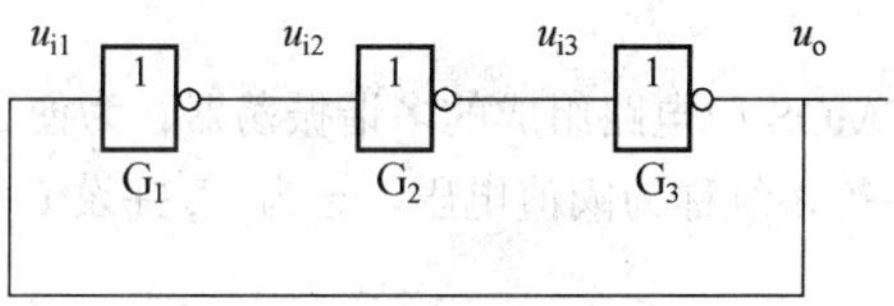

图 2.10.2　环形振荡器

设每个门电路的传输延迟时间均为 t_{pd}，选取其工作循环中的一个周期进行分析：假定某一时刻 u_{i1} 为高电平 1，经 G_1 延迟时间 t_{pd} 后，使得 u_{i2} 为 0；又经 G_2 延迟时间 t_{pd} 后，输出 u_{i3} 为高电平 1；再经 G_3 延迟时间 t_{pd} 后，使输出端 u_o 为 0，u_o 又反馈到 G_1 输入端使得 u_{i1} 翻转为 0。全过程用时为 $3t_{pd}$。依此类推，再经过 $3t_{pd}$，$u_o(u_{i1})$又将变回高电位 1，完成一个周期。其工作波形如图 2.10.3 所示。

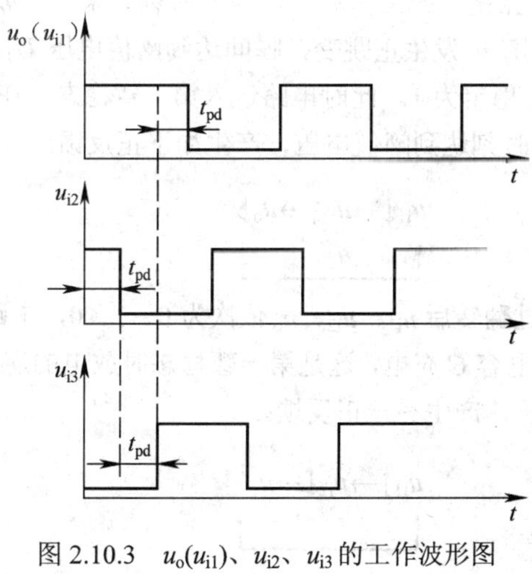

图 2.10.3　$u_o(u_{i1})$、u_{i2}、u_{i3} 的工作波形图

如此周而复始，电路始终在两个暂稳态之间来回转换，从而产生规则的矩形脉冲信号 u_o。分析电路的振荡过程不难得出，电路的振荡周期 $T=6t_{pd}$。同理，由 N 个（N 为奇数且 $N\geqslant3$）反相器首尾顺序连接均可构成环形振荡器，其振荡周期为 $T=2N\,t_{pd}$。

这类环形振荡器结构简单，振荡周期为纳秒级，其工作频率高且不可调。因而，实际应用中通常在图 2.10.2 电路的基础上附加 RC 延迟环节，组成带 RC 延迟电路的环形振荡器以解决上述问题。

2. 带 RC 延迟电路的环形振荡器

带 RC 延迟电路的环形振荡器电路如图 2.10.4 所示。它是在图 2.10.2 电路的基础上，在两个反相器之间插入 RC 延时电路实现的。利用电容 C 的充放电，实现延时并改变输出电平，形成电路两暂稳态的交替变换，产生矩形脉冲信号。加入 RC 电路，既降低了振荡频率，又可通过改变 R、C 的数值来实现对振荡频率的调节。图 2.10.4 中 R_S 为限流电阻。

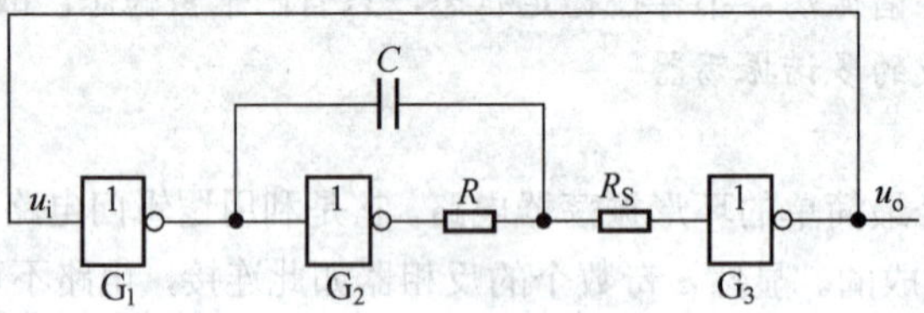

图 2.10.4　带 RC 延迟电路的环形振荡器

3. CMOS 环形振荡器

图 2.10.5 给出了一种由 CMOS 门电路组成的多谐振荡器。为便于电路分析，假定图中 CMOS 反相器开门电平与关门电平相等，统称为阈值电压，记为 U_T 并设 $U_T=0.5V_{DD}$。

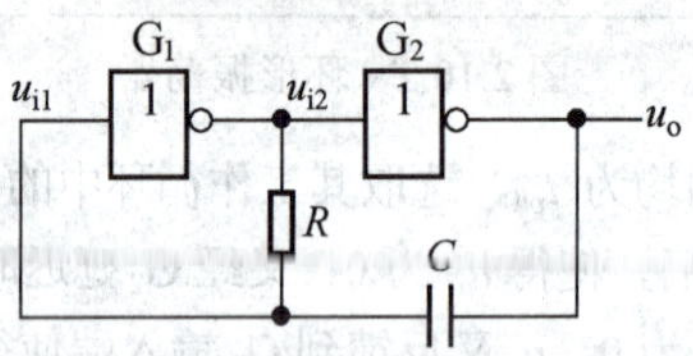

图 2.10.5　由 CMOS 门电路组成的多谐振荡器

图 2.10.6 是 CMOS 多谐振荡器的工作波形。当 t_1 时刻到来时，u_o 由 0 跳变为 1，由于电容 C 上的电压不能跃变，故 u_{i1} 跟随 u_o 发生正跳变，瞬间达到阈值电压 U_T，使得 u_{i2} 由 1 变到 0。这个低电平也保证了 G_2 的输出 u_o 稳定为 1。此时电路进入第一暂稳态。在此期间，电容 C 通过电阻 R 放电，使 u_{i1} 逐渐下降，在 t_2 时刻达到阈值电压，产生如下正反馈：

$$u_{i1}\downarrow\rightarrow u_{i2}\uparrow\rightarrow u_o\downarrow$$

反馈过程瞬间结束，经过翻转后 u_{i1}、u_{i2}、u_o 依次为 0、1、0，电路进入第二暂稳态。此期间，u_{i2} 处的高电位通过电阻 R 对电容 C 充电，这是第一暂稳态时放电的逆过程。电容充电使 u_{i1} 逐渐上升，直到 t_3 时刻达到阈值电压，产生另一正反馈：

$$u_{i1}\uparrow\rightarrow u_{i2}\downarrow\rightarrow u_o\uparrow$$

此后电路重复上述过程，在两个暂稳态之间来回翻转，G_2 输出端得到矩形脉冲信号。电路整个转换过程是通过电容 C 的充放电作用来实现的，而充放电作用集中体现在 u_{i1} 的波形变化上。

该电路振荡周期 $T \approx 1.4RC$。

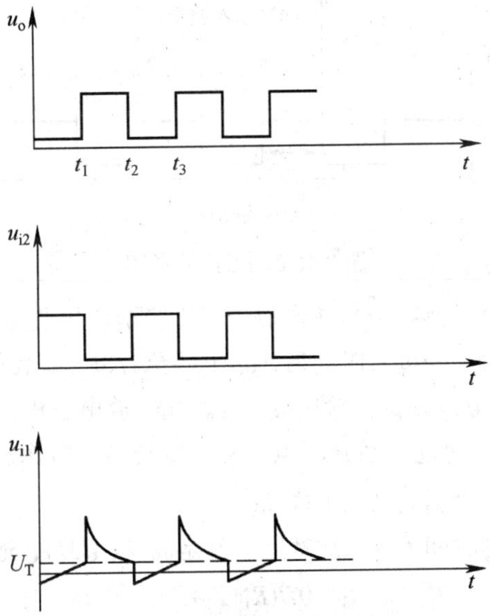

图 2.10.6　u_o、u_{i2}、u_{i1} 波形图

（二）由 555 定时器构成的多谐振荡器

图 2.10.7 即为案例中所示，以 555 定时器构成的多谐振荡器电路。图中的 R_1、R_2 和 C 是外接定时元件，2 端（低电平触发端）和 6 端（高电平触发端）并联起来接 u_C，7 端（放电端）接到 R_1 和 R_2 之间。5 端通过一个 0.01 μF 的电容接地，旁路高频干扰。

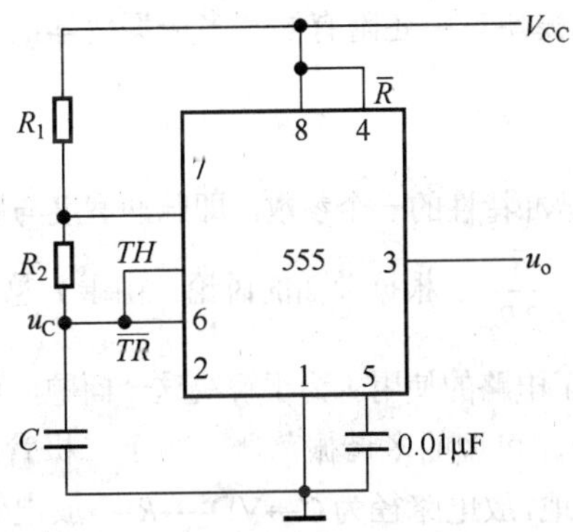

图 2.10.7　555 定时器构成的多谐振荡器

下面结合图 2.10.7，图 2.10.8 分析多谐振荡器的工作过程。

（1）第一暂稳态。电源接通后，V_{CC} 通过 R_1、R_2 对 C 充电，随着电容 C 上的电量逐渐增加，u_C 逐渐上升。经过 t_1 时间后，u_C 上升至 $2/3V_{CC}$，比较器 C_1 输出跳变为低电平 0，RS 触发器翻转为 $Q=0$，$\overline{Q}=1$，振荡器输出 $u_o=0$。

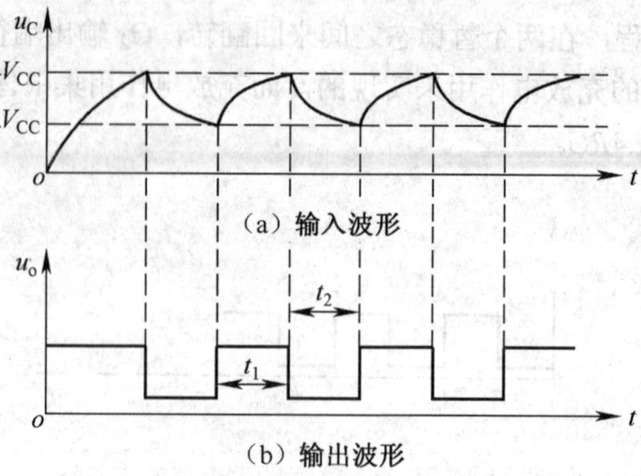

图 2.10.8　工作波形图

(2)第二暂稳态。电路翻转后，$\bar{Q}=1$，放电三极管饱和导通见图 2.10.8 所示，电容 C 通过 R_2 和三极管放电，u_C 逐渐下降。经过 t_2 时间后，u_C 下降至 $1/3V_{CC}$，比较器 C_2 输出跳变为低电平 0，RS 触发器翻转为 $Q=1$，$\bar{Q}=0$，振荡器输出 $u_o=1$。此时放电三极管截止，电容 C 结束放电，重新开始被充电，u_C 也从 $1/3V_{CC}$ 起逐渐回升，电路又恢复到第一暂稳态。此后重复上述振荡过程，便在多谐振荡器的输出端 u_o 产生连续变化的矩形脉冲。

分析可知，第一暂稳态的时间 t_1（脉冲宽度）就是 u_C 从 $1/3V_{CC}$ 充电上升到 $2/3V_{CC}$ 的时间：

$$t_1 \approx 0.7(R_1+R_2)C$$

第二暂稳态时间 t_2（脉冲宽度）就是 u_C 从 $2/3V_{CC}$ 放电下降到 $1/3V_{CC}$ 的时间：

$$t_2 \approx 0.7R_2C$$

由此得振荡频率为

$$f=\frac{1}{t_1+t_2}\approx\frac{1.43}{(R_1+2R_2)C}$$

由此也可知，案例中的驱动扬声器的脉冲信号，其实并非是由温度触发，而是电路内部阻容元件反复的充放电形成的。本书的模块三中还附有 555 多谐振荡器的仿真应用实例。

【扩展应用】

（一）占空比可调电路

占空比是用来定量描述矩形脉冲特性的一个参数，即脉冲宽度与脉冲周期之比。在图 2.10.7 所示的电路中，占空比 $q=\frac{t_1}{t_1+t_2}=\frac{R_1+R_2}{R_1+2R_2}$。根据前面的讨论，由于 t_1 总是大于 t_2，则占空比 q 总是大于 0.5，波形不可能对称。这就限制了电路的使用。为了解决这一问题，可对图 2.10.7 电路进行改进。

图 2.10.9 即为改进后的占空比可调的多谐振荡器。由于二极管的单向导电性，使得电容 C 的充电路径为 $V_{CC}\to R_1\to VD_1\to C\to$地，放电路径为 $C\to VD_2\to R_2\to$放电管→地。经计算得到 $t_1\approx 0.7R_1C$，$t_2\approx 0.7R_2C$，占空比为 $q=\frac{R_1}{R_1+R_2}$。这样只要调节 R_W 就可以改变 R_1、R_2 的比值，方便地调节占空比。当 $R_1=R_2$ 时，可得到对称的矩形脉冲。

此时的振荡频率为

$$f=\frac{1}{t_1+t_2}\approx\frac{1.43}{(R_1+R_2)C}$$

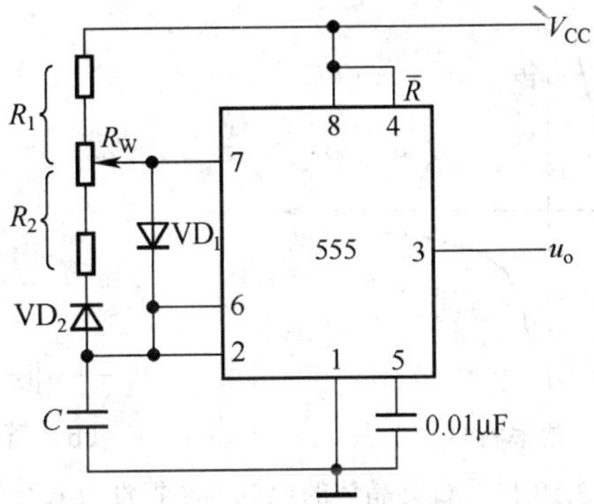

图 2.10.9　占空比可调的多谐振荡器

在图 2.10.1 温控报警器的案例中，正是通过调节阻容元件 R_1、R_2 和 C 以改变占空比，从而达到调节振荡器频率以改变扬声器音调的目的。

（二）石英晶体多谐振荡器

许多数字系统对多谐振荡器的振荡频率稳定性有着严格要求。例如数字钟，其计数脉冲频率的稳定性直接决定了计时精度。前面介绍的几例多谐振荡器，其振荡频率不仅和 RC 时间常数有关，还取决于门电路的阈值电压 U_T。但 U_T 本身就是一个不够稳定的参数，易受温度、电源电压及外部干扰的影响，因此造成电路的频率稳定性和准确性较低。

为获取较高的频率稳定性，目前高精度振荡电路中一般接入石英晶体，构成石英晶体振荡器。其典型电路如图 2.10.10 所示。

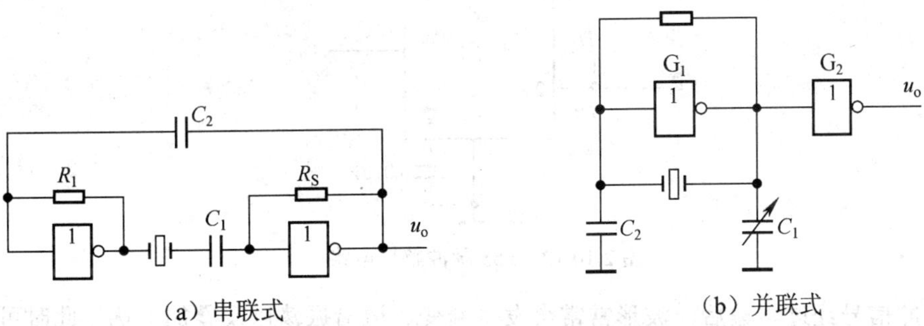

图 2.10.10　石英晶体多谐振荡器

图 2.10.10 所示是在电路中串联或并联石英晶体，利用石英晶体自身良好选频特性，达到稳频的目的。选频特性是由石英晶体的电抗频率特性所决定的。石英晶体有一个极为稳定的谐振频率 f_0，如图 2.10.11 所示，当频率为 f_0 时晶体自身的阻抗最小，频率为 f_0 的信号最容易通过，并在电路中形成最强的正反馈。而对于其他频率的信号均会被石英晶体衰减，使得正反馈大大减弱而不足以形成振荡。

石英晶体的谐振频率是晶体本身的固有特性，由晶体的结晶方向和外形尺寸所决定，而与外接电容、电阻等无关，因此精度极高。其频率稳定性（$\Delta f_0/f_0$）可以达到 10^{-10}～10^{-11}，足以满足大多数数字系统的要求。如前面章节介绍到的秒脉冲信号发生器，其信号源即选取了图 2.10.10（a）所示的石英晶体多谐振荡器。

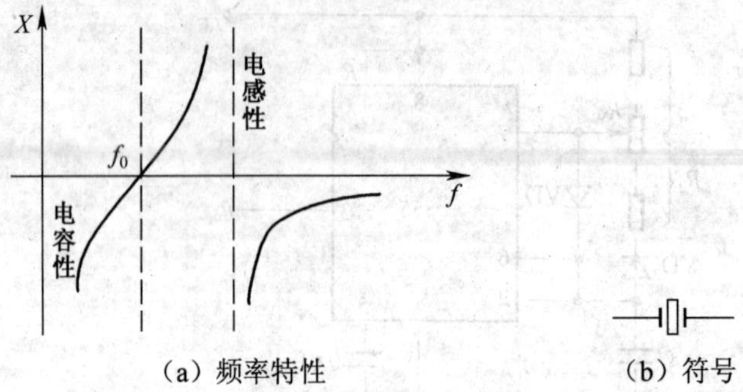

图 2.10.11　石英晶体的电抗频率特性及其符号

石英晶体振荡电路产生的脉冲波形，通常要经过整形才能得到比较理想的矩形脉冲，因此往往在输出端再加一级非门。例如图 2.10.10（b）中的 G_2，它既起到整形作用，又起到缓冲隔离作用。

二、施密特触发器

【案例导入】 脉冲整形电路

图 2.10.12 所示为一种常用的 555 定时器应用电路，其作用之一是可以实现脉冲整形。

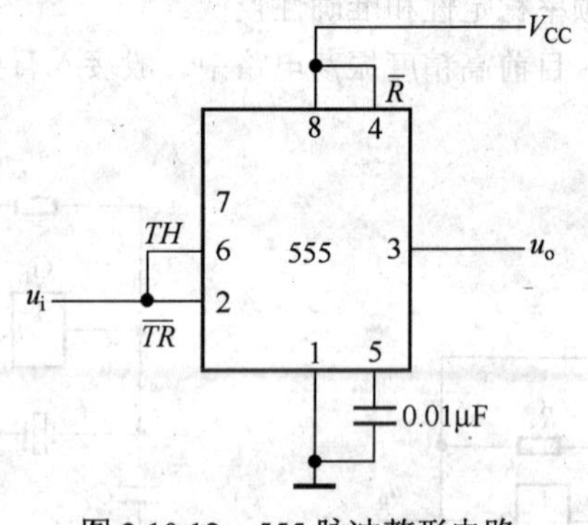

图 2.10.12　555 脉冲整形电路

矩形脉冲信号经过传输后，波形常常会发生畸变、边沿振荡以及叠加干扰，此时可利用图 2.10.12 所示的案例电路进行整形。

如图 2.10.13 所示，畸变信号输入案例电路，参照 555 定时器功能表，在电压从 0 逐渐升高的过程中，若 $u_i < 1/3V_{CC}$，电路输出 u_o 为高电平 1；当 $1/3V_{CC} < u_i < 2/3V_{CC}$ 时，电路输出状态保持不变，仍为高电平 1；当 $u_i > 2/3V_{CC}$ 时，输出 u_o 才翻转为低电平 0。

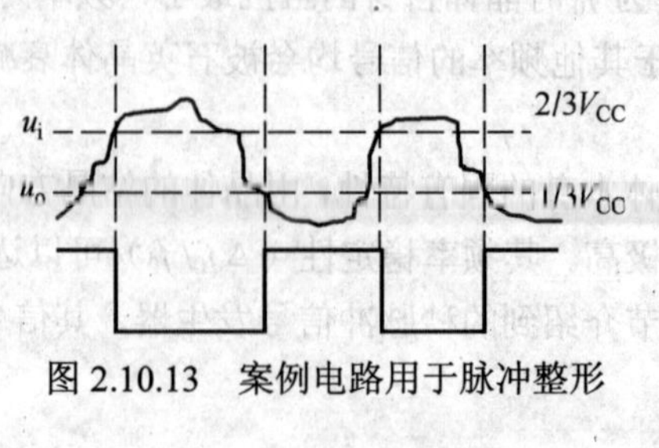

图 2.10.13　案例电路用于脉冲整形

在电压从高于 $2/3V_{CC}$ 的状态逐渐降低的过程中，若 $u_i > 2/3V_{CC}$，电路输出 u_o 为低电平 0；当 $1/3V_{CC} < u_i < 2/3V_{CC}$ 时，电路输出状态保持不变，仍为低电平 0；当 $u_i < 1/3V_{CC}$ 时，输出 u_o 才翻转为高电平 1。

如此，信号经过整形输出，重新恢复为规则的矩形脉冲。分析该案例可知，图 2.10.12 所示电路具备如下 3 个特点：

（1）滞回特性，即对于正向和负向变化的输入信号，分别有不同的临界阈值电压。

（2）电平触发，即当输入信号达到一定的电压值时，输出电压会发生突变。这一特点对于缓慢变化的信号仍然适用。

（3）双稳态输出，电路一旦触发，并不是像多谐振荡器那样自激振荡，而是保持稳定状态（稳定 0 态或稳定 1 态）不变，直到下一次临界阈值电压的到来。

具备上述功能特点的电路，称施密特触发器，是一种脉冲信号的整形电路，能够将边沿变化缓慢的脉冲信号波形整形为边沿陡峭的矩形波。案例所示，其实是用 555 定时器构成了一个施密特触发器电路。

在此，定义施密特触发器的正向阈值电压 U_{T+}、负向阈值电压为 U_{T-}，两者的差值为回差电压 ΔU_T，即 $\Delta U_T = U_{T+} - U_{T-}$。在本案例中，$U_{T+} = 2/3V_{CC}$、$U_{T-} = 1/3V_{CC}$，由此得到的电压传输特性如图 2.10.14（a）所示，图 2.10.14（b）为施密特触发器逻辑符号。案例电路正是利用了施密特触发器的滞回特性，设置适当的 U_{T+}和 U_{T-}，以达到良好的整形效果。由此也可知，施密特触发器具有较强的抗干扰能力。

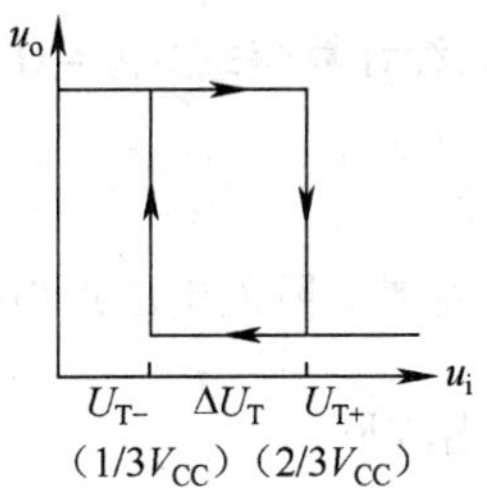

（a）传输特性

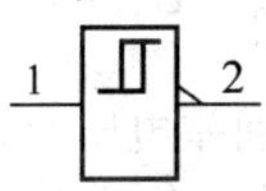

（b）逻辑符号

图 2.10.14　施密特触发器传输特性和逻辑符号

【知识链接】

（一）由门电路构成的施密特触发器

图 2.10.15 是一个简易的由 CMOS 门电路组成的施密特触发器。假定图中 CMOS 反相器的阈值电压为 $U_{TH}=\frac{1}{2}V_{DD}$，设电阻 $R_1 < R_2$。

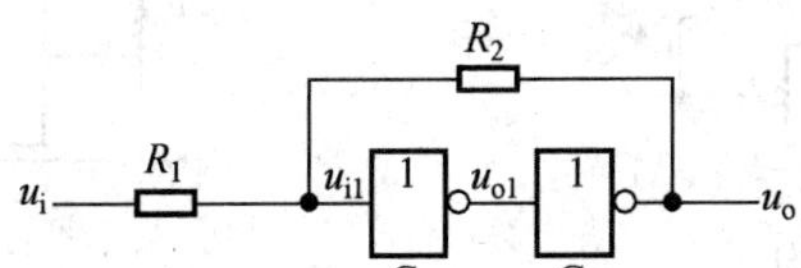

图 2.10.15　CMOS 门组成的施密特触发器

当输入 u_i 为 0V 时，G_1 截止、G_2 导通，输出 u_o 为 0V，输出波形为低电平，如图 2.10.16 所示。

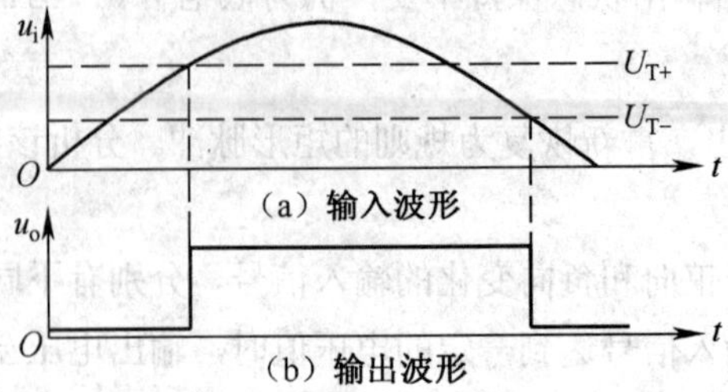

（a）输入波形

（b）输出波形

图 2.10.16　施密特触发器工作波形

当输入电压 u_i 逐渐上升到正向阈值电压 U_{T+}时，u_{i1} 也随着升至 CMOS 反相器的阈值电压 U_{TH}，电路将发生如下正反馈：

$$u_i\uparrow\rightarrow u_{i1}\uparrow\rightarrow u_{o1}\downarrow\rightarrow u_o\uparrow$$

电路状态迅速转换为 $u_o\approx V_{DD}$，输出波形为高电平。经计算得到 $U_{T+}=(1+\dfrac{R_1}{R_2})\,U_{TH}$。

此后输入电压 u_i 继续上升至最大值后开始逐渐下降。直到 u_i 达到负向阈值电压 U_{T-}，此时 u_{i1} 也随着降至 CMOS 反相器的阈值电压 U_{TH}，电路将发生如下正反馈：

$$u_i\downarrow\rightarrow u_{i1}\downarrow\rightarrow u_{o1}\uparrow\rightarrow u_o\downarrow$$

电路状态迅速转换为 $u_o\approx 0$，输出波形为低电平。经计算得到 $U_{T-}=(1-\dfrac{R_1}{R_2})\,U_{TH}$。上述即为施密特触发器的一个工作循环。

由此回差电压可求：$\Delta U_T=U_{T+}-U_{T-}=2\dfrac{R_1}{R_2}U_{TH}$。显然，回差电压是与 $\dfrac{R_1}{R_2}$ 成正比的，改变 R_1、R_2 的比值就可以方便的调节回差电压的大小以改变输出波形。

（二）由基本 RS 触发器构成的施密特触发器

图 2.10.17（a）是一种由基本 RS 触发器和二极管构成的施密特触发器。图 2.10.17（b）是电路的工作波形。设图中门电路的阈值电压均为 1.4V，二极管 VD 的导通电压为 0.7V。电路的工作原理如下：

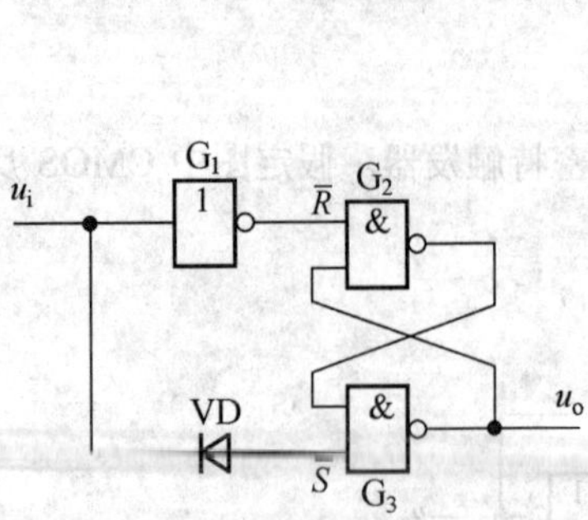

（a）电路结构

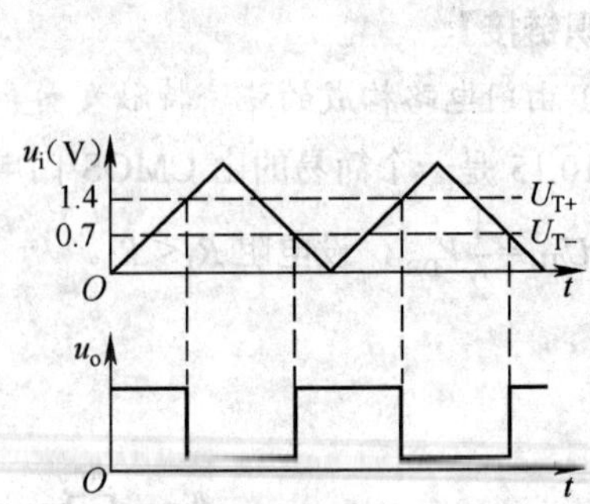

（b）工作波形

图 2.10.17　由基本 RS 触发器构成的施密特触发器

（1）当输入 $u_i < 0.7V$ 时，$\overline{S}$ 端的电位为 $U_D + u_i < 1.4V$，即 $\overline{S}=0$，G_3 关闭，基本 RS 触发器置 1，电路输出 u_o 为高电平 1。同时，G_1 也关闭，$\overline{R}=1$。这是第一稳定状态。

（2）当 u_i 上升到 $0.7V<u_i<1.4V$ 时，G_1 仍关闭，$\overline{R}=1$。由于这时 $\overline{S}$ 端电位>1.4V，故 $\overline{S}=1$，RS 触发器处于保持状态，输出电平不变。

（3）当 u_i 上升到 $u_i = 1.4V = U_{T+}$ 时，G_1 开通，$\overline{R}=0$，使 G_2 关闭，G_3 输入为 1，G_3 开通，RS 触发器翻转置 0，输出 u_o 为低电平 0。电路翻转后，u_i 再上升，电路状态保持不变，这是第二稳定状态。

（4）当 u_i 越过最高点而下降到 $u_i = U_{T+}$ 时，门 G_1 关闭，$\overline{R}=1$，由于 $\overline{S}$ 端电位仍大于 1.4V，故 $\overline{S}=1$，RS 触发器仍保持第二稳定状态，输出电平不变。

（5）当 u_i 继续下降到 $u_i = 0.7V = U_{T-}$ 时，$\overline{S}=0$，$\overline{R}=1$，G_3 关闭，RS 触发器再次翻转置 1，输出 u_o 为高电平 1。电路又回到第一稳定状态。

使电路由第一稳态翻转到第二稳态的输入电压即为正向阈值电压 U_{T+}，显然，$U_{T+}=1.4V$；使电路由第二稳态翻转到第一稳态的输入电压即为负向阈值电压 U_{T-}，显然，$U_{T-}=0.7V$。由此，该施密特触发器回差电压可知，即 $\Delta U_T = U_{T+} - U_{T-} = 0.7V$。

回差电压 ΔU_T 产生的主要原因是在 G_3 的输入端串入了转移电平二极管 VD，因此，该电路的回差电压等于二极管 VD 的正向压降。

通过以上分析可知，施密特触发器具有 0、1 两个稳态，而两个稳态的翻转完全取决于输入电压的大小。只有输入电压 u_i 上升至 U_{T+} 或下降至 U_{T-} 时，施密特触发器状态才会翻转，输出边沿陡峭的矩形脉冲。

另外，还应当注意到，图 2.10.13 和图 2.10.16、图 2.10.17（b）中输出工作波形随输入电压变化的规律是不同的。前者是当输入电压上升至正向阈值电压时，输出波形由低电平翻转为高电平，称为正向传输特性。而后者是当输入电压升至正向阈值电压时，输出波形由高电平翻转为低电平，称为反向传输特性，因此在图 2.10.14（b）的逻辑符号中，输出端加了取反标志。

（三）集成施密特触发器

施密特触发器应用十分广泛，目前市场上有专门的集成电路产品出售。一些代表性的产品如 CMOS 集成施密特触发器 CC40106（六反相器）、CC4093（四二输入与非门），TTL 集成施密特触发器 74LS13、74LS14、54132 等。TTL 施密特触发器对于阈值电压和滞回电压均有温度补偿，具有较强的带负载能力和抗干扰能力。

图 2.10.18 所示为两种 CMOS 集成施密特触发器的引脚排列图。

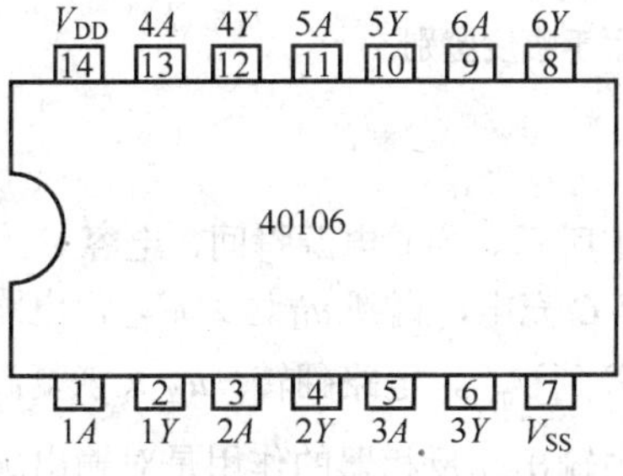

（a）40106

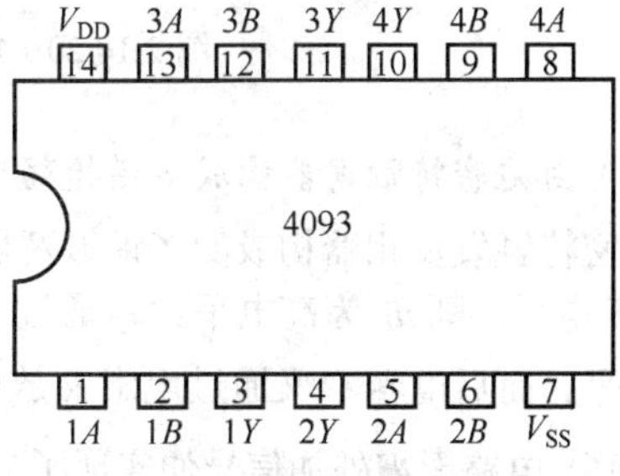

（b）4093

图 2.10.18　两种 CMOS 集成施密特触发器的引脚排列图

图 2.10.19（a）所示为 TTL 集成施密特触发器 74LS132 的内部逻辑和引脚排列图。其内部包括 4 个互相独立的 2 输入施密特触发器，都是在基本施密特触发电路的基础之上，在输入端增加了与的功能，在输出端增加了反相器。因此称为施密特触发与非门，逻辑符号如图 2.10.19（b）所示。

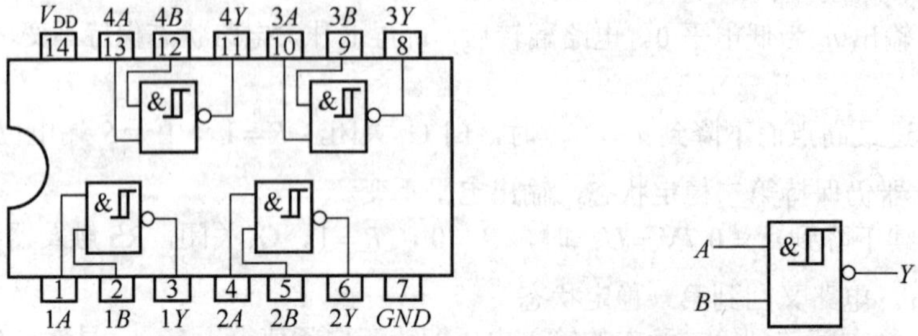

（a）引脚排列与内部逻辑图　　（b）逻辑符号

图 2.10.19　集成 TTL 施密特触发器 74LS132

如图 2.10.19 所示，74LS132 的输入、输出关系满足 $Y=\overline{AB}$，两个输入变量必须同时低于施密特触发器的负向阈值电压，输出 Y 才是高电平。如果使用+5V 的电源，则该触发器的正向阈值电压 U_{T+} =1.5～2.0V，负向阈值电压 U_{T-} = 0.6～1.1V，回差电压ΔU_T 的典型值为 0.8V。

【扩展应用】

（一）幅度鉴别电路

当电路输入为一组幅度不等的信号时，可利用施密特触发器，选取适当的正向阈值电压，进行幅度鉴别。如图 2.10.20 所示，只有当信号幅度达到施密特触发器正向阈值电压 U_{T+} 时，才能引起输出变化（表现为输出负脉冲），而当幅度回落，达到施密特触发器负向阈值电压 U_{T-} 时，输出负脉冲复位。如此，达到鉴别信号高幅成分的目的。

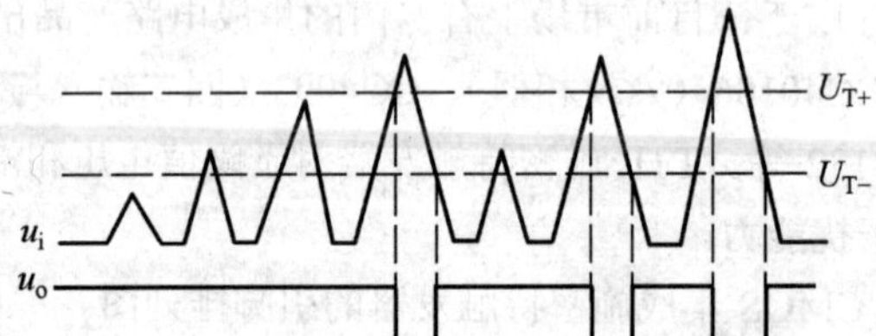

图 2.10.20　施密特触发器用于幅度鉴别

（二）由施密特触发器构成多谐振荡器

用施密特触发反相器构成的多谐振荡器如图 2.10.21 所示。接通电源瞬间，电容 C 上的电压为 0，u_{i1} 为低电平，则 u_{i2} 为高电平。u_{i2} 通过电阻 R 对电容 C 充电，直到 u_{i1} 达到 U_{T+}，电路翻转，u_{i2} 变成低电平。而后电容 C 又通过电阻 R 放电，直到 u_{i1} 降到 U_{T-}，电路翻转，u_{i2} 又恢复高电平。如此往复循环，电路无需外加信号便实现了多谐振荡。图中输出端反相器的作用是对输出脉冲信号进行整形，以得到比较理想的矩形脉冲 u_o。

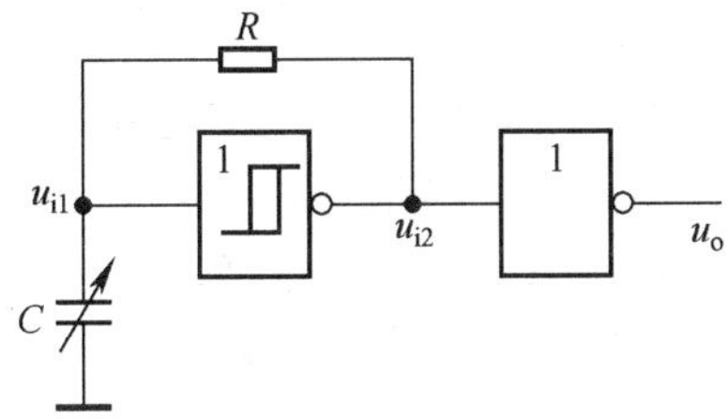

图 2.10.21　施密特触发器构成多谐振荡器

（三）波形变换电路

施密特触发器因其电平触发特性，可以将输入的三角波、正弦波、锯齿波以及其他不规则的周期性电压信号转变成为边沿陡峭的矩形脉冲信号输出。只要设置适当，即可保证与原信号频率相同。

前述的图 2.10.16、图 2.10.17（b）所示正是体现了这一变换电路特性的波形。

三、单稳态触发器

【案例导入】 触摸式定时开关

触摸式延时开关现在已经广泛应用于楼梯走道的照明电路，结构简单、使用方便、节电效果好。图 2.10.22 所示是利用一片 NE555 集成电路接成的触摸式延时开关，图 2.10.22 中以引脚 2 和引脚 3 分别作为信号的输入端和输出端，以 M 代表金属触摸片。

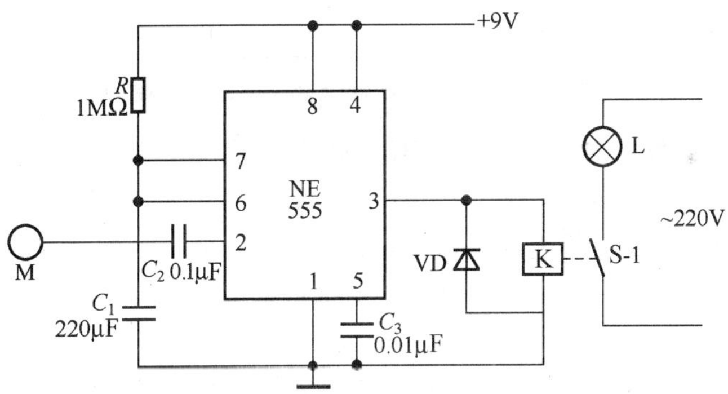

图 2.10.22　555 触摸式定时开关电路原理图

初始状态下 M 端悬空，电容 C_1 通过 NE555 引脚 7 放电而无法聚积电荷，金属片 M 上无感应电压。此时引脚 3 输出为低电平，继电器 K 释放，开关 S-1 断开，电灯不亮。当需要开灯时，用手触碰一下金属片 M，人体感应的杂波信号电压由 C_2 加至电路的触发信号输入端，引起集成电路内部触发器翻转。引脚 3 输出由低电平变为高电平，继电器 K 吸合，开关 S-1 闭合，电灯点亮。同时，引脚 7 内部截止，电源开始通过 R 对 C_1 充电，定时开始。

经过一定的时间后，当电容 C_1 上的电压升至电源电压的 2/3 时，集成电路内部触发器翻转，引脚 3 输出由高电平变回低电平，继电器释放，电灯熄灭，定时结束。同时，NE555 引脚 7 导通使 C_1 放电，放电过程对引脚 3 的输出状态无影响，放电完毕后电路又回复到前述的初始状态。

电路的定时长度由 C_1 和 R 确定，约为 $1.1RC_1$。经计算，图中所示电路的定时时间是 242s，约合 4min。图 2.10.22 中 VD 的作用是对继电器进行稳压保护，可选用 1N4148 或 1N4001 型。C_3 是为了减弱旁路高频干扰。

前述的多谐振荡器是无稳态电路，只有两个暂稳态，电源接通后无需外加信号就可产生自激振荡；施密特触发器是双稳态电路，有 0、1 两个稳态，状态改变完全受外加信号控制。而在本节的案例中，分析可知图 2.10.22 所示电路有一个稳态（灯灭）和一个暂稳态（灯亮）。初始状态下，系统输出为稳定 0 态，灯灭。在外加触发输入信号（手碰金属片 M）的作用下，电路输出转为 1 态，灯亮。但此状态不能稳定保持，一段时间（242s）后无需触发，又自动返回原来的灯灭状态。

具备上述功能特点的电路称单稳态触发器。单稳态触发器是一种单稳态电路，有一个稳态（0 态或 1 态）和一个暂稳态，在外加触发信号的作用下电路由稳态转到暂稳态，保持一段时间后又自动返回稳态。因此，单稳态触发器的输出通常为宽度恒定的脉冲信号，脉冲宽度即为暂稳态时间，而暂稳态时间取决于电路自身的相关参数。

【知识链接】

（一）由门电路构成的单稳态触发器

1. 微分型单稳态触发器

图 2.10.23 所示为 CMOS 门电路构成的单稳态触发器，因其阻容元件 R、C 构成了微分电路形式，故称为微分型单稳态触发器。

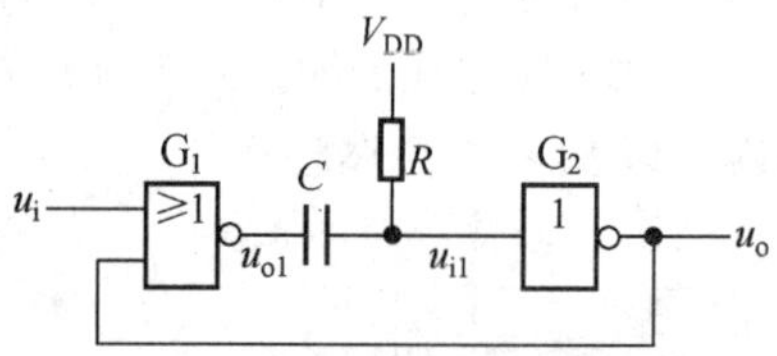

图 2.10.23　CMOS 微分型单稳态触发器

（1）初始状态（稳态）。通电后，当电路无外加触发信号输入时，设定 u_i 为低电平。反相器 G_2 的输入电压 $u_{i1}=V_{DD}$，输出 u_o 也为低电平 0。此时或非门 G_1 的两个输入端全为 0，则其输出 u_{o1} 为高电平且其值约等于 V_{DD}，使得电容 C 的端电压接近为 0，几乎没有电荷存储，电容相当于开路。这是电路的稳态。在触发信号到来之前，电路一直保持这一状态，即 $u_{o1}=1$，$u_o=0$。

（2）触发状态（暂稳态）。如果在输入端外加一个正触发脉冲 u_i，G_1 的输出 u_{o1} 变为低电平。由于电容两端电压不能突变，G_2 的输入 u_{i1} 也随之跳变为低电平，使得电路输出 u_o 跳变为高电平，u_o 再反馈到 G_1 的输入端，此后即使 u_i 的触发信号消失，仍可维持 G_1 低电平输出。电路进入暂稳态过程，即 $u_{o1}=0$，$u_o=1$。与此同时，V_{DD} 开始通过电阻 R 向电容 C 充电。

（3）自动翻转。随着电容 C 的充电，u_{i1} 逐渐上升，经过 t_p 时间后，u_{i1} 上升到反相器 G_2 的阈值电压，G_2 翻转，输出电压 u_o 跳变为低电平。暂稳态结束，电路又恢复到初始的稳态，即 $u_{o1}=1$，$u_o=0$。

暂稳态结束后，电容 C 将通过电阻 R、G_2 等回路放电，C 上的电压逐渐恢复到稳态时的初始值。整个工作过程中电路各点的波形如图 2.10.24 所示。

图 2.10.24 中的输出脉冲宽度 t_p 即为暂稳态时间。经计算得 $t_p \approx 0.7RC$。

在图 2.10.23 中，当暂稳态结束时，如果 G_1 的触发脉冲 u_i 仍保持高电平，则 G_1 的输出状态将不发生改变，导致暂稳态输出信号 u_o 的下降沿变缓而影响波形。因此在图 2.10.23 所示电路中，触发脉冲宽度 t_{pi} 的范围应当限制在 $2t_{pd}<t_{pi}<t_p$。其中 t_{pd} 为 CMOS 门电路传输延迟时间。

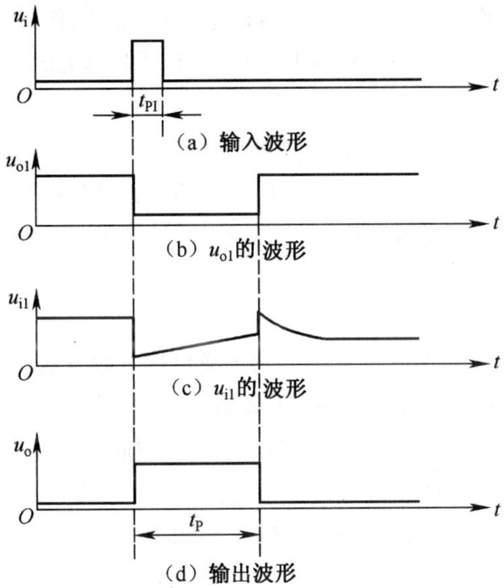

图 2.10.24　CMOS 微分型单稳态触发器工作波形图

实际应用中往往无法避免输入的触发脉冲宽度过大的情况，可在单稳态触发器输入端加一个 RC 微分电路解决，如图 2.10.25 所示。

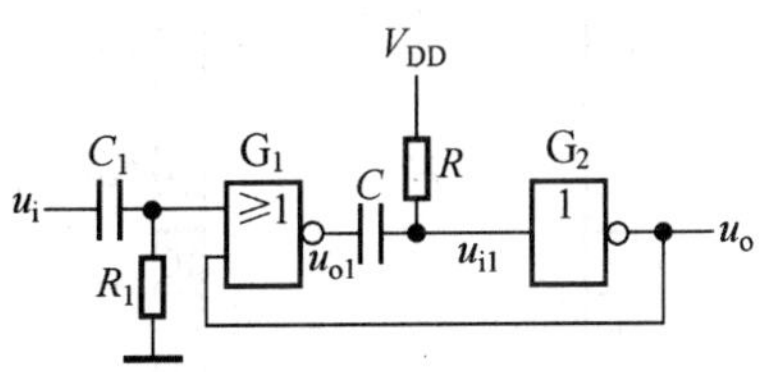

图 2.10.25　CMOS 微分型单稳态触发器改进电路

2. 积分型单稳态触发器

图 2.10.26 所示为 CMOS 门电路构成的积分型单稳态触发器，其中阻容元件 R、C 构成了积分电路形式。当 u_i=1 时，u_o=0 电路处于稳态。u_i 负跳变到 0 时，由于电容电压不能突变，u_{i1} 仍为 0，u_o 变为 1，电路进入暂稳态。此后由于 C 放电使 u_{i1} 逐渐升高，直到 u_{i1}=1 而使输出 u_o 翻转为 0，电路恢复稳态。显然，电路正常工作时触发脉冲宽度应大于输出脉冲宽度。

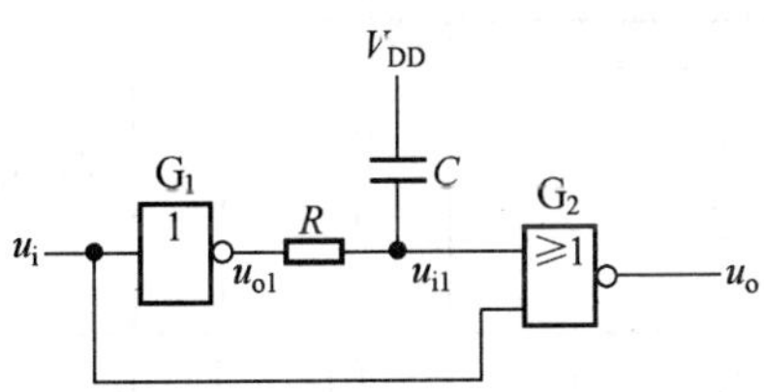

图 2.10.26　CMOS 积分型单稳态触发器

（二）集成单稳态触发器

1. 可重复触发的单稳态触发器

集成单稳态触发器根据电路及工作状态不同分为可重复触发和不可重复触发两种。不可重复触发的单稳态触发器在进入暂稳态后，无论输入端有无触发脉冲的作用，电路工作过程不受影响。也就是说，一旦电路进入暂稳态，输入信号便不再起作用。图 2.10.25、图 2.10.26 所示皆为不可重复触发的单稳态触发器。

而可重复触发的单稳态触发器在暂稳态期间，如有触发脉冲作用，则会被重复触发，使得暂稳态时间延长，直到最近的一个触发脉冲消失后再过 t_P 时间，电路恢复稳态。因此，采用可重复触发的单稳态触发器可方便的得到持续时间更长的输出脉冲宽度。

2. 集成单稳态触发器

（1）不可重复触发的单稳态触发器 74121。

74121 是一种典型的 TTL 型不可重复触发的集成单稳态触发器，有 1*A*、2*A* 和 *B* 三个输入端，稳态时输出 $Q=0$、$\bar{Q}=1$。图 2.10.27 是 74121 的引脚排列图，表 2.10.1 列出了 74121 的功能。结合图、表分析可知，74121 主要作用是实现边沿触发的控制，有 3 种触发方式：一是在 1*A* 或 2*A* 端用下降沿触发，这时要求另外两个输入端必须为高电平；二是 1*A* 与 2*A* 同时用下降沿触发，此时应保证 *B* 端为高电平；三是在 *B* 端用上升沿触发，此时应保证 1*A* 或 2*A* 中至少有一个是低电平。74121 具体使用时，可以通过选择输入端以决定上升沿触发或是下降沿触发。

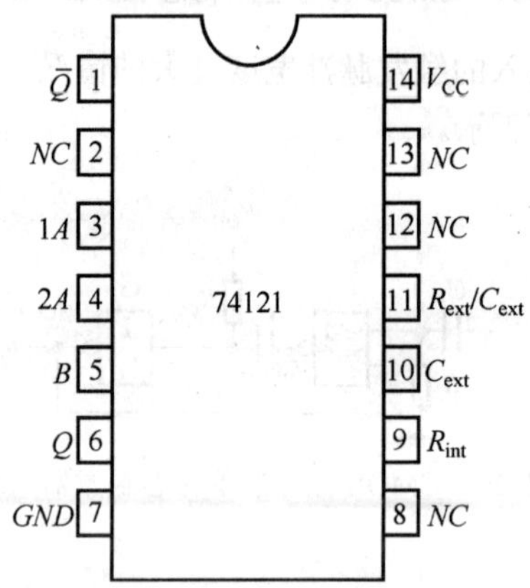

图 2.10.27　74121 引脚图

表 2.10.1　集成单稳态触发器 74121 功能表

输入			输出		工作特征
1*A*	2*A*	*B*	*Q*	$\bar{Q}$	
0	×	1	0	1	保持稳态
×	0	1	0	1	
×	×	0	0	1	
1	1	×	0	1	
1	↓	1	⊓	⊔	下降沿触发
↓	1	1	⊓	⊔	
↓	↓	1	⊓	⊔	
0	×	↑	⊓	⊔	上升沿触发
×	0	↑	⊓	⊔	

R_{ext} 是外接定时电阻和定时电容的连接端，外接定时电阻阻值一般在 1.4～40kΩ；C_{ext} 是外接定时电容的连接端，外接定时电容容量一般为 10pF～10μF。外接定时电容接在 C_{ext} 端和 R_{ext} 端之间。74121 内置一个 2kΩ定时电阻，R_{int} 是其引出端，使用时将 R_{int} 端接 V_{CC}，不用时将 R_{int} 端开路。74121 输出脉冲宽度 t_P 为

$$t_p \approx 0.7RC$$

（2）可重复触发的单稳态触发器 74123。

74123 具有重复触发功能，引脚如图 2.10.28 所示。74123 对于输入触发脉冲的要求和 74121 基本相同，只是在电路中加入复位端 $\bar{R}_D$，低电平有效，在此不再赘述。

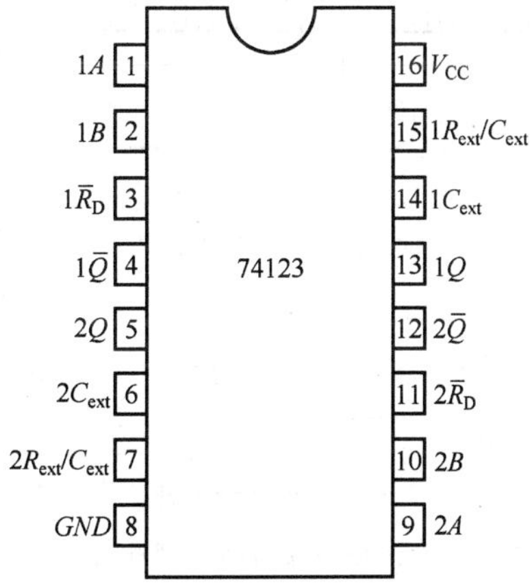

图 2.10.28　74123 引脚排列图

除上述的两种产品外，TTL 集成单稳态触发器中还有 74221、74122 等，其中 74121、74221 是不可重复触发的单稳态触发器，74122、74123 是可重复触发的单稳态触发器。MC14528 是 CMOS 集成单稳态触发器中的典型产品，是可重复触发的单稳态触发器。74221、74122、74123、MC14528 等产品均设有复位清零端。

【扩展应用】

（一）单稳态延时电路

数字电路中经常需要将某一信号进行延时，以实现时序控制。利用单稳态触发器的暂稳态输出特性，可以很方便的形成这种脉冲延时。如图 2.10.29 所示，u_{o1} 的下降沿就比 u_i 的下降沿滞后了 t_P。

（二）单稳态定时电路

单稳态触发器能够产生一定宽度的矩形脉冲，在数字电路中常用它来控制其他一些电路在这个脉冲宽度时间 t_P 内动作或不动作，达到定时的作用。如图 2.10.29 所示，当 $u_{o1}=1$ 时，与门打开，$u_o = u_{i1}$，实现定时输出。与门受 u_{o1} 控制而打开的时间是不变的，就是单稳态触发器输出脉冲的宽度 t_P。

（三）硬件看门狗

所谓“看门狗”只是形象的说法，其实就是计算机控制系统中一个相对独立的失脉冲检测电路，英文名为 Watchdog Timer，简称 WDT。它是可重复触发单稳态触发器的典型应用。图 2.10.30 所示是用看门狗检测 CPU 的运行示意图。

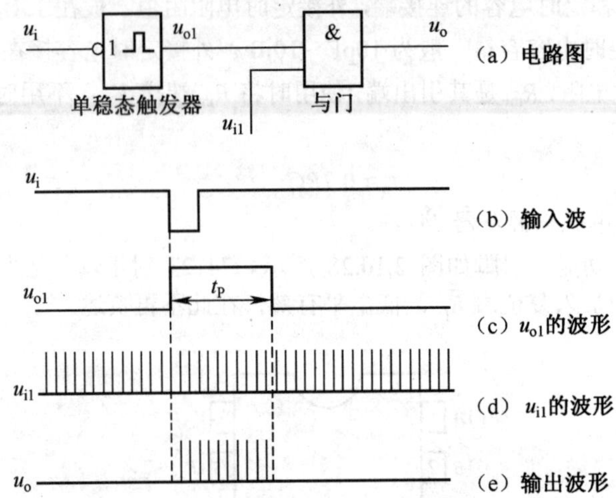

图 2.10.29　单稳态触发器用于脉冲延时及定时选通

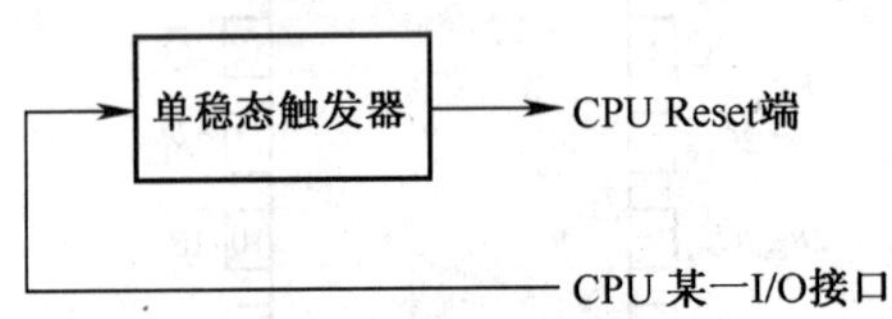

图 2.10.30　单稳态触发器用作硬件看门狗示意图

假设 Reset 端低电平有效。当 CPU 正常工作时，触发信号自 I/O 接口规则发出，单稳态触发器被不断的重复触发，始终处于暂稳态，持续输出高电平。一旦出现故障，丢失了若干个触发脉冲或者触发频率降低，使触发信号的间隔大于了暂态时间，单稳态触发器将恢复到稳态，输出低电平使 CPU 重启，以起到保护作用。

看门狗电路也可通过计数器硬件实现，或者利用软件编程实现。目前，这种失脉冲检测装置应用广泛，如在医疗仪器中监视病人心跳，在电力系统中监控发电机组的转速等。

项目十一　模/数与数/模转换电路

一、模/数转换电路

【案例导入】　热敏电阻温度计

图 2.11.1 所示为一数字式电阻温度计的原理框图。该电路的主要作用是把热敏电阻两端连续变化的电压值经过一定的处理，转换为数字信号，然后经过数字电路（微处理器）的计算得到温度值，再进行显示处理。

随着数字电子技术的迅速发展，用数字系统处理模拟信号的情况越来越多，最常见的如利用数字电视、计算机、手机等数字终端设备对语音信号和图像信号的处理。在各类控制系统中，传感器检测的信号是模拟信号，如电流、电压、温度、声音、图像等。如果用计算机处理这些物理量，必须先将模拟量转换成数字量才能被计算机运算或处理。在电子技术中，将模拟量转换成数字量的电路叫做模/数（A/D）转换电路，简称 ADC。另外，数字系统处理的数字信号通常也需要转换成模拟信号输出，如数字电视、手机输出的语音、图像等信号。实现将数字量转换成模拟量的电路叫做数/模（D/A）转换电路，简称 DAC。

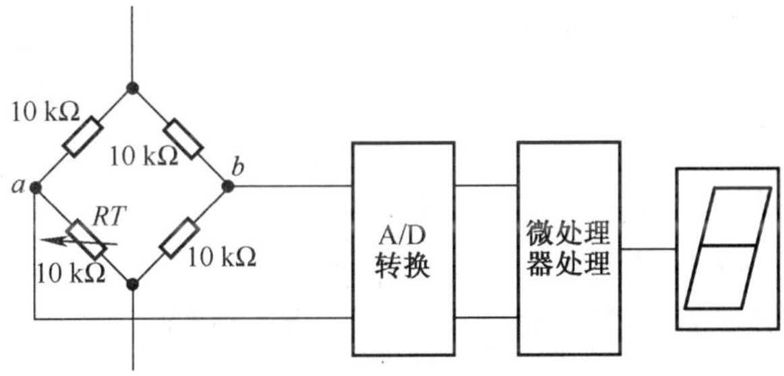

图 2.11.1 热敏电阻温度计框图

在本节案例中，模拟信号（温度）的采集采用了热敏电阻，热敏电阻是一种新型半导体感温元件。由于它具有灵敏度高、体积小、重量轻、热惯性小、寿命长以及价格便宜等优点，因此应用非常广泛。它具有负的电阻温度特性，当温度升高时，电阻值减小，利用此特性，给热敏电阻以恒定的电流，测量电阻两端就得到一个电压，然后用预设公式可以求得温度，这样就能把电阻随温度变化的关系转化为电压随温度变化的关系。此时得到的电压是连续变化的模拟量，要将其用数字显示出来，必须要经过模拟量到数字量的转换，这是数字显示的核心部分。具体工作过程如下：

（1）温度的采集。热敏电阻 *RT* 与普通电阻组成电阻桥，正常状态下，*a* 点与 *b* 点电位相同，当温度变化时，热敏电阻 *RT* 的阻值发生变化，使 *a*、*b* 两点间电压发生变化，电压的变化量与温度之间的关系可以由公式计算。

（2）模数转换。电压变化量是模拟量，而要送往微处理器处理并显示，需要将模拟量转换为数字量。A/D 转换器的任务是将输入的模拟信号电压转换为输出的数字信号。A/D 转换的过程是首先对输入的模拟电压信号取样，然后进入保持时间。在这段时间内将取样的电压量化为数字量，按一定的编码方式输出转换结果。完成这样的一次转换后重新开始下一次取样，进行新一轮的转换。在本节案例中可选用的 A/D 转换器集成电路如 ADC0809、AD574A 等。

（3）数据处理及 LED 显示。通过单片机系统编程对采集到的数据进行处理，并送往 LED 显示器进行显示。

【知识链接】

（一）A/D 转换的主要参数指标

1. 分辨率与量化误差

A/D 转换器的分辨率用输出的二进制位数表示，位数越多，误差越小，转换精度越高。如输入模拟量的变化范围为 0～5V 时，若采用 8 位 A/D 转换器转换，则可分辨最小模拟电压为 $5V/2^8 \approx 19.5mV$；若采用 12 位 A/D 转换器转换，则可分辨最小模拟电压为 $5V/2^{12} \approx 1.22mV$。

量化误差与分辨率密切相关，误差大小取决于量化单位的选取，量化单位越小，量化误差越小。

2. 相对精度

相对精度是指 A/D 转换器实际输出的数字量与理论输出数字量间的差值，误差的来源主要有量化误差、零位误差、增益误差和非线性误差等。

3. 转换速度

转换速度是指 A/D 转换器完成一次转换所需要的时间，即从转换开始到输出稳定的数字量所需要的时间。A/D 转换器的转换速度主要取决于电路的类型。按照转换原理分类，A/D 转换器主要有并联比较型、逐次逼近型和双积分型。其中，并联比较型转换速度最高，约为几十纳秒；逐次逼近型 A/D 转换器速度次之，约为几十微秒；双积分型 A/D 转换器速度最慢，约为几十毫秒。

（二）A/D 转换的主要技术

1. 并联比较型 ADC

图 2.11.2 所示是一个 3 位并联比较型 A/D 转换电路原理图，它主要由电阻分压器、电压比较器、D 触发器和 3 位二进制编码电路组成。U_{REF} 是基准点电压（或参考电压），u_i 是模拟输入电压，其幅值在 0～U_{REF} 之间，$D_2D_1D_0$ 是编码器输出的 3 位二进制编码。

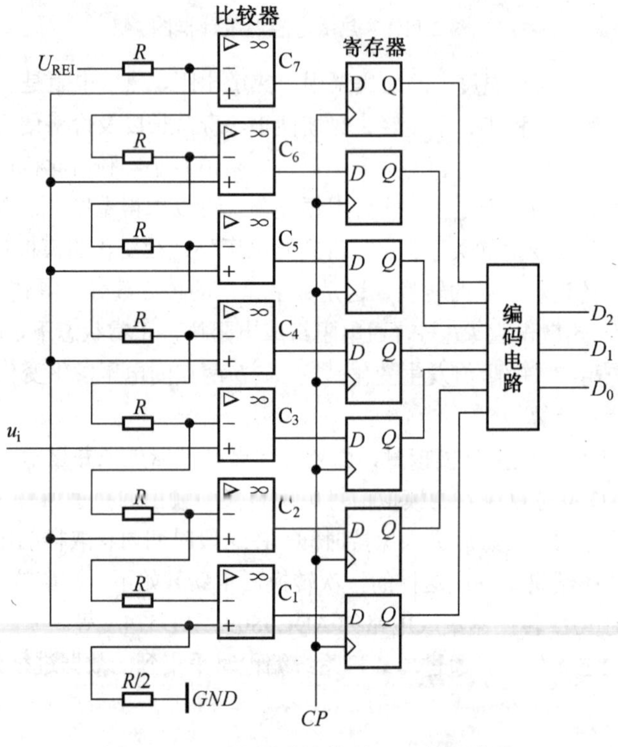

图 2.11.2　3 位并联比较型 A/D 转换电路

电阻分压器将基准电压 U_{REF} 分为 8 个等级，自下而上依次为 1/15 U_{REF}、3/15 U_{REF}、…、13/15 U_{REF}、U_{REF}。其中 7 个等级的电压依次接到电压比较器 C_1～C_7 的反相输入端，作为电压比较器的参考电压，输入的模拟信号 u_i 分别接到电压比较器的同相输入端，与反相端的参考电压比较。当输入的模拟电压 u_i 高于反相端的参考电压时，电压比较器输出高电平 1，反之，输出低电平 0。对于输入模拟电压 u_I 的不同值，各电压比较器的输出状态见表 2.11.1 所示（1 为高电平，0 为低电平）。

电压比较器的输出送到 D 触发器锁存，由 D 触发器送到编码电路进行编码，产生 3 位二进制编码如表 2.11.1 所示。

表 2.11.1 并联比较型 A/D 转换电路真值表

u_i	C_7	C_6	C_5	C_4	C_3	C_2	C_1	D_2	D_1	D_0
$0 < u_i \leqslant U_{REF}/15$	0	0	0	0	0	0	0	0	0	0
$U_{REF}/15 < u_i \leqslant 3U_{REF}/15$	0	0	0	0	0	0	1	0	0	1
$3U_{REF}/15 < u_i \leqslant 5U_{REF}/15$	0	0	0	0	0	1	1	0	1	0
$5U_{REF}/15 < u_i \leqslant 7U_{REF}/15$	0	0	0	0	1	1	1	0	1	1
$7U_{REF}/15 < u_i \leqslant 9U_{REF}/15$	0	0	0	1	1	1	1	1	0	0
$9U_{REF}/15 < u_i \leqslant 11U_{REF}/15$	0	0	1	1	1	1	1	1	0	1
$11U_{REF}/15 < u_i \leqslant 13U_{REF}/15$	0	1	1	1	1	1	1	1	1	0
$13U_{REF}/15 < u_i \leqslant U_{REF}$	1	1	1	1	1	1	1	1	1	1

为防止输入的模拟电压 $u_i > U_{REF}$ 时，输出的二进制码都是 111，所以参考电压 U_{REF} 不能小于输入的模拟电压 u_i 的最大值，即 $U_{REF} \geqslant u_{imax}$。一般取 U_{REF} 等于或略大于 u_{imax}。

并联比较型 A/D 转换电路转换速度极快，是各种 A/D 转换电路中最快的一种，但随着量化级的增多，分压电阻、电压比较器、触发器编码电路等都要增多，电路的复杂程度也随之提高，对制造工艺和精度要求较高。

2. 逐次逼近型 ADC

逐次逼近型 A/D 转换电路的转换过程类似于用天平称物体的质量。称量时，天平左端放置被称物体，然后大体估测物体质量并在右端放置相近的砝码，观察天平，若砝码质量大于物体，则将砝码去掉，更换小砝码；若砝码质量小于物体，则保留砝码，并再添加小砝码，直至秤出物体质量。例如，设物体质量 13g，砝码质量分别为 8g、4g、2g、1g，称量过程如表 2.11.2 所示。如果砝码保留用 1 表示，去掉用 0 表示，则被称物体质量可表示为二进制数 1101。

表 2.11.2 逐次逼近称物体的过程

顺序	砝码（克）	比较	砝码去留	二进制表示
1	8	8<13	留	1
2	4	12<13	留	1
3	2	14<13	去	0
4	1	13=13	留	1

图 2.11.3 是逐次逼近型 A/D 转换电路的原理框图。主要由逐次逼近型寄存器组、D/A 转换器、电压比较器及逻辑控制电路组成。

转换开始时，在第一个启动脉冲 CP 作用下，将寄存器组清零，同时逻辑控制电路将寄存器组的最高位置 1，其余位置 0，即寄存器组输出 10000000，该数字量加到 D/A 转换器，被 D/A 转换器转换为模拟电压 u_o，加到电压比较器的反相输入端。然后 u_o 与模拟输入电压 u_i 经电压比较器比较。若 $u_i \geqslant u_o$，则电压比较器输出为 1，经逻辑控制电路使寄存器组最高位的 1 保留（最高位寄存器置 1）；若 $u_i \leqslant u_o$，则电压比较器输出为 0，经逻辑控制电路使寄存器组最高位的 1 去掉（寄存器置 0），完成第一次比较。当第二个启动脉冲 CP 到来时，通过逻辑控制电路将寄存器组次高位置 1，然后重复上述过程，依次进行 D/A 转换和比较，直到寄存器组的最低位比较完毕。最后，寄存器组寄存的各位数据经数据缓冲寄存器输出，完成 A/D 转换过程。

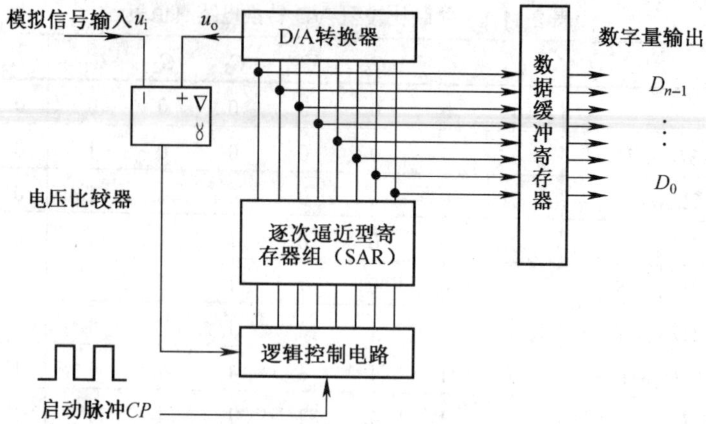

图 2.11.3　逐次逼近型 A/D 转换电路原理图

逐次逼近型 A/D 转换电路的转换速度介于并联比较型 ADC 和双积分型 ADC 之间(一般为 1～100μs)，转换时间固定，不随输入信号的变化而变化，电路成本低，被广泛采用。

3．双积分型 A/D 转换电路

双积分型 A/D 转换电路的工作原理如图 2.11.4 所示，工作波形如图 2.11.5 所示。其转换过程主要包括两次积分。第一次是对输入的模拟电压 u_i，第二次是对参考电压$-U_{REF}$进行反向积分，第二次积分所需要的时间 T_2 反映了输入模拟信号 u_i 的大小。

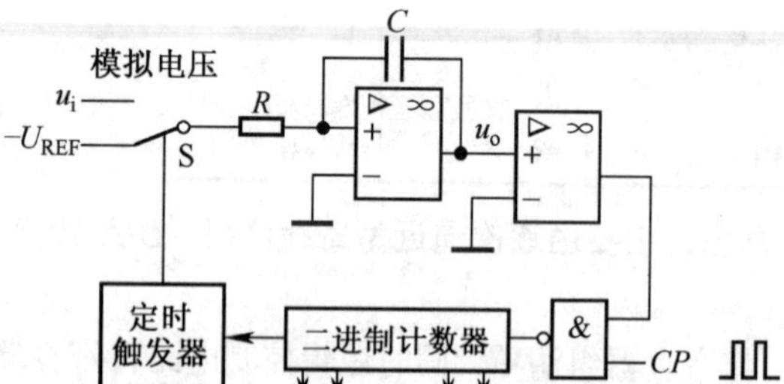

图 2.11.4　双积分 A/D 转换原理图

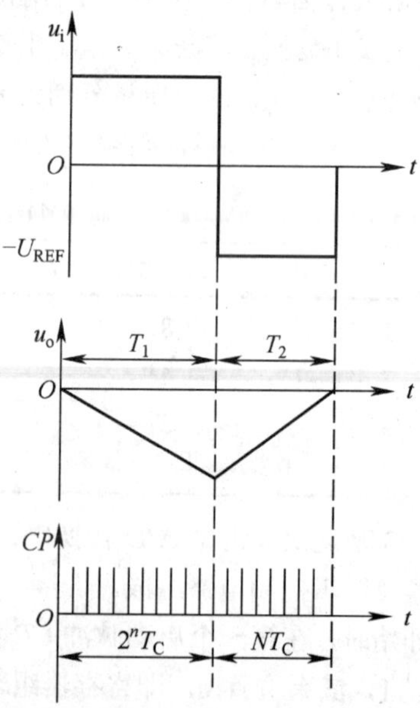

图 2.11.5　双积分 A/D 转换器工作波形图

转换开始时，逻辑控制电路控制模拟电子开关 S 将模拟信号 u_I 接入积分器。积分器从零开始对 u_i 积分，u_i 经电阻 R 对电容 C 充电，积分器输出由 0 变负，经比较器后输出高电平 1，将与非逻辑门打开，二进制计数器开始对输入的 CP 脉冲计数。当计数到 2^n 时计数器产生进位脉冲，使定时触发器反转为高电位 1，控制模拟电子开关切换到参考电压$-U_{REF}$端，第一次积分结束。第一次

积分时间为 T_1，可知 $T_1=2^n\times T_{CP}$（T_{CP} 为时钟脉冲周期），T_1 时间内积分器的输出电压为

$$u_o(t_1)=-\frac{1}{RC}\int_0^{T_1}u_i\mathrm{d}t=-\frac{T_1}{RC}u_i$$

第一次积分结束时，开关 S 接通参考电压 $-U_{REF}$，开始对 $-U_{REF}$ 积分，因 $-U_{REF}$ 与 u_i 极性相反，故第二次积分为反向积分。积分时，电容 C 放电，积分器输出电压 u_o 由反向最大值逐渐减小到 0，见图 2.11.5。由于 u_o 为负值，电压比较器输出仍为高电平 1，二进制计数器再次对输入的 CP 脉冲计数，直至电容放电完毕，积分器输出电压为 0，电压比较器的输出反转为低电平 0，计数器停止计数。设第二次计数值为 N，第二次积分时间 $T_2=NT_{CP}$。则 T_2 时间内积分器的输出电压为

$$\begin{aligned}u_o(t_2)&=u_o(t_1)-\frac{1}{RC}\int_0^{T_2}-U_{REF}\mathrm{d}t\\&=\frac{T_1}{RC}u_i-\frac{1}{RC}\int_0^{T_2}-U_{REF}\mathrm{d}t=-\frac{T_1}{RC}u_i+\frac{T_2}{RC}U_{REF}=0\end{aligned}$$

即
$$T_2=\frac{u_i}{U_{REF}}T_1$$

则计数值
$$N=\frac{2^n}{U_{REF}}u_i$$

分析上式可以看出，在第二次积分时间内，计数值 N 与输入的模拟电压 u_i 成正比。N 反映了 u_i 的变化，而 N 就是 A/D 转换电路输出的二进制码，从而实现了从模拟量到数字量的转换。

双积分型 A/D 转换电路的转换精度高，抗干扰能力强，但一次转换要经过两次积分，所以转换速度慢，常用于低速电路。数字式仪表大都采用这种 A/D 转换电路。

（三）常用 A/D 转换集成电路

1. ADC0809

ADC0809 是逐次逼近型 8 位 A/D 转换集成电路，其内部结构框图如图 2.11.6 所示，其引脚排列如图 2.11.7 所示。ADC0809 分辨率为 8 位，典型转换速度为 100μs，采用单一的+5V 电源供电，功耗 20mW。需要外接时钟，最大时钟频率为 640kHz。允许输入单极性模拟信号。片内带有三态门输出缓冲器，可直接与 CPU 总线接口，是目前采用比较广泛的芯片之一。主要用于对精度和采样速度要求不是很高的场合。

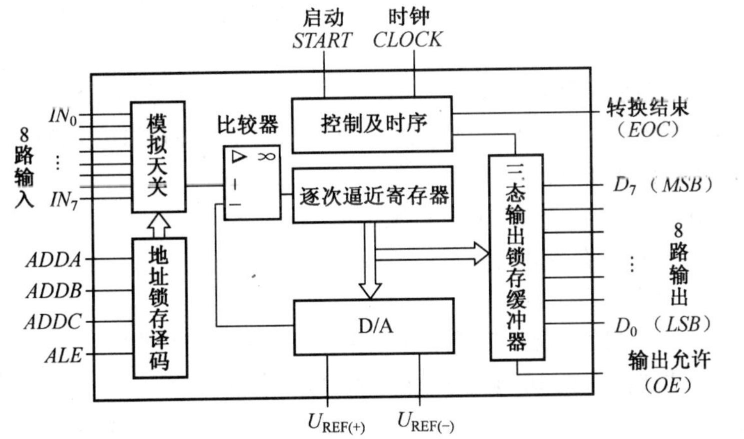

图 2.11.6　ADC0809 内部结构框图

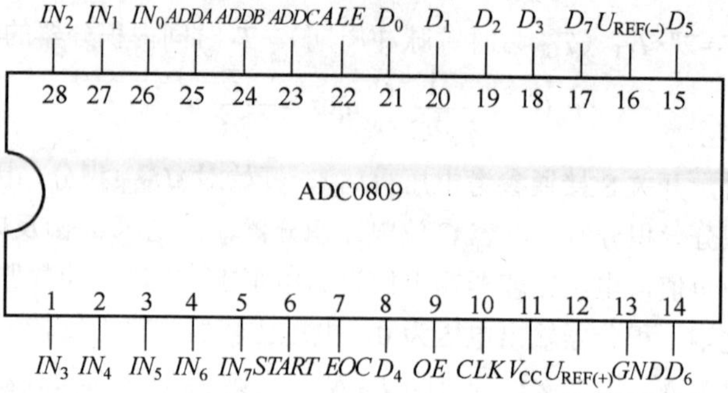

图 2.11.7　ADC0809 引脚排列

ADC0809 内部有 8 个受锁存器控制的模拟电子开关。地址锁存器输入地址由 3 个引脚 *ADDA*、*ADDB*、*ADDC* 控制，组成 3 位二进制地址，实现选择 8 路中的一路输入。ADC0809 内部的转换部分主要包括比较器、逐次逼近寄存器、D/A 转换器和三态输出缓冲寄存器。

ADC0809 主要引脚作用如下：

IN_0～IN_7：8 路模拟信号输入端，可通过 *ADDA*、*ADDB*、*ADDC* 三地址译码来选通一路输入。

D_0～D_7：8 位数据输出端，为三态输出，可直接和微机 CPU 数据线连接。

ADDA、*ADDB*、*ADDC*：3 位地址输入线，用于选通 8 路模拟输入中的一路。

COLOCK：外时钟输入端，最大为 640kHz。

START：A/D 转换启动脉冲输入端，芯片的每次转换靠启动脉冲启动。

ALE：地址锁存信号，高电平有效。当 *ALE* 端输入高电平时，输入地址锁存器的地址被锁存。使用时，可与 *START* 信号连在一起，以便同时锁存地址和 A/D 转换采样开始。

EOC：A/D 转换结束信号输出端。当转换结束时，*EOC* 端输出电平由低变高。

OE：允许信号输出控制端。高电平有效，当 *OE* 输入高电平时，三态缓冲门打开，将转换的结果输出。

2. AD574A

AD574A 是 12 位逐次逼近型 A/D 转换集成电路。其内部结构框图如图 2.11.8 所示。典型的转换速度为 25～35μs。片内设有时钟电路，无需加外部时钟。其运行方式灵活，既可进行 12 位转换，也可进行 8 位转换，还可先输出高 8 位后输出低 4 位。片内带有三态门输出缓冲器，可直接接 8 位、12 位的 CPU 总线接口。输入端可设置成单极性输入，也可设置成双极性输入，如图 2.11.9 所示。

AD574A 适用于对精度和速度要求较高的数据采集系统和实时控制系统。它有 6 种不同等级的芯片：AD574AJD、AD574AKD、AD574ALD、AD574AS、AD574ATD、AD574AUD 等。

AD574A 主要引脚作用如下：

DB_{11}～DB_0：（16～27 脚）12 位数据并行输出端。

$\overline{CS}$：片选信号，低电平有效。

CE：片使能端，高电平有效。

$R/\overline{C}$：读/启动转换信号输入端。高电平输出数据，低电平启动转换。

A_0：数据输出格式选择。A_0=0，12 位转换；A_0=1，8 位转换；

12/8：数据输出格式选择。12/8=1，12 位数据并行输出，12/8=0，高 8 位或低 4 位输出选择，当 A_0=0 时，先高 8 位后低 4 位，A_0=1 时，先低 4 位后高 8 位。

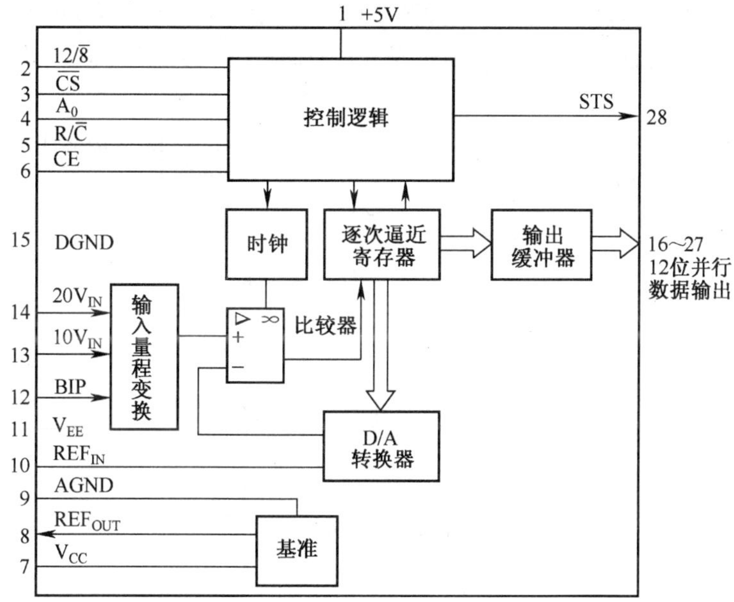

图 2.11.8　AD574A 内部结构框图

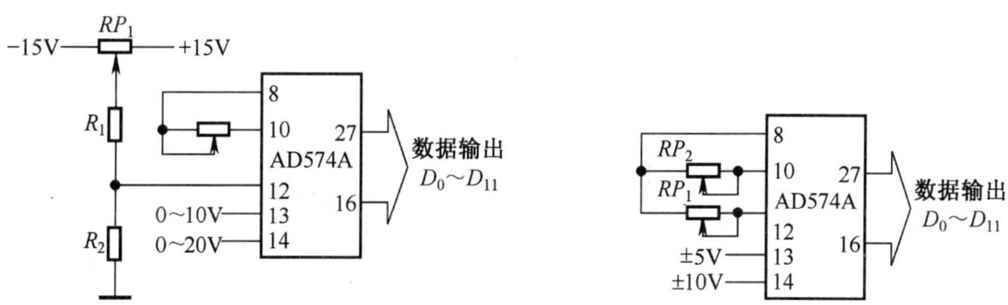

（a）单极性输入　　　　（b）双极性输入

图 2.11.9　AD574A 输入接线方式

STS：转换状态输出，转换过程中输出高电平，转换结束输出低电平。

$10V_{IN}$：模拟量输入端，输入范围 0～+10V，双极性工作方式时，输入范围-5～5V。

$20V_{IN}$：模拟量输入端，输入范围 0～+20V，双极性工作方式时，输入范围-10～+10V。

REF_{IN}：参考电压输入端。

REF_{OUT}：参考电压输出端。

BIP：此脚的连接方式决定单、双极性工作方式。

【扩展应用】

A/D 转换电路的作用是将随时间连续变化的模拟电量转换成相应的数字电量，其输出多为二进制编码，它是模拟系统与数字系统的接口电路。A/D 转换通常需经采样、保持、量化和编码 4 个过程。

（一）采样与保持

采样就是对模拟信号按一定的时间间隔读取样值的过程，即将随时间连续变化的模拟信号转换为在时间上断续、能反映模拟信号变化规律的一串脉冲信号。这些脉冲信号宽度相等，幅度等于采样时刻所对应的模拟信号电压。采样原理如图 2.11.10 所示。S 是一个模拟电子开关，其开关状态受控于采样脉冲 u_S, u_i 是输入的模拟信号，u_o 是采样后的输出信号。图 2.11.11 是采样工作波形。

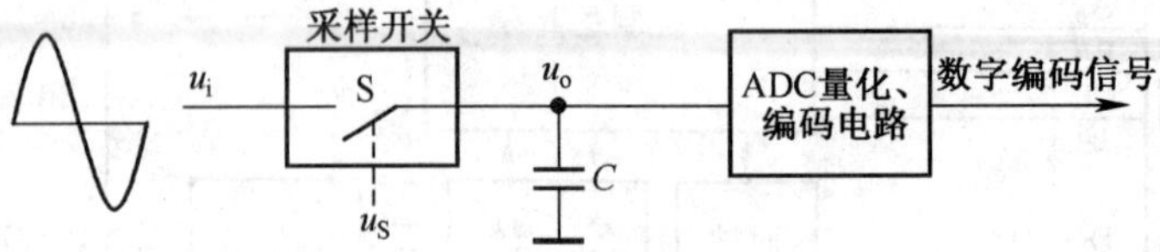

图 2.11.10　A/D 转换原理图

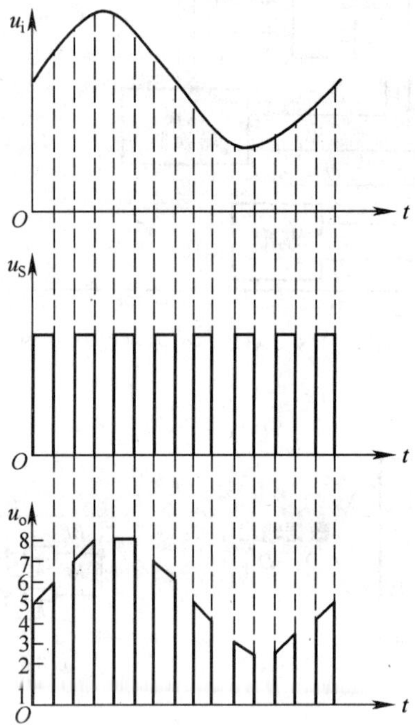

图 2.11.11　采样波形图

当采样脉冲到来时，u_S 为高电平，控制电子开关 S 闭合，在采样脉冲宽度 t_W 时间内，$u_o = u_i$；在 u_S 为低电平期间，开关 S 断开，$u_o=0$。u_S 由专用振荡器产生，当 u_S 按一定频率 f_S 变化时，输入的模拟信号 u_i 被转换为时间上断续的样值脉冲电压。显然采样频率 f_S 越高，采集到的样值脉冲电压越多，样值脉冲的包络线就越接近输入的模拟信号。但采样频率越高，形成的二进制编码位数就越多，给技术上实现带来一定困难，通常根据采样定理：采样频率 f_S 不小于输入模拟信号最高频率分量 f_{MAX} 的两倍即可达到满意的效果，即

$$f_S \geqslant 2f_{MAX} \tag{2.11.1}$$

由于将样值脉冲电压转换为数字信号时（量化、编码）需要一定的时间，这就要求采样后的样值脉冲应保持相应的一段时间，直到下一次采样开始。图 2.11.10 中的电容 C 为采样脉冲保持电容，其工作原理：在 u_S 为高电平期间，开关 S 闭合，u_i 对 C 充电，由于充电很快，使电容上的电压跟随输入电压的变化，即 $u_C=u_i$；在 $u_S=0$ 期间，开关 S 断开，由于电容无放电回路（电容后面的电路阻抗近似为无穷大），故电容上的电压保持不变。

（二）量化与编码

描述样值脉冲的幅度，首先要确定一个单位电压值，然后用单位电压值与每一个样值脉冲进行比较，取比较结果的整数倍表示样值脉冲电压幅度，这一过程就是量化。这里用作比较的单位电压值叫做量化单位，可用Δ表示。如果将量化的结果用二进制数码表示，就称为二进制编码，即完成模拟信号的数字化。

在图 2.11.11 中，若样值脉冲电压的最大幅度为 8V，当取量化单位Δ=1V 时，可将脉冲电压量化为 8 级，即量化级为 8，若采用 3 位二进制代码表示这些量化结果，则 0≤u_o<1V 的用 000 表示，1≤u_o<2V 的用 001 表示…7≤u_o<8V 的用 111 表示，这样就完成了样值脉冲的编码。

在上述量化过程中，由于样值脉冲电压的幅度不可能都是量化单位的整数倍，因此必然产生一定的量化误差，上述量化方案的量化误差Δ=1V。

另一种量化方案是取量化单位Δ=16/15V，如图 2.11.12 所示。1Δ=16/15V（001），2Δ=32/15（010）…7Δ=112/15（111），并将 0<u_o≤8/15V 的采样脉冲电压用二进制代码 000 表示，则 8/15<u_o≤24/15V 用 001 表示，24/15<u_o≤40/15V 用 010 表示……104/15<u_o≤120/15V 用 111 表示。显然，由于各量化级为Δ=16/15V 的整数倍，与各自对应的上下电平间最大差值为 8/15（如 2Δ=32/15，介于 24/15 和 40/15 之间），故这种方案的量化误差为Δ/2=8/15V，量化误差明显小于上一种方案，故被大多数 A/D 转换器采用。

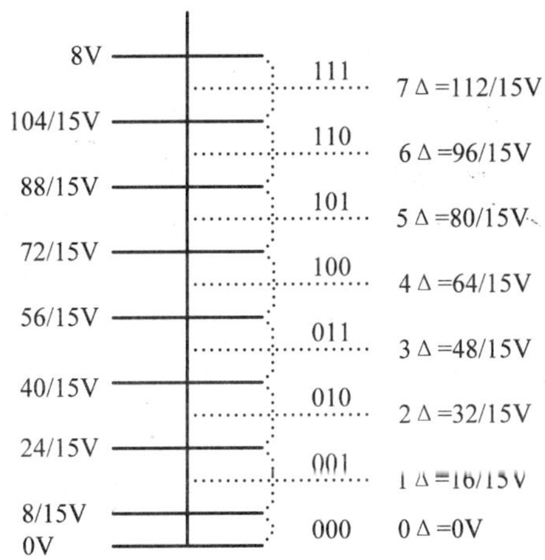

图 2.11.12　量化电平的划分

分析上述量化过程，无论如何划分量化电平，量化误差都不可能避免。量化级分得越多，量化误差越小，但编码时用的二进制位数就越多，A/D 转换电路越复杂，因此应根据实际情况选择量化级。例如，丽音数字伴音系统的量化级为 16348，采用 14 位二进制编码。

A/D 转换输出的数字量的最低有效位为一位，通常用 LSB 表示，它对应于输入模拟量的最小单位，即量化单位。A/D 转换输出的数字量的最高有效位用 MSB 表示。

二、数/模转换电路

【案例导入】　数控直流电源

图 2.11.13 所示为一数控直流电源的原理框图。鉴于完整电路较为复杂，在此只列出数控电源

控制器部分的框图。该电路的主要作用是将代表一定电压值的数字量转换成相应的模拟电压值并驱动输出。

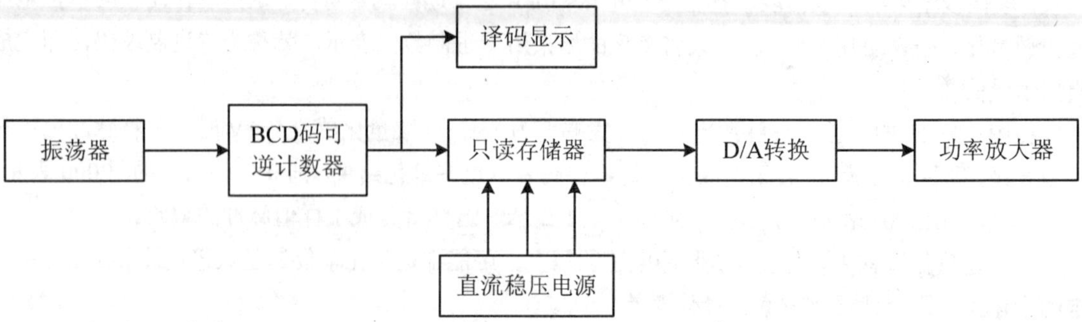

图 2.11.13　简易数控直流电源

具体工作过程如下：

1. 振荡器

设计振荡器电路的出发点是简单和实用，为此选用了 CMOS 六反相器 CD4069 来组成振荡器电路。此电路的优点是低功耗，也是数字系统中常用的器件。这里用了 CD4069 的两个反相器构成振荡器，未占用的 4 个反相器可作其他用途。

2. 两级 BCD 码计数器

这是整个电路的控制部分，主要用来产生电压控制码。而每一位控制码和电压值，可以通过 EPROM 设定成一个对应的关系。这里采用了两片 74LS192 十进制计数器，它可以提供 100 个状态。用一个寄存器指示符号位，用另一个寄存器记忆递增或递减的模式，这样可以满足从-9.9～0V、0～+9.9V 的任意递增或递减可控制的信号输出。

电源在实际使用时，负载所要承受的电压都是在一定范围内的，因而，计数器不允许有从 0V 到 9.9V 的跳变和从 9.9V 到 0V 的跳变，这是电源安全供电最起码的要求。因而设置了 9.9V 和 0V 的锁定，即状态 99 只能进行减法计数，状态 0 只能进行加法计数，以确保安全。

3. 计数器控制

电压能够通过加减键递增或递减，本电路利用 TTL 逻辑门电路及触发器构成计数器，完成电路的数控部分。

4. 电压显示

由于采用了两级 BCD 码计数器，而且计数器输出仅仅代表电压值的代码，而不代表具体电压，可以直接采用两片 7447 作为静态显示，小数点接地而使其常亮。另用一块 LED 来显示符号位，符号位可以直接来自计数器的输出而无需译码。

5. D/A 转换电路及基准源

这里 D/A 转换的作用是把代表一定电压的数字量转换成相应的模拟电压值，可以选用低价格的通用 D/A 转换器 DAC0832。在电源工作中，特别是低电压输出时，电压的漂移会烧掉后级，所以必须要有稳定的基准电压。在此可采用精密基准源 LM399。LM399 是一种固定基准源，因而采用低漂移运算放大器 CF356 作为电压调整以提供需要的电源。本节案例可选取的集成电路如 DAC0832 等。

6. 直流稳压电源

在这里选用 LM317/337 构成稳压器。

【知识链接】

（一）D/A 转换的主要参数指标

1. 分辨率

分辨率是指 D/A 转换器对输入最小变化量的敏感程度。通常用最小输出电压与最大输出电压之比表示。例如在 10 位的 D/A 转换器中，分辨率为

$$\frac{1}{2^{10}-1}=\frac{1}{1023}\approx 0.001$$

显然，分辨率与 D/A 转换器的位数有关，位数越多，最小输出电压的变化量就越小，分辨率就越高。

分辨率也可用输入二进制数的位数表示。如 8 位 D/A 转换器的分辨率为 8。

2. 转换精度

D/A 转换器的转换精度是指经数字量转换成模拟量的精确度，即实际输出的模拟电压与理论输出的模拟电压的偏差。通常影响转换精度的因素主要包括、转换器的位数、增益误差、零点误差和噪声等。

3. 转换时间

转换时间是指 D/A 转换器从输入数字信号开始，到输出稳定的模拟电压所需要的时间。它是反映 D/A 转换器工作速度的指标。

（二）常用 D/A 转换集成电路

本节介绍通用 D/A 转换器 DAC0832。DAC0832 是美国国家半导体公司生产的 8 位电流输出型 D/A 转换芯片，其内部结构框图如图 2.11.14 所示。该芯片内部输入端接一个 8 位输入锁存器，可直接与 CPU 的数据线连接。锁存器的工作状态受 $\overline{LE_1}$ 控制，当 $\overline{LE_1}$ 为高电平时，8 位输入锁存器的输出跟随输入信号变化，当 $\overline{LE_1}$ 为低电平时，输入数据被锁存。同理，8 位 DAC 寄存器的工作状态受 $\overline{LE_2}$ 控制。DAC0832 的外部引脚如图 2.11.15 所示。

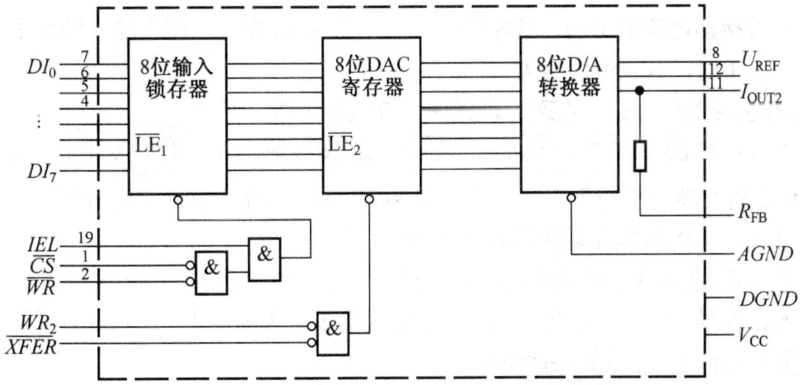

图 2.11.14 DAC0832 内部结构图

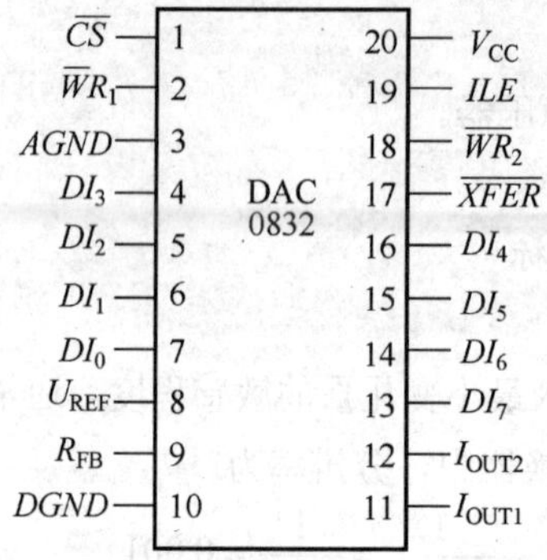

图 2.11.15　DAC0832 外部引脚排列

各引脚功能如下：

$DI_0 \sim DI_7$：数据输入端。

$\overline{CS}$：片选端，低电平有效。

$\overline{WR}_1$：D/A 转换器数据写入控制信号，低电平有效。

ILE：锁存器允许输入控制信号，高电平有效。当$\overline{CS}$、$\overline{WR}_1$ 均为低电平时，$\overline{LE}_1$ 为高电平，允许 8 位输入寄存器输入信号，即 8 位输入寄存器的输出跟随输入信号变化。当$\overline{WR}_1$ 由低变高时，输入寄存器锁存数据。

$\overline{XFER}$：传送控制信号，低电平有效。当$\overline{XFER}$为低电平时，允许 8 位输入锁存器向 8 位 DAC 寄存器传送数据。

$\overline{WR}_2$：DAC 寄存器的选通信号，低电平有效，当$\overline{XFER}$和$\overline{WR}_2$同时为低电平时，8 位 DAC 寄存器传送数据，并同时启动一次 D/A 转换。当$\overline{WR}_2$为高电平时，DAC 寄存器锁存数据。

U_{REF}：参考电压输入端，其范围可在-10～+10V 之间选定。

$AGND$：模拟信号地。

$DGND$：数字信号地。

R_{FB}：内部反馈电阻引脚，外接 D/A 转换器输出增益调整电位器。

I_{OUT1}：D/A 转换器电流输出端，当输入的数字全为 1 时，其电流值最大；全为 0 时，其电流值最小。

I_{OUT2}：D/A 转换器电流输出端，其输出电流大小与 I_{OUT1} 相反，即当输入的数字全为 1 时，其电流值最小；全为 1 时，其电流值最大。

DAC0832 有 3 种工作方式：直通、单缓冲、双缓冲工作方式。

直通工作方式：将$\overline{CS}$、$\overline{WR}_1$、$\overline{WR}_2$和$\overline{XFER}$的引脚接地，ILE 引脚接高电平时，8 位输入寄存器和 8 位 DAC 寄存器均工作于直通状态，即 DAC0832 工作于直通工作方式。$DI_7 \sim DI_0$ 端输入的 8 位数字信号可直接送到 D/A 转换器进行转换。

单缓冲工作方式：此方式是使两个寄存器中任一个处于直通状态，另一个工作于受控锁存状态。通常使 8 位输入锁存器工作于锁存状态，即$\overline{WR}_1$由低电平变为高电平；DAC 寄存器处于直通状态，即$\overline{WR}_2$和$\overline{XFER}$均为低电平，$\overline{LE}_2$ 为高电平。

双缓冲工作方式：此方式是使两个寄存器分别工作于锁存状态，可以在 D/A 转换的同时，进行下一数据的接收，即实现数据接收和启动转换异步进行，以提高转换速度。

DAC0832 为电流输出型，当需要电压形式输出时，将 I_{OUT1} 端和 I_{OUT2} 端分别接运算放大器的反相端和同相端。根据输出电压极性的不同，DAC0832 可设计成单极性输出和双极性输出两种电路形式。图 2.11.16 是单极性输出电路。当参考电压 U_{REF} 接+10V 时，其输出电压的最大范围为 0～10V；当 U_{REF} 接−10V 时，其输出电压的最大范围为 0～−10V。图 2.11.17 所示是双极性输出电路。第一个运放输出为单极性电压，第二个运放输出为双极性电压。即当第一个运放输出为 u_o 时，第二个运放输出为±u_o。

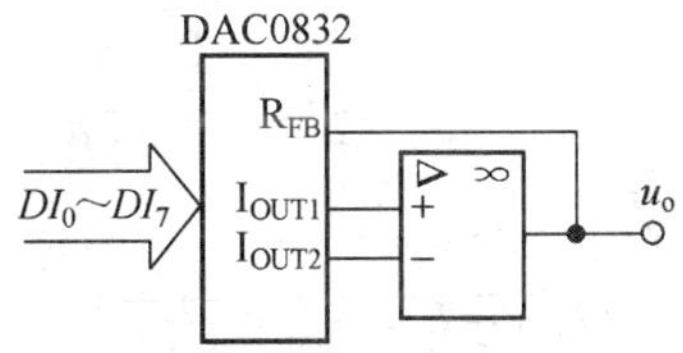

图 2.11.16　单极性输出电路

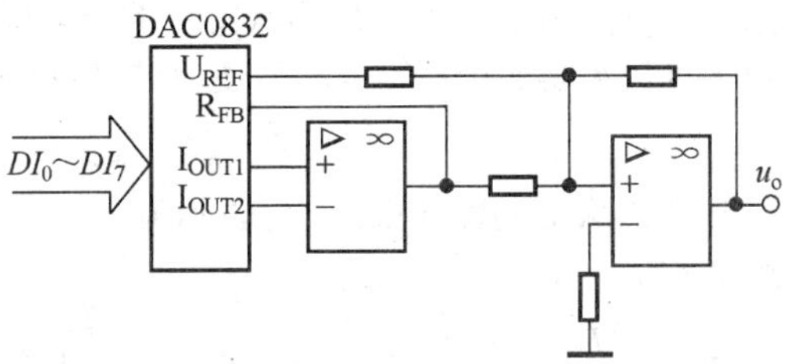

图 2.11.17　双极性输出电路

【扩展应用】 数/模转换的基本原理

D/A 转换是指将数字量转换成模拟量的过程。使转换的模拟量（电压、电流）与参考量（电压、电流）及二进制数成比例。一般来说，可用下式表示为

$$U_o=KU_{REF}D \tag{2.11.2}$$

式（2.11.1）中：u_o 为模拟量输出；K 为比例系数；U_{REF} 为参考电压或电流；D 为待转换的二进制数码。通常 D 为 8 位或 12 位二进制代码。

实现 D/A 转换的电路很多，但比较常用的是电阻网络 D/A 转换电路。电阻网络 D/A 转换电路包括权电阻网络和 T 型电阻网络两种。权电阻网络由于需要多种不同阻值的电阻，且随着二进制位数的增多，电阻数也增多，不利于集成电路的实现，故在实际应用中广泛采用 T 型电阻网络。

图 2.11.18 所示是一个四级 T 型电阻网络。由两个 R 电阻和一个 $2R$ 电阻组成一个 T 型电阻网络，从图中 AA' 端左侧向右看去的并联电阻为 R，且由 BB' 端、CC' 端、DD' 端向右看去的并联电阻都是 R。因此电路中的总电流和支路电流分别为

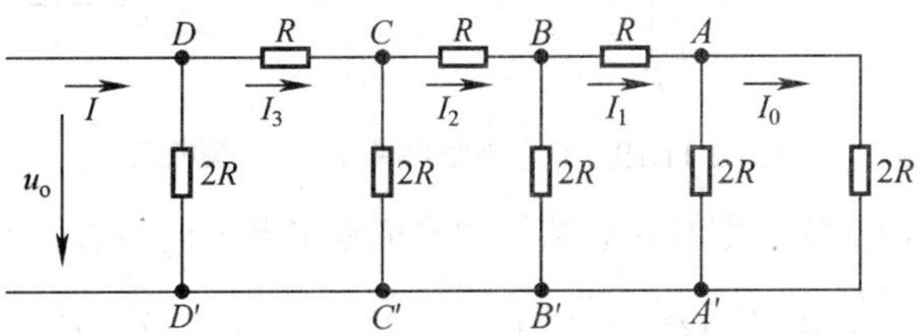

图 2.11.18　T 型电阻网络

$$I=\frac{u_o}{R}$$

$$I_3=\frac{1}{2}I=\frac{u_o}{2R}$$

$$I_2=\frac{1}{2}I_3=\frac{1}{2}\times\frac{u_o}{2R}$$

$$I_1=\frac{1}{2}I_2=\frac{1}{2^2}\times\frac{u_o}{2R}$$

$$I_0=\frac{1}{2}I_1=\frac{1}{2^3}\times\frac{u_o}{2R}$$

若是 n 级 T 型电阻网络，则 I_0 为

$$I_0=\frac{1}{2}I_1=\frac{1}{2^{n-1}}\times\frac{u_0}{2R}$$

图 2.11.19 所示是一个输入数字量为 4 位 T 型电阻网络 D/A 转换电路。D_3～D_0 表示 4 位二进制数输入信号，S_0～S_3 是 4 个模拟电子开关，其开关转换状态受控于 4 位二进制数输入信号的电平，如：当 D_3=1 时，开关 S_3 接到运算放大器的反相输入端，使通过电阻 2R 的电流 I_3 流向运算放大器反相输入端，经 R_F 到负载。当 D_3=1 时，开关 S_3 接到运算放大器的同相输入端，使电流 I_3 流向运算放大器同相端到地。因此，运算放大器的输入电流 i 可表示为

$$\begin{aligned}i&=I_3\cdot D_3+I_2\cdot D_2+I_1\cdot D_1+I_0D_0\\&=\frac{U_{REF}}{2R}\cdot D_3+\frac{1}{2}\cdot\frac{U_{REF}}{2R}\cdot D_2+\frac{1}{2^2}\cdot\frac{U_{REF}}{2R}\cdot D_1+\frac{1}{2^3}\cdot\frac{U_{REF}}{2R}\cdot D_0\\&=\frac{U_{REF}}{2^4R}(D_3\cdot 2^3+D_2\cdot 2^2+D_1\cdot 2^1+D_0\cdot 2^0)\end{aligned}$$

由于图 2.11.19 中运算放大器连接成反相输入形式，其模拟输出电压 u_o 可表示为

$$u_o=-iR_F=-i_FR_F=-\frac{U_{REF}}{2^4}\cdot\frac{R_F}{R}(D_3\cdot 2^3+D_2\cdot 2^2+D_1\cdot 2^1+D_0\cdot 2^0)$$

上式表明，模拟输出电压 u_o 与输入的二进制数字信号 D_3～D_0 的位权成正比，即实现了 D/A 转换过程。

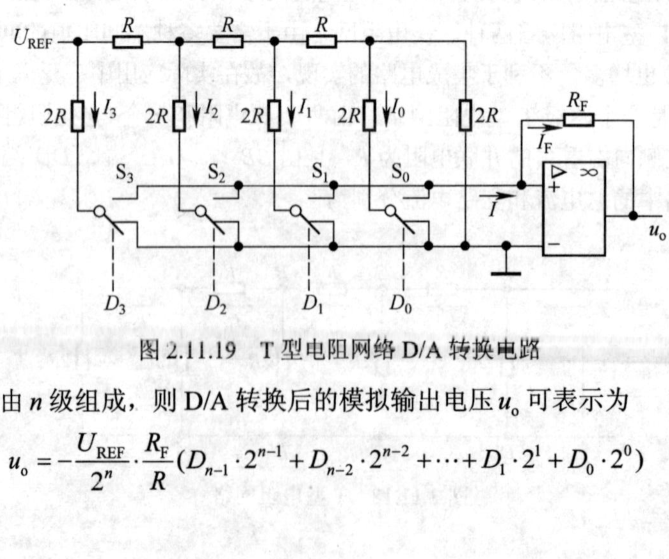

图 2.11.19　T 型电阻网络 D/A 转换电路

如果电阻网络由 n 级组成，则 D/A 转换后的模拟输出电压 u_o 可表示为

$$u_o=-\frac{U_{REF}}{2^n}\cdot\frac{R_F}{R}(D_{n-1}\cdot 2^{n-1}+D_{n-2}\cdot 2^{n-2}+\cdots+D_1\cdot 2^1+D_0\cdot 2^0)$$

若取 $R_F = R$，则 D/A 转换后的模拟输出电压 u_o 可表示为

$$u_o = -\frac{U_{REF}}{2^n}(D_{n-1}\cdot 2^{n-1} + D_{n-2}\cdot 2^{n-2} + \cdots + D_1\cdot 2^1 + D_0\cdot 2^0)$$

项目十二　半导体存储器

一、只读存储器（ROM）

【案例导入】 音乐门铃

自然界的声音是稍纵即逝的，人类曾殚精竭虑去保留存储它们，以便可在任何需要的时候播放出来。这种留声的媒介曾经有过黑胶唱片、胶片、磁带、激光唱片等。然而，这些媒介都需要精密复杂的机械传动装置来配合播放，并且大多体积较大，控制不够灵活，使用寿命有限。

在数字技术高度发达的当下，人类终于可以采用无任何机械辅助装置的半导体存储电路去完成语音信号的存储和还原。此类集成电路称语音集成电路，下面介绍一款用语音集成电路制作的音乐门铃，客人来访时，按一下按钮，门铃就会奏出音乐。电路图如图 2.12.1 所示。

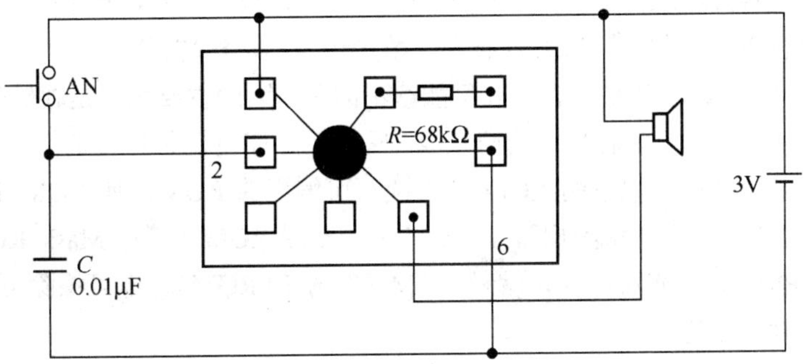

图 2.12.1　音乐门铃电路图

该电路的核心器件是一块音乐集成电路，型号为 HY-1，其内部已经集成了振荡器、存储器、控制器和放大器等元件。当触发端脚 2 受到正脉冲触发时，电路的内存乐曲即被读出。由于它的输出功率较大，可以直接驱动扬声器。

图 2.12.1 中的 R 是外接振荡电阻，其直接焊接在 IC 芯片上。调节该电阻的阻值大小可调节乐曲的演奏速率，即改变乐曲鸣奏时间的长短。C 是防干扰电容，可采用 0.01μF 磁片电容，安装时可直接焊在芯片的引脚 2、6 间。HY-1 集成电路触发灵敏度较高，当电铃按线引线过长，且与室内 220V 交流电源线平行安装时，开关一次电灯或其他电器就会产生一个干扰脉冲，可能使门铃误触发（无人按动 AN）而自动奏曲。电容 C 的作用就是消除这种误触发。

电路额定电源为 3V，可用两节五号电池串联。由于芯片静态时耗电极微，两节五号电池一般可用 1 年左右。电路输出可选用 8Ω电动扬声器。

在实际工程应用中，类似的信息存储装置种类繁多，按照制造材料的不同可以分为半导体存储器、磁存储器、光存储器等。在案例中选用的半导体存储器，因其容量大、存取速度快、耗电少、体积小、成本低、可靠性高等一系列优点而得到广泛的应用，是数字系统中用于存储信息、程序、数据及中间结果的重要设备或器件。

半导体存储器按其信息存取方式来划分，又可分为只读存储器和随机存取储器。只读存储器简称为ROM（Read Only Memory），存入数据后不能用简单的方法修改，在工作时它的存储内容是固定不变的，只能从中读出信息，不能写入新的信息，并且它所存的信息在切断电源以后仍能保持不变，因此常用于存放固定程序、常用波形和常数等；随机存储器简称 RAM（Random Access Memory），在工作过程中随时可以将信息存入存储器，也可以随时读出存储器内原来的信息，而且这种读是非破坏性的，即读出信息后，存储器的内容不改变，除非写入新的信息，故在计算机中，主要用来存放各种现场的输入数据、输出数据、中间结果等，但断电后存储器的数据全部消失。

案例中的音乐门铃电路，其音乐芯片属于掩模生产的只能播放型，语音是制定好的，用户只能播放，不能更改。音乐被一次性的存储固化在芯片中，电路只需读出音乐便可完成其功能。显然，这种存储器属于前述的只读存储器（ROM）。此类音乐芯片产品可以分成两类：

1. 标准声源型

电子市场上可以买到的通用语音芯片，例如各种报警声，“倒车请注意”、“欢迎光临”等。此类大批量生产出来的标准品，价格非常便宜，是投资最少、见效最快的选择，但是包括语音的音调、音质、触发控制方式等均不能根据用户的使用情况做任何的变动。

2. 定制声源型

这是用户有自己特殊要求而专门制作生产的，需要经过设计开发，制作样片，确认样品，如公交报站、语音信息台等。定制量一般万片起做，数量越大，价格越低。

综上来看，对于ROM芯片来说，因其只能读不能写，因此主要优点是存储信息可靠、不会丢失，而缺点在于信息写入必须由芯片制造商完成，写入后除非更换芯片否则信息无法更改。随着电子技术的发展，相继出现了可编程的ROM和可改写可编程的ROM，使ROM的使用更加方便、灵活、通用性更强。按存储器功能的不同，ROM分为掩膜ROM（简称Mask ROM或ROM）、可编程ROM（简称PROM）、光可擦除可编程ROM（简称EPROM）、电可擦除可编程ROM（简称EEPROM）和快闪存储器等5种。

【知识链接】

（一）掩膜只读存储器——ROM

掩膜ROM又称内容固定的ROM，其存储的内容是固定不变的，厂方根据用户提供的程序设计光刻掩膜板，在制作芯片时一次成型，使用时无法再更改。

ROM 的电路结构主要由地址译码器、存储矩阵和输出缓冲器 3 部分组成。其结构框图如图2.12.2所示。

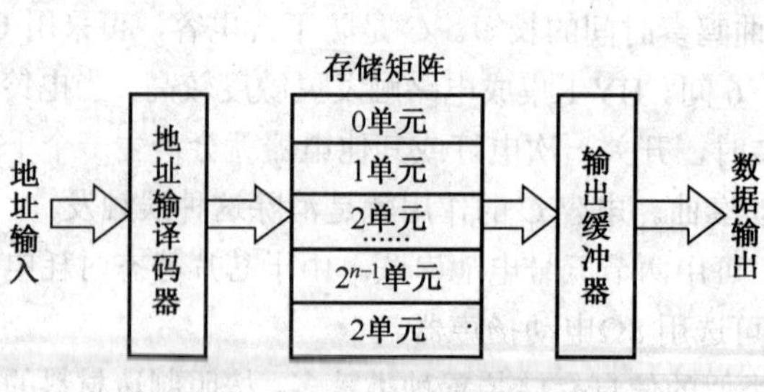

图 2.12.2 ROM结构框图

地址译码器：地址译码器负责把输入的 n 位二进制地址代码翻译成 2^n 个相应的控制信号，从而选中存储矩阵中相应的存储单元，以便将该单元的 m 位数据传送给输出缓冲器。

存储矩阵：存储矩阵由 2^n 个存储单元组成。每一个存储单元都有一个确定地址。每个存储单元由若干基本存储电路组成（一般为 2 的整数倍）。基本存储电路可以由二极管、三极管或 MOS 管构成。每个存储电路只能存储一位二进制代码 0 或 1。

输出缓冲器：输出缓冲器由三态门组成，其作用一是可以提高存储器的带负载能力，二是可以实现对输出状态的三态控制，以便与系统的数据总线连接。

图 2.12.3（a）所示是一个存储容量为 4×4 位（4 个存储单元，每个存储单元 4 位）的只读存储器结构图。地址译码器由 2 线－4 线译码器构成，存储矩阵都采用了二极管结构。A_1A_0 为输入的地址码，可产生 W_0～W_3 4 组不同的地址，从而选中所对应的存储单元。W_0～W_3 称为字线。存储矩阵由二极管或门组成，其输出数据为 D_3～D_0。当字线 W_0～W_3 其中之一被选中时，在位线 b_3～b_0 上便输出一组 4 位二进制代码 D_3～D_0。

输出缓冲器为三态输出电路。当 $\overline{EN}=0$ 时，允许数据从 b_3、b_2、b_1、b_0 各条位线上输出；当 $\overline{EN}=1$ 时，输出端为高阻状态。

分析图 2.12.3 可知，当地址码 A_1A_0=00 时，地址译码器中与 W_0 相连的二极管同时截止，字线 W_0 被选中，W_0 变为高电位，其余字线均为低电位（称 W_0 被选中）。W_0 与位线 b_2、b_1 相连的二极管导通，位线 b_2、b_1 也变为高电位，此时，位线上输出数据 $D_3D_2D_1D_0$=0110；同理，当 A_1A_0=01、10、11 时，输出数据分别为 1101、0001、1110。

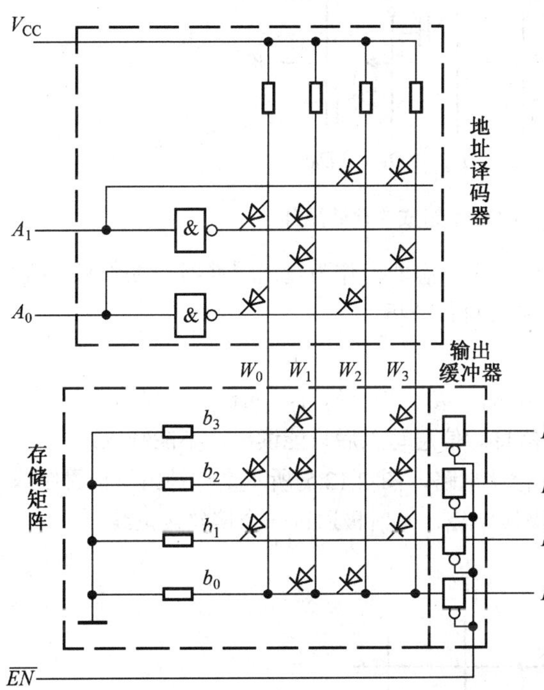

（a）存储矩阵逻辑图

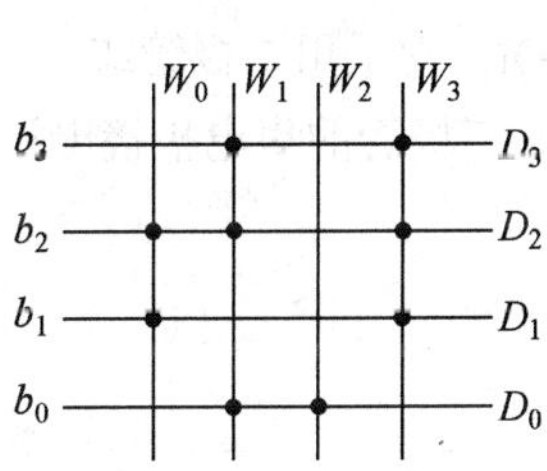

（b）存储矩阵阵列图

图 2.12.3　只读存储器结构图

由图 2.12.3 不难看出，存储 1 就是在字线与位线交叉处接二极管，存储 0 则字线与位线交叉处不接二极管，所以，字线与位线交叉处称为基本存储电路。读取数据时，某字线被选中变为高电平，与字线相连的二极管导通，对应的位线变为高电平，输出数据为 1，无二极管的输出数据为 0。

通常为了设计方便，常将图 2.12.3（a）的存储矩阵逻辑图简化为图 2.12.3（b）的阵列图。图 2.12.3（b）中用黑点“•”代表二极管，表示存 1，无黑点的表示存 0。

存储器的存储容量就是该存储器的基本存储电路数，由字线与位线的数目共同决定。即存储容量=字数×位数。

图 2.12.4 所示是用 MOS 管组成的存储矩阵。字线 W 与位线 b 的交叉处接 MOS 管时相当于存入 0，无 MOS 管相当于存入 1。当 W_0～W_3 当中任何一条字线被选中时，这条字线变成高电平，使接在其上的 MOS 管导通，这些 MOS 管漏极所接的位线变为低电平，输出 0。而不接 MOS 管的位线为高电平，输出 1。例如，当 W_0 字线被选中时，W_0 与位线 b_2、b_0 交叉处所接的 MOS 管导通，位线 b_2、b_0 变为低电平，存储矩阵输出数据 $D_3D_2D_1D_0$=1010。同理，当 W_1～W_3 分别被选中时，存储矩阵输出数据 $D_3D_2D_1D_0$ 分别为 1101、0101、0110。

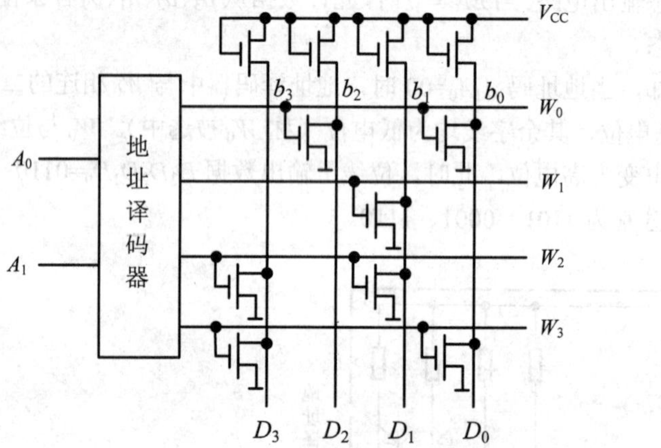

图 2.12.4　MOS 管组成的存储矩阵

如果在图 2.12.4 中每条位线的输出端接一个三态非门作为输出缓冲器，则接 MOS 管的存储电路相当于存 1，无 MOS 管相当于存 0，读者可自行分析。

（二）可编程只读存储器——PROM

PROM （Programmable Read Only Memory）是一种一次性可编程只读存储器，可由用户自己将编写的程序写入存储器，即一次性写入信息。信息写入后只能读出，不能修改。

PROM 常采用二极管或三极管做基本存储电路，图 2.12.5 所示是一种由三极管组成的基本存储电路。三极管的集电极接电源 V_{CC}，基极接字线，发射极通过一个熔丝接位线。

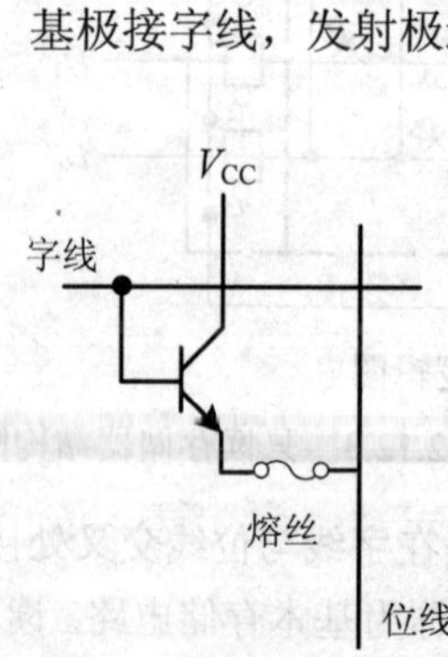

图 2.12.5　熔丝型 PROM

PROM 在出厂时，三极管阵列的熔丝均为完好状态，相当于所有基本存储电路的存储数据为 1。因此，写入数据的过程实际上就是将相应的基本存储电路由 1 变 0 的过程。当用户写入数据时，通过编程地址选中相应的字线，使之变为高电平。若在某位写 0，写入逻辑使相应的位线呈低电平，三极管导通，较大的电流将熔丝烧断，即存入 0。显然，熔丝一旦烧断，就无法复原，因此这种 PROM 只能一次性被编程。

在读操作时，选中的字线变为高电平。若熔丝完好，则在位线输出数据 1；若熔丝已烧断，则在位线输出 0。

PROM 的优点是可实现由用户一次性编程，缺点是程序写入后不能修改，一旦写错，整个芯片报废。

（三）光可擦除、可编程只读存储器——EPROM

EPROM 是一种光可擦除、可编程的只读存储器，可进行多次改写。使用时可通过紫外线照射将 EPROM 存储的内容擦除，然后用编程器写入新的信息。在奔腾Ⅱ代以前的计算机中用来存储 BIOS 程序的 ROM 就是采用这种芯片。

图 2.12.6 所示为 EPROM 的基本存储电路。图中 V_1 相当于负载电阻，V_3 是浮栅雪崩注入式 MOS 管（FAMOS 管）。这种 FAMOS 管的栅极被二氧化硅绝缘层包围，对外无引出线而处于悬浮状态，故称为“浮栅”。芯片出厂时（未编程状态），所有浮栅管都处于截止状态。由于位线可通过 V_1 接电源，位线处于高电平，故各个存储电路相当于存 1。因此写数据的过程，实际上就是将相应的基本存储电路由 1 变 0 的过程。

（a）存储电路结构图　　（b）存储器外形

图 2.12.6 EPROM 存储器

写 0 时，可将 FAMOS 管 V_3 的漏极 D 接上高于正常工作电压（+5V）的+25V 电压，则漏、源极间的导电沟道会造成雪崩击穿，使浮栅极积累电荷，FAMOS 管导通。由于浮栅极电荷无放电回路，因而 FAMOS 管总处于导通状态。当字线被选中时，字线变为高电平，使 V_2 导通，由于 V_3 也导通，故位线变为低电平，即该存储电路存 0。

擦除数据时，可用专用的紫外线灯照射 EPROM 的石英窗口，约 20min 即可将 FAMOS 管浮栅中的电荷消除，恢复到产品出厂时的全 1 状态，此后可再次写入信息。写好的芯片在正常使用时，要用黑胶带将石英窗口贴上，以防紫外线照射误擦信息。这种 EPROM 内的数据可保持 10 年以上。

EPROM 的种类较多，如 ATMEL 公司的 AT27BV010，存储容量 1MB；AT27BV020，存储容量 2MB；AT27BV4096，存储容量 4MB。

EPROM 的优点是可多次擦除、重新编程使用，缺点是只能整片擦除，不能按单元擦除，且擦除时需将芯片从线路板上取下，擦除后，再用专用编程器写入数据。

（四）电可擦除、可编程只读存储器——EEPROM

EPROM 虽然可多次擦除、重新编程使用，但芯片写入时，即使只写错一位，也必须将整个芯片擦掉重写。且擦除时需要专用紫外线灯照射，这在实际使用中是非常不方便的。而在实际使用中，往往只需要改写几个字节的内容即可。因此，多数情况下需要以字节为单位擦写。

EEPROM（Electrically Erasable Programmable Read Only Memory）是近年来被广泛采用的一种可用电擦除、可编程的只读存储器。其主要特点是能进行在线读写、擦除、更改，不需要专用擦除设备，且擦除、读写速度比 PROM 快得多。它既能象 RAM 那样随机地进行读写，又能象 ROM 那样在断电的情况下保存数据，且容量大、体积小，使用简单可靠。

EEPROM 的擦除只需要厂商提供的专用刷新程序，就可轻而易举地改写内容，不必将资料全部删除才能写入，而且是以字节为最小修改单位。EEPROM 在写入数据时，仍要利用一定的编程电压，它属于双电压芯片。

借助 EEPROM 芯片的双电压特性，可广泛应用于计算机主板的 BIOS ROM 芯片，可使 BIOS 具有良好的防毒能力。在升级时，把跳线开关拨至 ON 的位置，即给芯片加上相应的编程电压；平时使用时，则把跳线开关拨至 OFF 的位置，可防止 CIH 类的病毒对 BIOS 芯片的非法修改。至今仍有不少主板采用 EEPROM 作为 BIOS 芯片。

EEPROM 除广泛应用于计算机主板外，还广泛应用于手机、单片机、家用电器、汽车电子等众多领域。如现在的电视机遥控系统中用来存放频道信息的存储器 AT24C04 就是采用 EEPROM，其存储容量达 4KB。

EEPROM 的种类较多，如 ATMEL 公司的 AT24C04，存储容量 4KB；AT24C08，存储容量 8KB；AT24C1024，存储容量 1024KB。

（五）闪速只读存储器——FlashROM

FlashROM 是在 EPROM 和 EEPROM 技术基础上发展的一种新型半导体存储器。既有 EPROM 价格便宜、集成度高的优点，又有 EEPROM 的电可擦除、可重写性和非易失性。其擦除、重写速度快。传统的 EEPROM 芯片只能按字节擦除，而 FlashROM 每次可擦除一块或整个芯片。块的大小视生产厂商的不同而有所不同。FlashROM 的读和写操作都是在单电压下进行，属于真正的单电压芯片。

FlashROM 的工作速度大大快于传统 EPROM 芯片。一片 1MB 的闪速存储芯片，其擦除、重写时间小于 5s，比一般的 EPROM 要快得多。Flash ROM 的存储容量普遍大于 EPROM，现在已做到 1GB。寿命长，成品 Flash ROM 芯片可反复擦除百万次以上。数据保存时间至少 20 年。读取速度快，读取时间小于 90ns。现在我们常用的优盘、MP3 以及计算机内部的 BIOS 芯片、显示器的缓存都采用 FlashROM 芯片。

FlashROM 的种类较多，如 ATMEL 公司的 AT29BV010A，存储容量 1MB；AT29BV020，存储容量 2MB；AT29BV040A，存储容量 4MB。

【扩展应用】 利用 ROM 实现任意组合逻辑函数

ROM 广泛应用于计算机、电子仪器、电子测量设备和数控电路，其具体应用有专门的教材进行论述，在此仅介绍用 ROM 在数字逻辑电路中的应用。

分析 ROM 的工作原理可知，ROM 中的地址译码器可产生地址变量的全部最小项，能够实现地址变量的与运算，即字线 W 与地址变量 A_0A_1 存在与逻辑关系，而 ROM 中的存储矩阵可实现有关最小项的或运算，即输出数据 D 与地址变量的有关最小项存在或逻辑关系。由于任何组合逻辑函数都可变换为标准与—或表达式。因此，从理论上说，利用 ROM 可以实现任何组合逻辑函数。

【例 2.12.1】 用 ROM 实现下列函数。

$$Y_1 = AB + BC\ ,\quad Y_2 = A\overline{B} + \overline{B}C$$

解 （1）将函数转化为标准与—或式：

$$Y_1=\sum m(3,6,7),\ Y_2=\sum m(1,4,5)$$

（2）画出用 ROM 实现的逻辑阵列图 2.12.7。

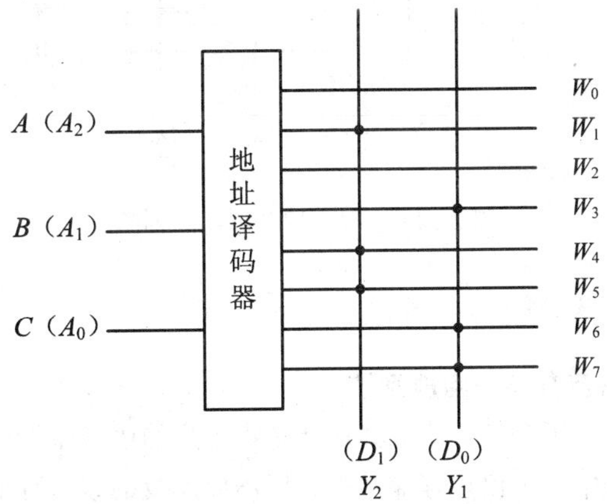

图 2.12.7　例 2.12.1 逻辑阵列图

【例 2.12.2】 用 ROM 实现一位全加器，并画出 ROM 的阵列图。

解 一位全加器的真值表如表 2.12.1 所示。表中 A_i、B_i 分别表示被加数和加数，C_{i-1} 表示低位来的进位。这 3 个输入变量可分别用 ROM 的地址码 A_2、A_1、A_0 表示。S_i 为本位和，C_i 为本位向高位的进位，它们分别可用 ROM 的数据输出 D_1、D_0 表示。由于输入变量 3 个，输出函数两个，因此，可采用 8×2 位 ROM 来完成。由真值表 2.12.1 得到

$$S_i = \overline{A}_i\overline{B}_iC_{i-1} + \overline{A}_iB_i\overline{C}_{i-1} + A_i\overline{B}_i\overline{C}_{i-1} + A_iB_iC_i = W_1 + W_2 + W_4 + W_7$$

$$C_i = \overline{A}_iB_iC_{i-1} + A_i\overline{B}_iC_{i-1} + A_iB_i\overline{C}_{i-1} + A_iB_iC_{i-1} = W_3 + W_5 + W_6 + W_7$$

表 2.12.1　例 2.12.2 真值表

A_i	B_i	C_{i-1}	S_i	C_i
0	0	0	0	0
0	0	1	1	0
0	1	0	1	0
0	1	1	0	1
1	0	0	1	0
1	0	1	0	1
1	1	0	0	1
1	1	1	1	1

一位全加器的 ROM 的阵列图如图 2.12.8 所示。

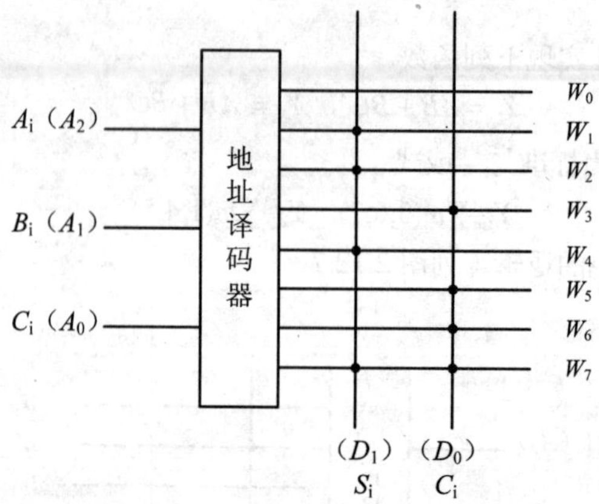

图 2.12.8　例 2.12.2 逻辑阵列图

二、随机存取存储器（RAM）

【案例导入】数字化语音存储与回放系统

在英语学习中，我们经常用到复读机。其功能是将用户的语音录制下来，还可反复播放并与标准音进行对比。在复读系统中，不仅要存储数据，还需要反复的改变存储的内容。显然，前述的只读存储器无法满足这个要求，这里我们必须采用一种可以反复随机读写的存储装置，即下面介绍的随机存储器 RAM。本节案例为数字化语音存储与回放系统，由于采用的是数字化的存储方法，而语音信号是模拟信号，所以需对语音信号进行处理并将其数字量写入数据存储器，而后在进行回放时从存储器读出数据，并将其恢复为模拟量的语音信号，送往扬声器。

数字化语音存储与回放系统的系统框图如图 2.12.9 所示。

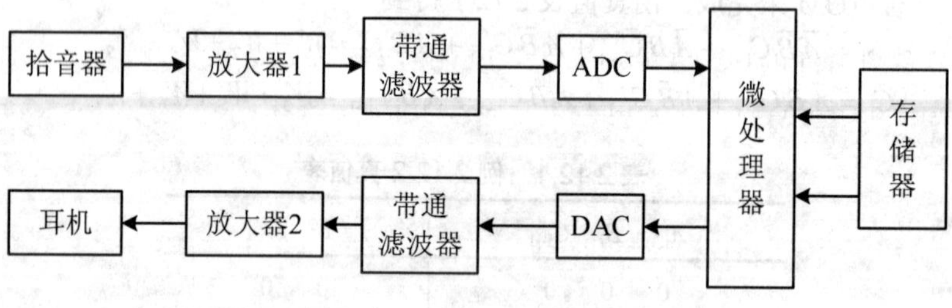

图 2.12.9　数字化语音存储与回放系统

（一）语音输入部分

驻极体话筒可采用衰减为 60dB 的爱华型话筒，其灵敏度较高，方向性差，单端输入时会有较大的背景噪音，因此采用两只话筒（配对）分别接入差分放大电路的正负端，可较好的抑制背景噪音。

（二）放大器

对于放大器 1，话筒输入出电压约为 1mV，先经过差分放大，放大倍数约为 100 倍，得 0.2V，再经过放大倍数为 100（可调）的第二级放大，便可方便的实现 46dB 的增益。放大器 2 采用

TDA2030A 作为功率放大，可直接驱动扬声器。

（三）带通滤波器

为提高信噪比，需要加 300～3400Hz 的带通滤波器。该带通滤波器的上下限频率之比为 3400/300=11.3，为宽带滤波器，可用一个低通滤波器与一个高通滤波器级联而成。

（四）ADC 和 DAC

案例中可选用模/数转换采用 AD574A，数模转换采用 DAC0832。此类集成电路芯片在项目十一中有详细介绍。

（五）微处理器

采用单片机 8031 最小系统，具有一定的可编程能力，对数据进行处理。

（六）存储器

存储器采用 Intel6116，单片 6116 的容量为 2kB。存储器是语音存储的核心部分，其容量的大小决定录音时间的长短，也可采用容量更大的 62256（32K×8）、628256（256K×8）等，也可用多片级联构成大容量存储器。

在图 2.12.9 中，由于语音输入部分、放大器、带通滤波器等电路在其他课程中多有涉及，本节主要关注存储器电路。

如前所述，案例中使用的是随机存储器（RAM）。RAM 是一种可以随时写入和读出信息的半导体存储器，广泛应用于计算机的内存。RAM 电路通常是由存储矩阵、地址译码器和读/写控制电路（又称输入/输出电路）3 部分组成，如图 2.12.10 所示。

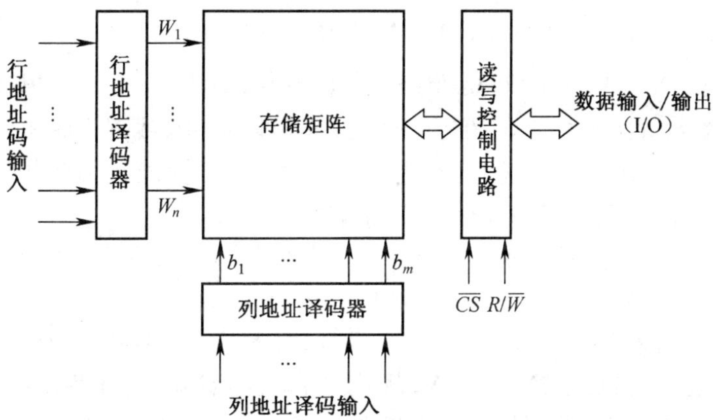

图 2.12.10 RAM 结构框图

存储矩阵由许多基本存储电路组合成 n 行、m 列矩阵，共有 $n \times m$ 个基本存储电路，每个基本存储电路可以存储一位二进制代码（0 或 1）。

地址译码器分为行地址译码器和列地址译码器。行地址译码器将行地址译码，使行地址线 W（字线）其中一条被选中，变为有效电平，从而将该字线对应的存储单元选中；列地址译码器将列地址译码，使列地址线 b（位线）其中一列（或几列）被选中，变为有效电平，这样，字线与位线交叉处的基本存储电路便被选中（可以是一位或几位）。

在读/写控制电路的控制下，被选中的基本存储电路中的数据通过数据线输出或输入。在片选端 $\overline{CS}=0$ 的情况下，当读/写控制端 $R/\overline{W}=1$ 时，实现读操作；当 $R/\overline{W}=0$ 时，实现写操作。

RAM 按照制造工艺可分为双极型 RAM 和场效应管（MOS）型 RAM。双极型 RAM 的存取速度快，可达 10ns，但功耗大，集成度低；MOS 型 RAM 功耗小，集成度高，但较双极型 RAM 速度慢。MOS 型 RAM 又分静态 RAM（SRAM）和动态 RAM（DRAM）。

RAM 存储的最大缺陷是数据具有易失性，即当电源断电时存储的数据会丢失。

【知识链接】

（一）静态 RAM（SRAM）

静态 RAM 存放的信息在不停电的情况下能长时间保留，工作状态稳定，速度快，常用于计算机的高速缓存。图 2.12.11 所示是静态 RAM 的一个基本存储电路。显然，该电路是一个由 8 个 MOS 管组成的双稳态触发器电路。

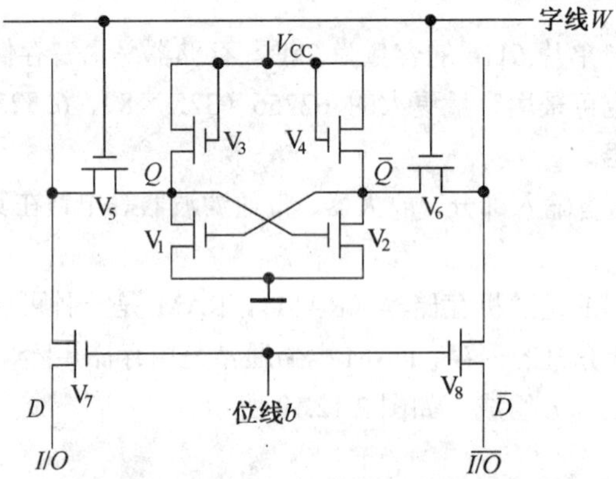

图 2.12.11 静态 RAM 电路结构图

图 2.12.11 所示，V_1、V_2组成双稳态电路，当 Q 为高电位 1 时，$\bar{Q}$ 为低电位 0。V_3和 V_4分别是 V_1、V_2的负载管，可视为 V_1、V_2的负载电阻。当字线 W 和位线 b 同时加高电平时，MOS 管 V_5、V_6、V_7、V_8导通，存储电路被选中，可讲行读、写操作。当字线 W 为低电平时，V_5、V_6截止，存储电路与位线断开，不能进行读写操作，存储内容保持不变。

写入数据时，行、列地址码分别将字线 W 和位线 b 选中，使之变为高电平，则 V_5、V_6、V_7、V_8均可处于导通状态。当写入数据 1 时，数据 1 由 I/O 端输入，通过 V_7、V_5加到 Q 端，V_2饱和导通，其漏极（$\bar{Q}$端）变为低电平，从而导致 V_1截至，Q 端变为高电平，实现存储数据 1。同理，写入数据 0 时，数据 0 由 I/O 端输入，使 V_2截至，V_1饱和，Q 端变为低电平，实现存储数据 0。

读数据时，行、列地址码分别将字线 W 和位线 b 选中，使之变为高电平，则 V_5、V_6、V_7、V_8均可处于导通状态。Q 端的数据通过 V_5、V_7由 I/O 数据线输出。

静态 RAM 工作状态稳定，不需要外加刷新电路，从而简化了外部电路的设计。但由于 SRAM 的基本存储电路中所含晶体管较多，故集成度低。另外，由于 V_1和 V_2管组成的双稳态触发器中总有一个管子处于饱和导通状态，所以功耗较大。

（二）动态 RAM（DRAM）

动态 RAM 的基本存储电路有单 MOS 管、3MOS 管和 4MOS 管电路等。单 MOS 管电路由于每个基本存储电路只有一只 MOS 管，功耗小、集成度大，目前大容量的动态 RAM 大多采用单 MOS 管电路。

图 2.12.12 所示是单 MOS 管动态存储电路的基本原理图。由 MOS 管 V_1和与源极相连的电容

C 构成。动态 RAM 是依靠电容 C 是否存储电荷来记忆 0、1 两个状态的，存储电荷时为 1，反之为 0。

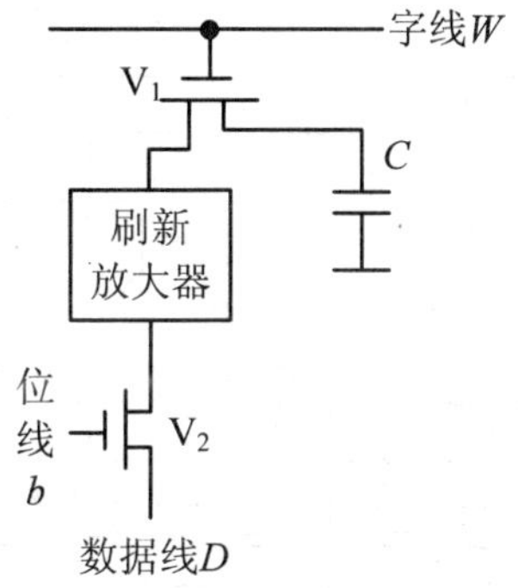

图 2.12.12　单管动态 RAM 存储电路

写入数据时，字线 W、位线 b 均为高电平，选中存储电路。MOS 管 V_1、V_2 导通。若写入数据 1，数据 1 由数据线 D 输入，经 V_2、V_1 对电容 C 充电，电容两端电压变为高电平，实现存 1；若写入数据 0，数据线为低电平，电容 C 通过 V_1、V_2 放电，实现存 0。

读出数据时，字线 W、位线 b 选中存储电路，MOS 管 V_1、V_2 导通。C 上的数据通过 V_1、V_2 由数据线输出。

由于单管动态 RAM 是利用电容存储电荷的原理来保存信息的。在每次读出信息时，由于电容的放电，存储电荷减少，电容两端电压下降，易导致存储信息出错；另外，由于电容本身的漏电以及电容的负载不是无穷大，也会缓慢放电，同样会导致存储信息出错。解决的办法是定时"刷新"。即每隔一定时间（一般 2ms）由刷新放大器读取对应的存储电容上的电压值，刷新放大器将此电压值转换成所对应的逻辑电平值，又重写到存储电容上。使原来处于逻辑电平 1 的电容上所释放的电荷得到补充，而原来处于逻辑电平 0 的电容仍然保持 0，这个过程叫动态 RAM 的刷新。刷新时，位线电平总是为 0，V_2 处于截至状态，因此电容上的信息不可能被送到数据总线上。

动态 RAM 的缺点是需要刷新电路，而且刷新时不能进行正常读写操作。但与静态 RAM 相比，具有集成度高、功耗低、价格便宜等优点，所以在大容量存储器中普遍采用。

【扩展应用】

在前述案例中，存储器 Intel6116 的存储的容量只有 2K×8 位，而实际应用当中，往往需要较大容量的存储器，单片的 RAM 无法满足需求，解决的方法是将多片 RAM 通过一定方式联在一起，实现容量的扩展。如计算机的内存条通常采用 4 片、8 片甚至更多片 RAM 芯片进行组合，以实现大容量的内存。根据需要，常用的扩展方法有字数的扩展和位数的扩展两种。

（一）字数的扩展

当一片 RAM 芯片的位数够用而字数不够用时，可以采取字扩展的方式。图 2.12.13 所示是采用 2 片 Intel6116（2K×8 位）扩展成一个 4 K×8 位 RAM 的接线图。

从图 2.12.13 可以看出，用两片 6116 扩展成一个 4K×8 位的 RAM，只需将两片 6116 的数据输入、输出端 D_0～D_7 并联（即位数不变），地址码输入端 A_0、A_1…A_{10} 并联，读写控制端 $\overline{WE}$ 并联，而将两片 6116 的片选信号 $\overline{CS}$ 端通过非门连接起来，接增加的地址线 A_{11}。当 A_{11}= 0 时，第一片 6116 工作，第二片 6116 禁止；当 A_{11}=1 时，第一片 6116 禁止，第二片 6116 工作。

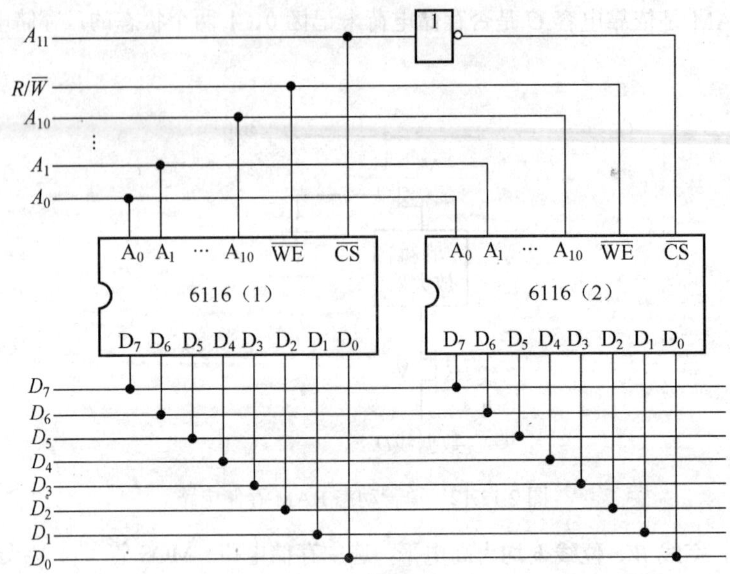

图 2.12.13　RAM 的字扩展方式

因此，我们得到字扩展的连接方法：即将芯片的数据端、读写控制端、地址输入端分别并联。而增加的地址线条数，则根据字扩展的倍数决定。如字数扩展两倍，则增加一条地址线；字数扩展四倍，则增加两条地址线，依次类推。

（二）位数的扩展

当一片 RAM 的字数够用而位数不够用时，应采取位数扩展的方法。图 2.12.14 所示是采用两片 2114（1K×4 位）扩展成一个 1K×8 位的 RAM 的接线图。

从图 2.12.14 中可以看出，位数扩展的方法非常简单，只需将各片 RAM 的地址输入端、读写控制端、片选信号端分别并联即可。

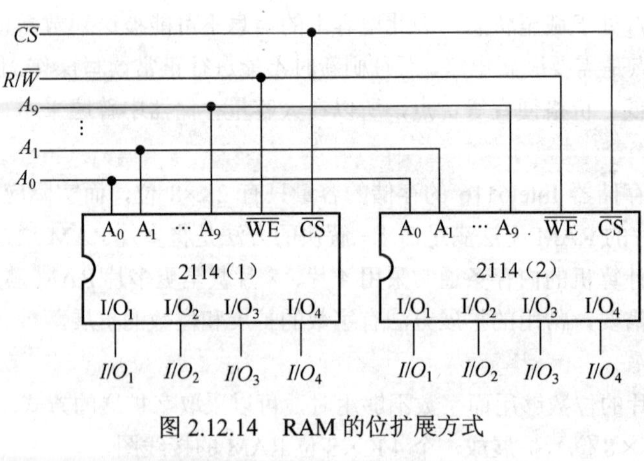

图 2.12.14　RAM 的位扩展方式

习题二

2.1　试说明 TTL 与非门输出端的下列接法会产生什么后果，并说明原因。

（1）输出端接电源电压 V_{CC}=5V；

（2）输出端接地；

（3）多个 TTL 与非门的输出端直接相连。

2.2 TTL 与非门电路如题图 2.1 所示。如果在输入端接电阻 R_I，试计算 R_I=0.5kΩ和 R_I=2kΩ时的输入电压 u_i。

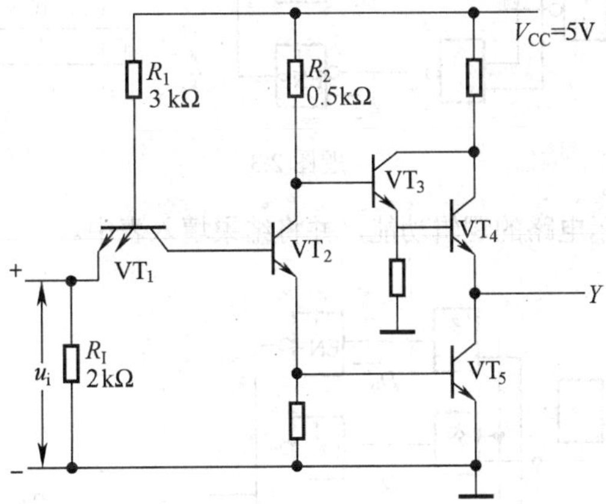

题图 2.1

2.3 有两个 TTL 与非门组件，测得它们的关门电平分别为 U_{OFFA}=1.1V，U_{OFFB}=0.9V；开门电平分别为 U_{ONA}=1.3V，U_{ONB}=1.7V。它们输出的高电平和低电平都相同，试求低电平噪声容限和高电平噪声容限，并判断哪一个与非门组件抗干扰能力强？

2.4 用 TTL 与非门驱动发光二极管。已知发光二极管的正向导通压降为 2V，正向导通电流为 10mA；与非门的电源电压为 5V，输出低电平为 0.3V，输出低电平电流为 15mA，试画出与非门驱动发光二极管的电路，并计算发光二极管的限流电阻的阻值。

2.5 试判断题图 2.2 所示的 TTL 门电路输出与输入之间的逻辑关系是否正确？

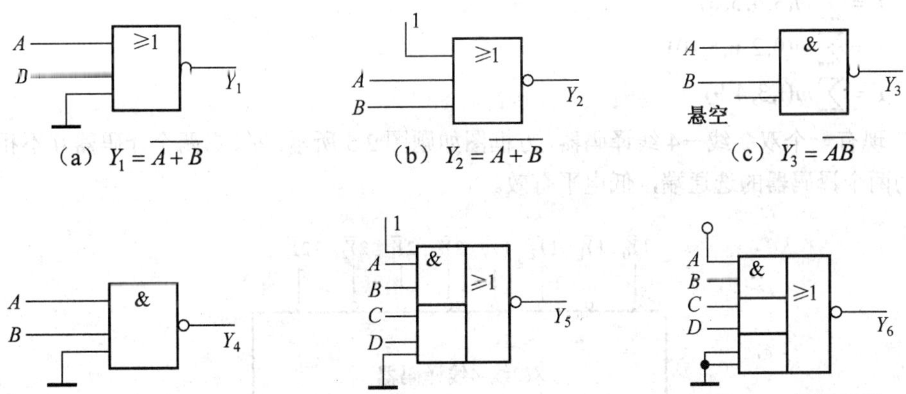

（a）$Y_1=\overline{A+B}$　（b）$Y_2=\overline{A+B}$　（c）$Y_3=\overline{AB}$

（d）$Y_4=\overline{AB}$　（e）$Y_5=\overline{AB+CD}$　（f）$Y_6=\overline{AB+CD}$

题图 2.2

2.6 分析题图 2.3 所示电路的逻辑功能，并将结果填入表中。

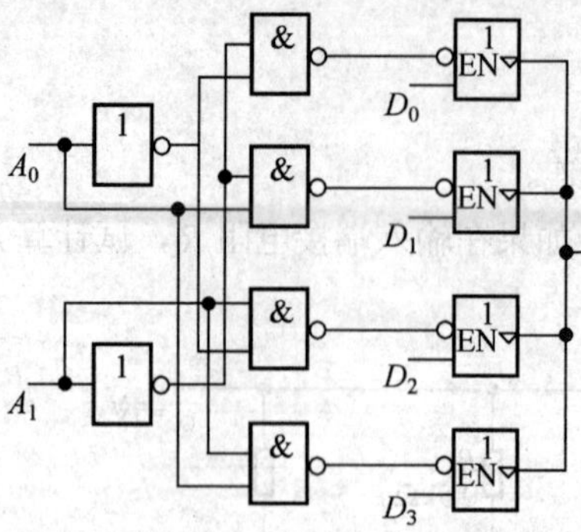

A_1	A_0	Y
0	0	
0	1	
1	0	
1	1	

题图 2.3

2.7　分析题图 2.4 所示电路的逻辑功能，并将结果填入表中。

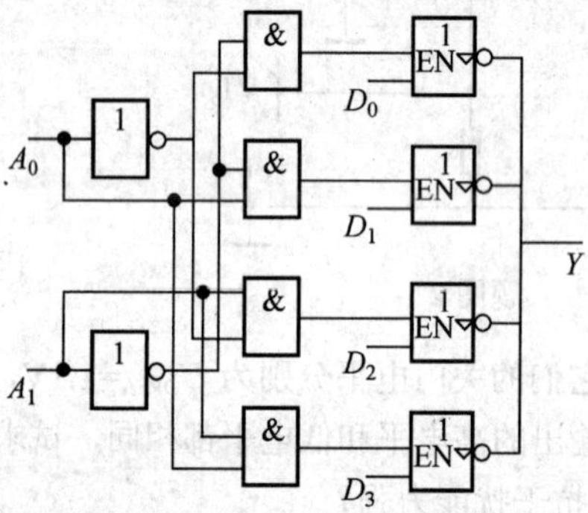

A_1	A_0	Y
0	0	
0	1	
1	0	
1	1	

题图 2.4

2.8　已知 74LS85 为 4 位数值比较器。试用两片 74LS85 组成 7 位数值比较器。

2.9　试用一片型号为 74LS148 的 8 线－3 线优先编码器实现 6 线－3 线优先编码。

2.10　用译码器和与非门实现下列逻辑函数，选择合适的电路，画出连线图。

（1）$Y=\sum m(3,4,5,6)$

（2）$Y=\sum m(0,2,6,8,10)$

（3）$Y=\sum m(1,3,4,9)$

2.11　现有一个双 2 线－4 线译码器，方框图如题图 2.5 所示，左、右两个译码器互不相关；$1S$、$2S$ 分别为两个译码器的选通端，低电平有效。

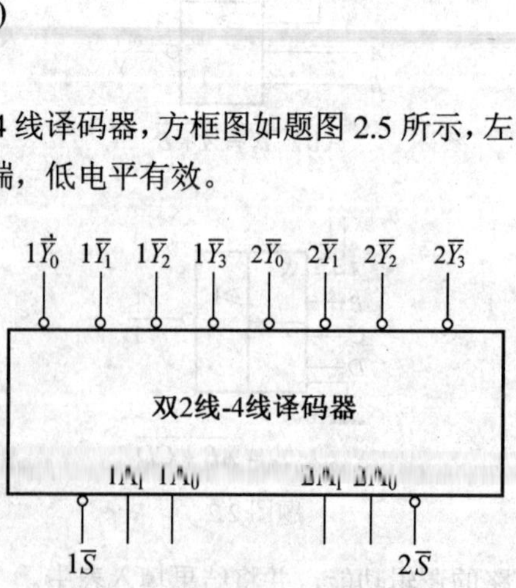

题图 2.5

逻辑表达式为 $\overline{Y_0}=\overline{\overline{A_1}\,\overline{A_0}}$，$\overline{Y_1}=\overline{\overline{A_1}A_0}$，$\overline{Y_2}=\overline{A_1\overline{A_0}}$，$\overline{Y_3}=\overline{A_1A_0}$。试将它们连接成 3 线－8 线译码器。

2.12　由二－十进制译码器 74LS42 和 3 个三输入与非门组成的逻辑电路如题图 2.6 所示。写出 Y_1，Y_1，Y_3 的逻辑函数式，并化简为最简的与－或表达式。

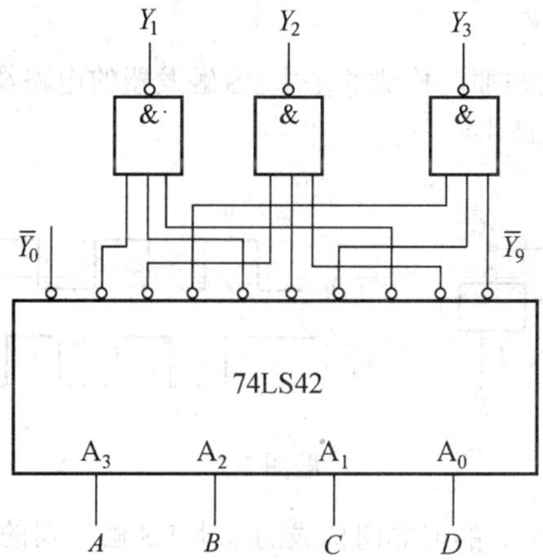

题图 2.6

2.13　试用 4 片 74LS138（3 线－8 线译码器）接成 5 线－32 线译码器。

2.14　试用集成译码器及尽可能少的门电路实现下列组合逻辑函数：

（1）$Y_1 = AB + BC$

（2）$Y_2 = \overline{ABC} + \overline{A+B+C}$

（3）$Y_3 = A \oplus B \oplus C$

2.15　试用 3 线－8 线译码器和尽可能少的门电路设计一个全加器。

2.16　试用 74LS138 设计一个组合电路，判断一个 3 位二进制数

（1）是否大于 4；

（2）3 个输入变量中是否有奇数个 1；

（3）3 个输入变量中是否多数为 1。

2.17　用数据选择器 74153 分别实现下列逻辑函数：

（1）$Y = \sum m(1,2,4,7)$

（2）$Y = \sum m(3,5,6,7)$

（3）$Y = \sum m(1,2,3,7)$

2.18　用数据选择器 74151 分别实现下列逻辑函数：

（1）$Y = \sum m(0,1,3,5,6,8,10,12,14)$

（2）$Y = \sum m(0,2,3,5,6,7,8,9,13,15)$

2.19　选择合适的中规模集成组合逻辑电路，设计一个路灯控制电路，要求能在 4 个不同的地方，都可以独立地控制灯的亮灭。

2.20　试用两片 74LS151（八选一数据选择器）构成十六选一数据选择器。

2.21　试用 74LS151 八选一数据选择器实现 $F = AB + \overline{\overline{CD}}$。

2.22 试用八选一数据选择器 74LS151 设计一个判断电路，判断 4 位二进制数 $A_3A_2A_1A_0$ 能否被 3 整除。

2.23 已知逻辑变量 A、B、C、D 代表 4 个工业参数，设计一个逻辑电路，要求当 A，B，C，D 中出现 3 个 1 时输出为 0，用来驱动报警电路，否则输出为 1。用八选一数据选择器及尽可能少的门电路实现。

2.24 试说明触发器的分类。

2.25 如题图 2.7 所示是由与非门构成的基本 RS 触发器的电路及输入端 $\overline{S}$ 和 $\overline{R}$ 的输入波形图，试对应画出 Q 端和 $\overline{Q}$ 端的输出波形。

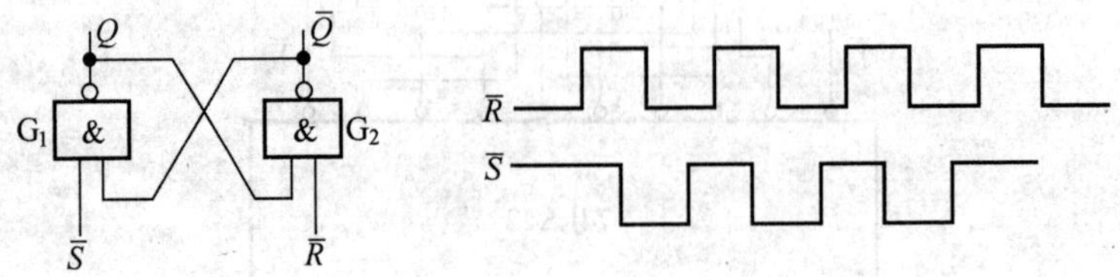

题图 2.7

2.26 试分析由两个相互交叉的或非门构成的基本 RS 触发器的工作原理和逻辑功能，电路图如题图 2.8 所示。

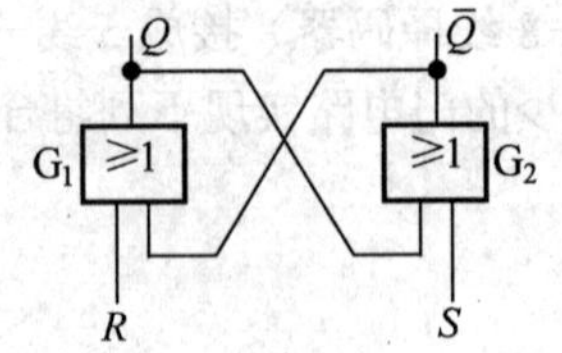

题图 2.8

2.27 JK 触发器电路及输入波形如题图 2.9 所示，试作出输出 Q 的波形。

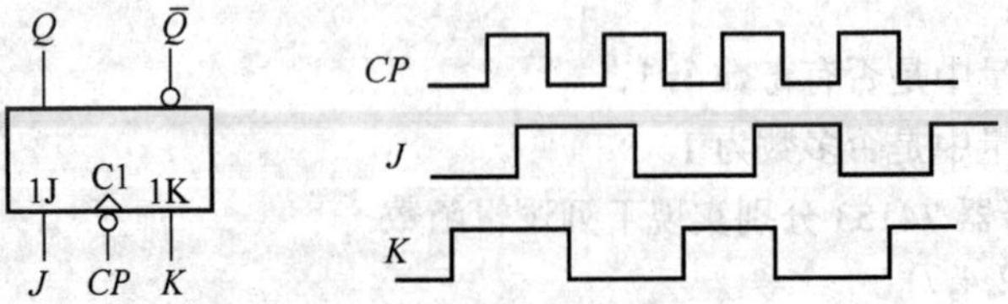

题图 2.9

2.28 D 触发器电路及输入波形如题图 2.10 所示，试作出输出 Q 的波形。

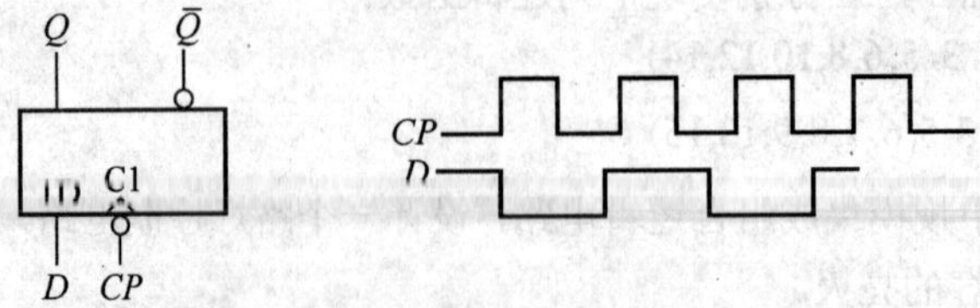

题图 2.10

2.29 如题图 2.11 所示电路是由两个 T′ 型触发器 FF_0 和 FF_1 连接而成的，它们的起始状态均为

0，试对应画出 Q_0 端和 Q_1 端的波形。

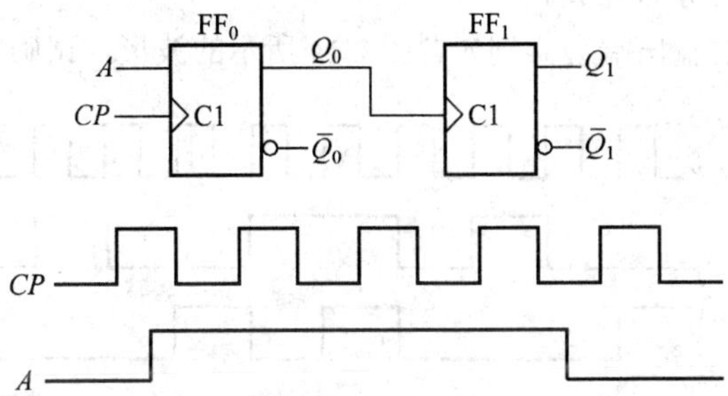

题图 2.11

2.30 设一边沿 JK 触发器的初始状态为 0，CP、J、K 端波形如题图 2.12 所示，试画出触发器 Q 端的波形。

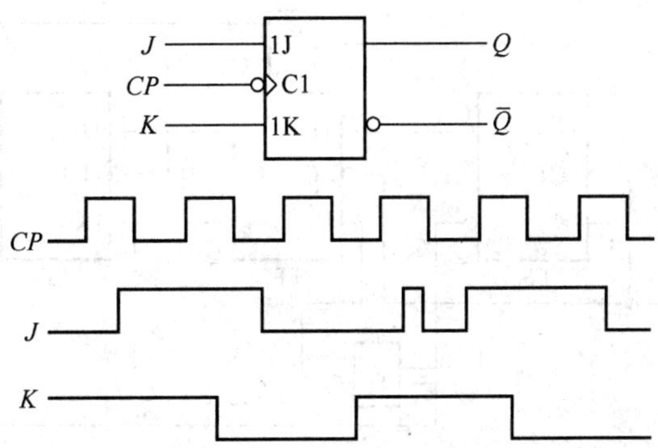

题图 2.12

2.31 按钮开关在转换的时候，由于簧片的颤动，使信号也出现抖动。因此，实际使用时往往要加上防抖动电路。RS 触发器是常用的电路之一，其电路连接如题图 2.13 所示。试说明其工作原理。

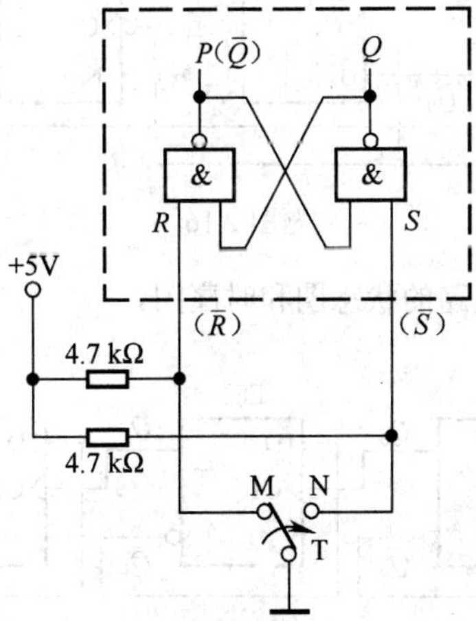

题图 2.13

2.32 时序逻辑电路和组合逻辑电路的根本区别是什么。

2.33 时序逻辑电路可分为几类。

2.34 在某个计数器的输出端观察到如题图 2.14 所示的波形，试确定该计数器的模。

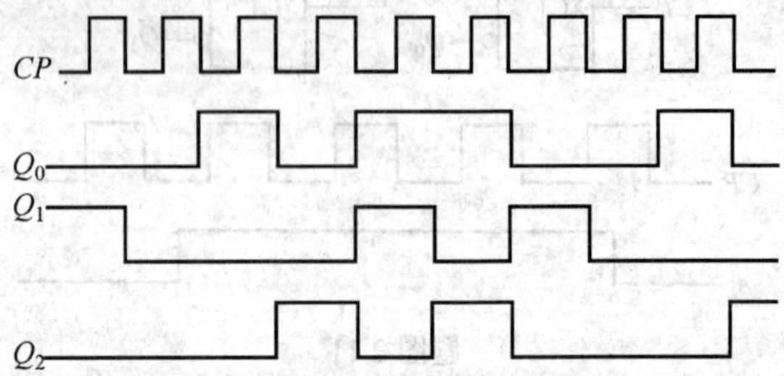

题图 2.14

2.35 试分析如题图 2.15 所示的逻辑电路为几进制计数器，画出各触发器输出端的波形。

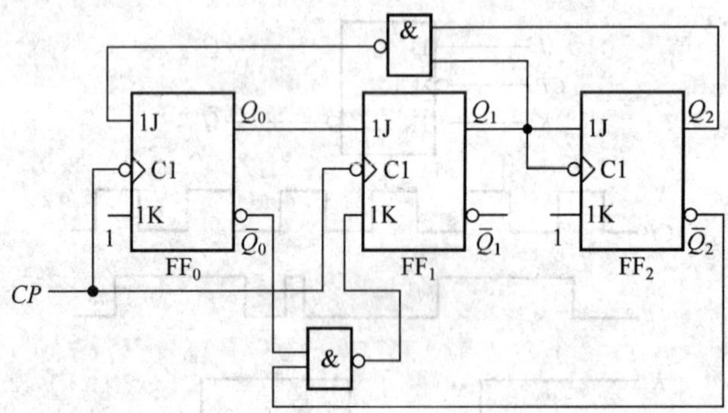

题图 2.15

2.36 如题图 2.16 所示时序电路，试画出该电路的时序图和状态图。

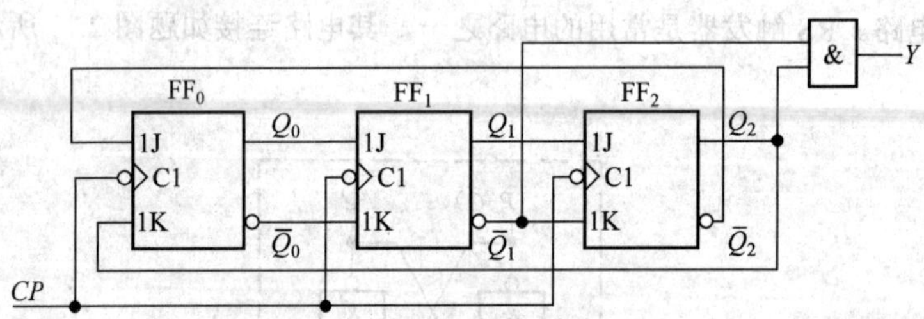

题图 2.16

2.37 画出如题图 2.17 所示电路的状态图和时序图。

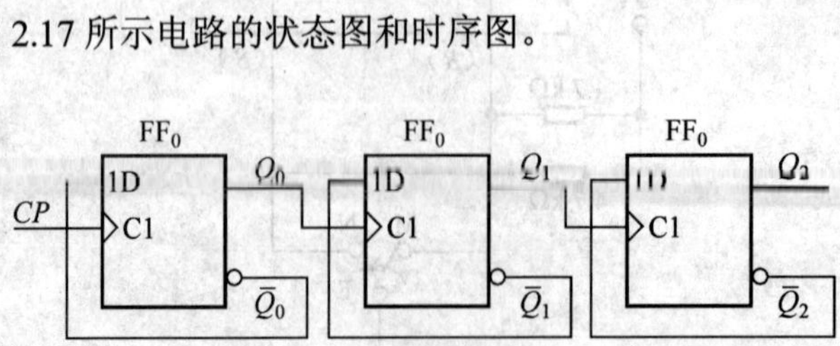

题图 2.17

2.38　画出如题图 2.18 所示电路的状态图和时序图。

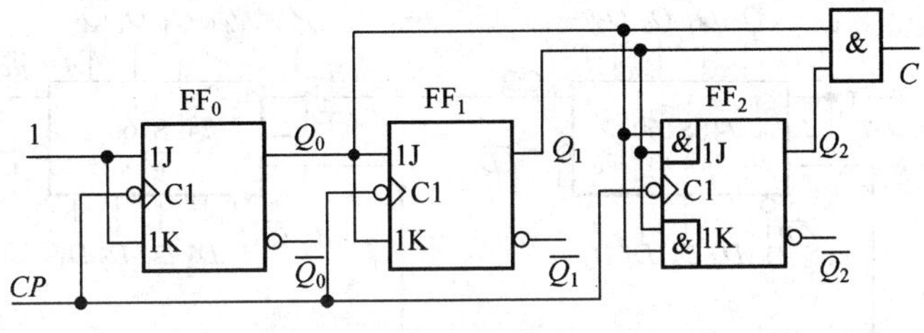

题图 2.18

2.39　试选择合适的触发器设计一个同步时序逻辑电路，其要求如题图 2.19 所示。

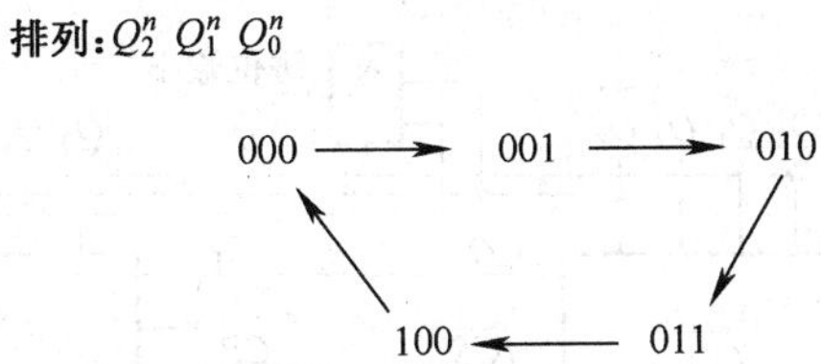

题图 2.19

2.40　试分析如题图 2.20 所示各电路，画出状态表和时序图，并指出是几进制计数器。

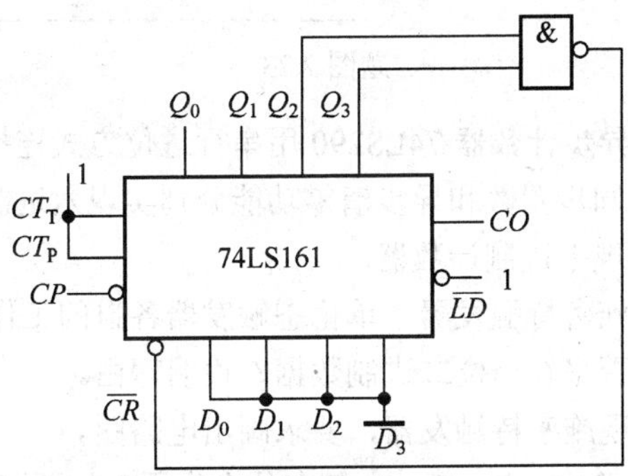

题图 2.20

2.41　试分析如题图 2.21 所示各电路，画出状态表和时序图，并指出是几进制计数器。

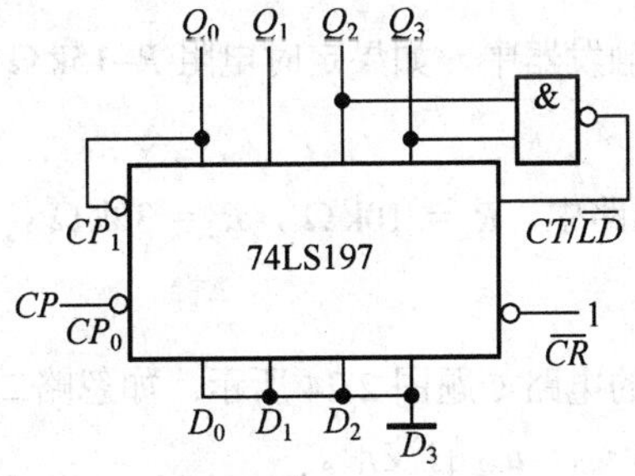

题图 2.21

2.42 试分析如题图 2.22 所示电路，指出是几进制计数器。

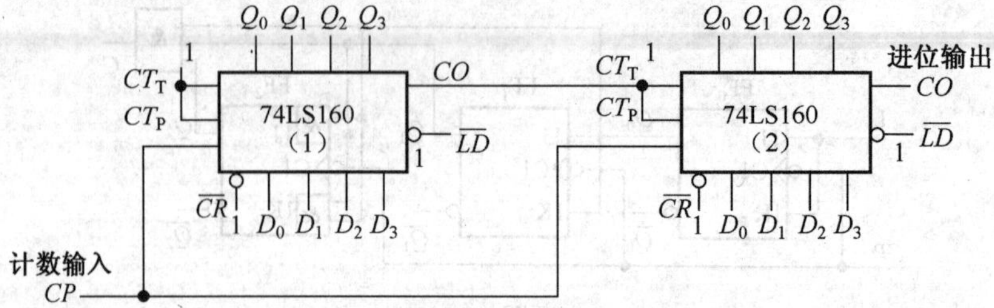

题图 2.22

2.43 试分析如题图 2.23 所示各电路，指出是几进制计数器。

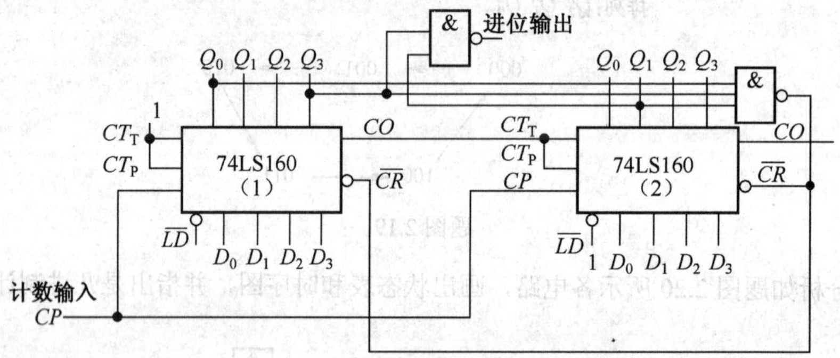

题图 2.23

2.44 试利用两片十进制异步计数器 74LS290 用串行进位方式连接成百进制计数器。

2.45 试利用 74LS161 的同步置数和异步清零功能分别实现六进制计数器。

2.46 试利用 74LS160 实现七进制计数器。

2.47 简述多谐振荡器、施密特触发器、单稳态触发器各自的工作特点。

2.48 用施密特触发器能否寄存一位二进制数据？说明理由。

2.49 试用 555 定时器实现施密特触发器，要求画出电路图。

2.50 在图 2.10.4 所示电路中，R、C、R_S 各有什么作用？如要降低电路的振荡频率可以调整哪些参数？

2.51 在图 2.10.7 所示电路中，如果 $V_{CC}=12V$，$C=0.01\mu F$，$R_1=R_2=5.1k\Omega$，求电路振荡周期和占空比。

2.52 在 74121 集成单稳态触发器中，如果定时电阻 $R=15k\Omega$，定时电容 $C=10\mu F$，试估算输出脉冲宽度 t_P。

2.53 在图 2.10.15 所示的电路中，$R_1=10k\Omega$，$R_2=30k\Omega$，$V_{DD}=15V$，$U_{TH}=\frac{1}{2}V_{DD}$，试求 U_{T+}、U_{T-}以及 ΔU_T 的值。

2.54 两片 555 定时器构成的电路如题图 2.24 所示。如忽略二极管的正向压降，试计算 u_{o1}、u_{o2} 的振荡周期各为多少？并画出 u_{o1}、u_{o2} 的波形。

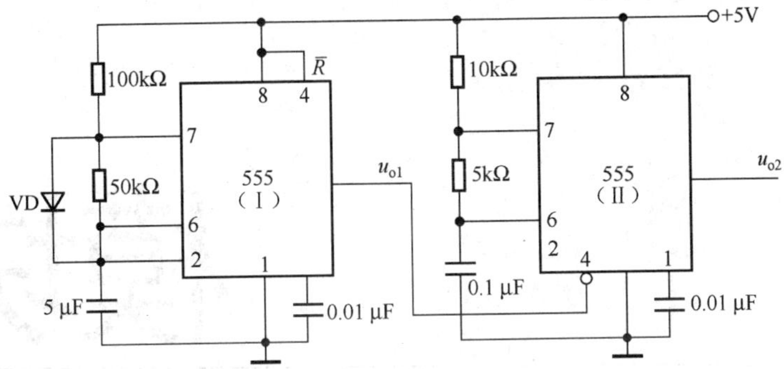

题图 2.24

2.55 一个 A/D 转换器输入的模拟电压不超过 10V，参考电压 U_{REF} 应取多少？如果采用 8 位 A/D 转换器，它能分辨的最小模拟电压是多少？若采用 12 位的 A/D 转换器，它能分辨的最小模拟电压是多少？

2.56 8 位 A/D 转换器的最大满量程输入电压 u_{IM} 为 10V，当输入电压分别为 u_i=3.5V；u_i=7.08V 时，对应的数字量输出是多少？

2.57 在上题中若将 8 位 A/D 转换器改为 12 位 A/D 转换器，其他条件不变，对应的数字量输出是多少？

2.58 某逐次逼近型 8 位 A/D 转换器的参考电压 U_{REF} 为 5V，那么，当进行 A/D 转换后的数字量输出为下列值时，相应的模拟输入电压是多少？

（1）D=00010000；

（2）D=10000001；

（3）D=11110000。

2.59 在 D/A 转换电路中，若输出电压最大值为 8V，如果分别采用 8 位和 12 位 D/A 转换器实现，则对应的输出电压最小变化量是多少？

2.60 一个 8 位的 T 型电阻网络 D/A 转换器，如 $R_F = R$，$U_{REF} = 6V$，试求当输入数字量为下列值时的输出电压。

（1）D=00000001；

（2）D=10000000；

（3）D=01111111。

2.61 在 T 型电阻网络 D/A 转换器中，若 n=10，$R_F = R$，输入的二进制数字量为 1100000000，在输出端测得输出电压 u_o=3.125V，求该 D/A 转换器的参考电压 U_{REF} 为多少？

2.62 什么叫只读存储器？只读存储器分为哪几种？

2.63 ROM和RAM的主要区别是什么？它们各使用于哪些场合？

2.64 什么叫静态存储器？什么叫动态存储器？他们在电路结构和读、写操作上各有何特点？

2.65 有3个存储器，它们的存储容量分别为2048×8位、1024×8位、4096×1位，哪一个存储容量最大？它们的地址线和数据线各为多少条？

2.66 用ROM实现下列组合逻辑函数：$Y_0 = ABC + AB\overline{C} + \overline{A}BC + \overline{A}\overline{B}C$

2.67 容量为16K×8的RAM芯片，有多少条地址线？

2.68 用Intel 2116（16K×1位）扩展为16K×4位的RAM，需要几片2116，画出连线图。

2.69 用 Intel 6264（8K×8 位）扩展为 16K×8 位的 RAM，画出连线图。

模块三

仿真篇

计算机技术的发展和人们对电子系统设计的新需求，推动了电子线路设计方法和手段的进步。传统的设计手段逐步被 EDA（Electronnic Design Automation）所取代。目前常见的 EDA 软件有 Protel、Orcad、Pspice 和 EWB 系列软件，EWB 软件是 IIT 公司开发的一款优秀的 EDA 软件，一经推出就受到各界好评，尤其在教育领域做出了巨大的贡献，许多院校已经把 EWB 作为电子类专业课程的教学和实验的辅助工具。近年来伴随着各种新版本 Multisim 的发布，其功能和使用方法都发生了很大变化，在保留了以前版本形象直观的基础上，扩充了许多新功能。Multisim 8 是其中的一款经典版本，功能强大、经久不衰。后续问世的几款新版本也是在其基础上发展而来的，操作界面、具体功能、使用方法等也都比较接近。

本模块将以 Multisim 8 为工具，介绍数字逻辑电路仿真应用的相关知识与技能。

项目一　Multisim 8 概述

一、Multisim 8 基本介绍

Multisim 8 仿真软件的前身是 EWB（Electronics Workbench），该软件是加拿大 IIT（Interactive Image Technologies）公司在 20 世纪 80 年代后期推出的以 Windows 为基础的仿真工具，与其他电子线路设计软件相比具有界面直观、操作方便等优点，它包含了电路原理图的图形输入，电路分析，仿真设计，电路硬件描述语言输入方式等，具有丰富的仿真分析能力。电子电路的的分析、设计和仿真工作都可以通过点击鼠标来实现，不仅为电子电路设计者带来了无尽的乐趣，而且大大提高了电子设计工作的质量和效率。

早期的 EWB 功能相对比较单一，在 2001 年前后，IIT 公司对 EWB 系列软件进行了较大的改动，将其分为 4 个基本模块：Multisim（仿真设计模块）、Ultiboard（PCB 设计模块）、Ultiroute（布线引擎）、Commsim（通信电路分析与设计模块），能完成从电路仿真设计到电路板图的生成全过程。4 个模块相互独立，可以分别使用，为适应不同的应用场合，Multisim 推出了许多版本，包括增强专业版（Power Professional）、专业版（Professional）、个人版（Personal）、教育版（Education）、

学生版（Student）和演示版（Demo）等，各版本的功能和价格有着明显的差异，用户可以根据自己的需要加以选择。

二、Multisim 8 的安装

（一）系统最低要求

安装 Multisim 8 时，系统要满足以下最低要求：

（1）操作系统：Windows NT/2000/XP。

（2）CPU：Pentium III 以上。

（3）内存：128MB 以上。

（4）硬盘：可用空间至少 150MB。

（5）光驱：安装必备。

（6）分辨率至少 800×600。

（二）安装 Multisim 8 程序

下面将以 Multisim 8 的单用户安装为例，介绍安装过程。

（1）安装前先退出所有的 Windows 应用程序。

（2）将光盘放入光驱，光盘自动运行安装程序（或者手动运行光盘中的 SETUP.EXE 文件），等待安装程序完成安装的准备工作。

（3）弹出 Welcome 对话框后，单击 Next 按钮。

（4）阅读授权协议，选择 I accept the terms of the license agreement 后，单击 Next 按钮。

（5）弹出使用者信息对话框如图 3.1.1 所示，要求输入使用者姓名以及所在公司和 Multisim 8 提供的序列码等信息。

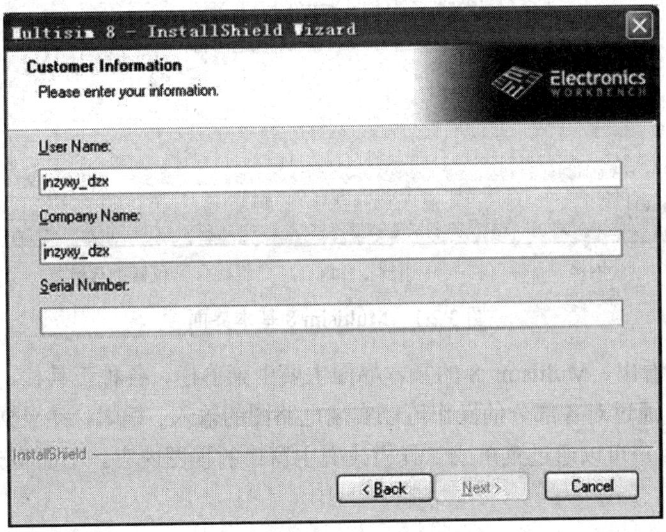

图 3.1.1　使用者信息对话框

（6）输入后单击 Next 按钮，程序将自动验证您输入的序列码。

（7）选择合适的程序安装位置，程序将开始安装，安装完成后将弹出安装结束对话框，单击 Finish 按钮，完成安装。

（三）注册 Multisim 8

安装完成后，运行程序时将弹出一个对话框，该对话框提示程序完成注册前只有 15 天的使用期限，需要及时注册。为了能获得软件提供商提供的发布码（Release Code），用户必须使用 Multisim 8 提供的序列号（serial number）和注册码（signature code）在 http://www.electronicsworkbench.com 网站选择产品注册（Product Resistration），输入购买者相关信息并提交注册信息，当网上注册成功后，软件商将会通过 E-mail 等形式为用户提供发布码，用户获得发布码后，在程序刚开始时弹出的对话框中单击输入发布码 Enter Release Code 按钮完成注册，从而开始正常使用 Multisim 8 软件。

项目二　Multisim 8 窗口界面

一、基本界面

启动 Multisim 8，可以看到如图 3.2.1 所示的 Multisim 8 基本界面。

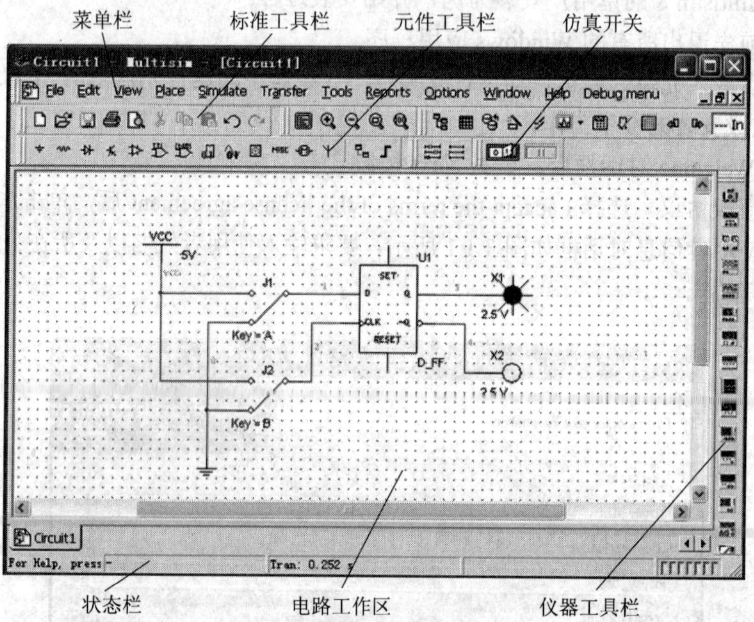

图 3.2.1　Multisim 8 基本界面

从图 3.2.1 可以看出，Multisim 8 的基本界面主要由菜单栏、各种工具栏、电路工作区、状态栏、列表框等组成。通过对各部分的操作可以实现电路图的输入、编辑，并根据需要对电路进行相应的观测和分析。用户可以通过菜单或工具栏改变主窗口的视图内容。下面将分别予以说明。

二、菜单栏

菜单栏位于界面上方，如图 3.2.2 所示，通过菜单可以对 Multisim 的所有功能进行操作。

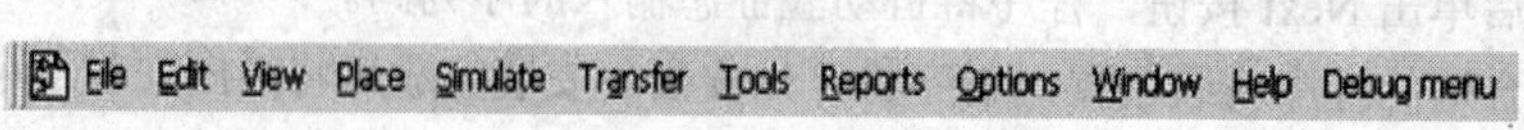

图 3.2.2　菜单栏

菜单中有一些与大多数 Windows 平台上的应用软件一致的功能选项，如 File（文件），Edi（编辑），View（视图），Options（选项），Help（帮助）等。此外，还有一些 EDA 软件专用的选项，如 Place，Simulation，Transfer 以及 Tool 等。

1. 文件（File）菜单

主要用于管理所创建的电路文件，如打开、保存和打印等，如图 3.2.3 所示。

图 3.2.3 File 菜单

File 菜单中大多数命令与一般 Windows 应用软件基本相同，这里就不再赘述。这里仅介绍一下 Multisim 8 特有的菜单命令。

Print Options 是打印电路选项。New Project、Open Project、Save Project 和 Recent Projects 命令是指对工程文件进行新建、打开、保存和显示最近打开的工程文件等操作。

2. 编辑（Edit）菜单

主要用于在电路绘制的过程中，对电路和元件进行各种技术性处理，如图 3.2.4 所示。

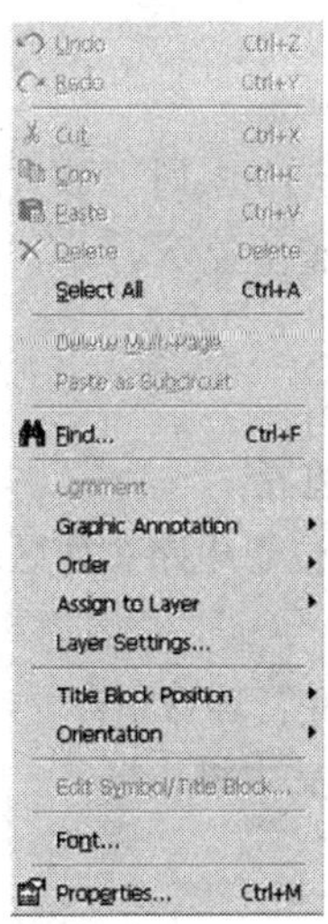

图 3.2.4 Edit 菜单

其中 Cut、Copy、Paste、Undo 等大多数命令与一般 Windows 应用软件基本相同，这里就不再赘述。这里主要介绍以下几种不同的菜单命令。

（1）Select All：选择工作区的所有元件。

（2）Find：搜索当前工作区的元件。

（3）Properties：打开一个已被选中的元件属性对话框，在其中对该元件的参数、标识符等信息进行读取或修复。

3. 窗口显示（View）菜单

用于确定仿真界面上显示的内容以及电路图的缩放和元件的查找，如图 3.2.5 所示。

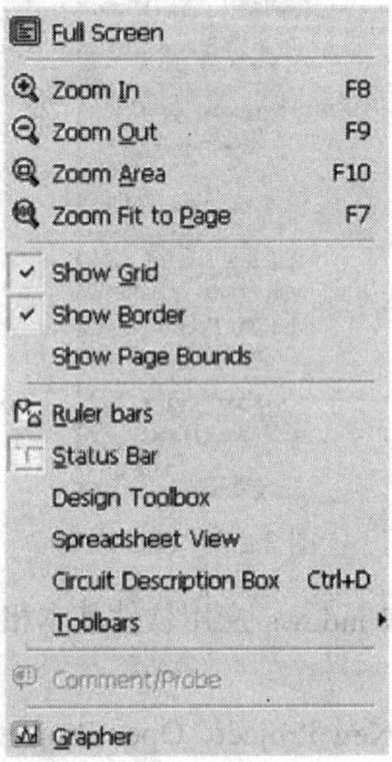

图 3.2.5 View 菜单

View 菜单中的命令及功能如下：

（1）Full Screen：全屏显示整个电路。

（2）Zoom In：原理图放大。

（3）Zoom Out：原理图缩小。

（4）Zoom Area：当工作区显示小于 100%时，放大所选择的元件。

（5）Zoom Fit to Page：自动调整至整页显示。

（6）Show Gird：显示栅格。

（7）Show Border：显示边界。

（8）Show Page Bounds：显示纸张边界。

（9）Ruler bars：显示尺寸工具栏，位于电路工作区之外。

（10）Statu Bar：显示状态栏。

（11）Design Toolbox：显示工程文件管理窗口。

（12）Circuit Description Box：显示文本描述框。

（13）Toolbars：选择工具栏。

（14）Grapher：显示图表。

4. 放置（Place）菜单

Place 菜单提供在电路窗口内放置元件、连接点、总线和文字等命令，其下拉菜单如图 3.2.6 所示。

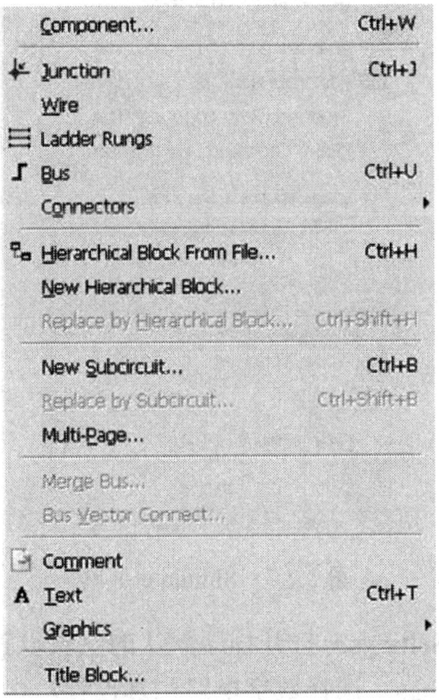

图 3.2.6 “Place”菜单

Place 菜单中的主要命令及功能如下：

（1）Component：放置一个元件。

（2）Junction：放置一个节点。

（3）Wire：放置连线。

（4）Bus：放置一根总线。

（5）Connectors：为层次电路或子电路放置一个输入/输出端。

（6）Hierarchical Block From File：放置层次电路块。

（7）New Hierarchial Block：创建一个新的层次电路块。

（8）New Subcircuit：放置一个复制在剪切板上的电路作为子电路。

（9）Replace by Subcircuit：将电路用一个子电路代替。

（10）Text：放置文字。

（11）Graphics：放置图形。

（12）Title Block：放置标题栏。

5. 仿真（Simulate）菜单

提供电路仿真设置与操作命令，其下拉菜单如图 3.2.7 所示。

Simulate 菜单中的主要命令及功能如下：

（1）Run：运行仿真开关。

（2）Pause：暂停仿真。

（3）Instruments：选择仿真仪表。

图 3.2.7 Simulate 菜单

（4）Interactive Simulation Settings：打开程序默认的仪表设置对话框。

（5）Digital Simulation Settings：选择数字电路仿真设置。

（6）Analyses：选择仿真分析方法。

（7）Posrprocessor：打开后对话框。

（8）Simulation Error Log/Audit Trail：显示仿真的错误记录/检查仿真轨迹。

（9）XSpice Command Line Interface：显示 Xspice 命令界面。

（10）VIIDL Simulation：VIIDL 模型仿真。

（11）Verilog HDL Simulation：Verilog HDL 模型仿真。

（12）Auto Fault Option：自动设置电路故障。

（13）Global Component Tolerances：全局元件容差设置。

6. 文件输出（Transfer）菜单

Transfer 菜单提供将仿真结果传输给其他软件处理的命令，其下拉菜单如图 3.2.8 所示。

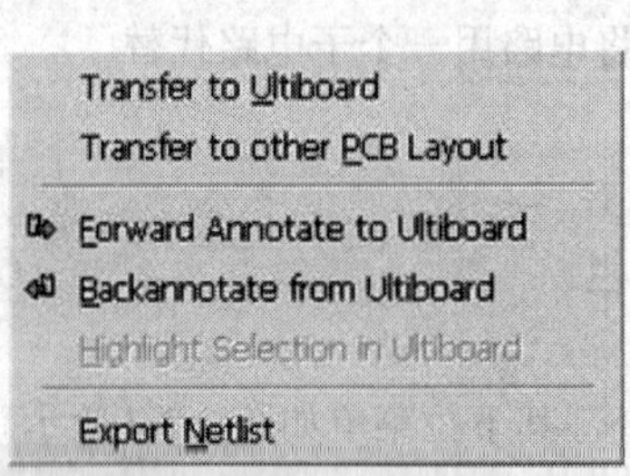

图 3.2.8 Transfer 菜单

Transfer 菜单中的主要命令及功能如下：

（1）Transfer to Ultiboard：将原理图传送给 Ultiboard。

（2）Transfer to other PCB Layout：将原理图传送给其他的 PCB 设计软件。

（3）Forward Annotate to Ultiboard：对 Ultiboard 的前项注释。

（4）Backannotate from Ultiboard：从 Ultiboard 返回的注释。

（5）Highlight Selection in Ultiboard：当 Ultiboard 8 正在运行时，如果在 Multsim 8 中选择某元件，则 Ultiboard 8 的对应部分将高亮显示。

（6）Export Netlist：输出网络表。

7. 工具（Tools）菜单

主要用于编辑或者管理员器件和元件库，其下拉菜单如图 3.2.9 所示。

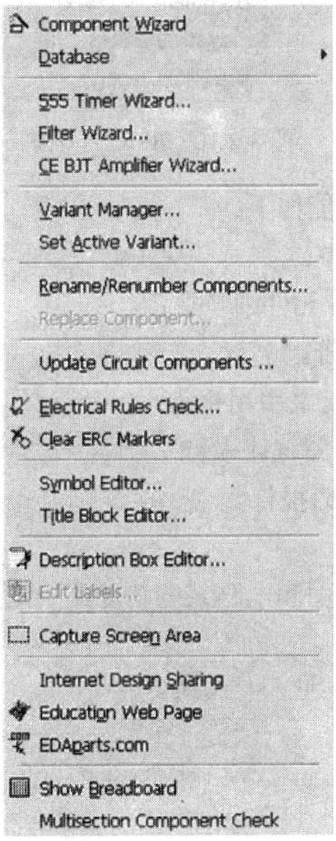

图 3.2.9　Tools 菜单

Tools 菜单中的主要命令及功能如下：

（1）Component Wizard：打开创建新元件向导。

（2）Database：有关元件数据库管理选项。

（3）555 Timer Wizard：打开 555 定时器设计向导。

（4）Filter Wizard：打开滤波器设计向导。

（5）Electrical Rules Check：运行电气规则检查。

（6）Clear ERC Markers：清除错误标志。

（7）Symbol Editor：打开符号编辑器。

（8）Title Block Editor：启动标题栏编辑器。

（9）Capture Screen Area：捕捉屏幕区域。

（10）Internet Design Sharing：启动 Internet 设计共享。

（11）Education Web Page：链接到教育网页。

（12）EDAparts.com：链接到 EDAparts.com 网站。

（13）Show Breadboard：显示面包板。

8. 报告（Reports）菜单

Reports 菜单用于输出关于电路的各种统计报告，其下拉菜单如图 3.2.10 所示。

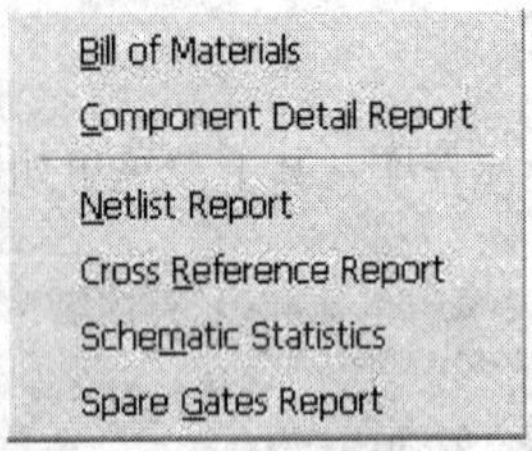

图 3.2.10 Reports 菜单

Reports 菜单中的主要命令及功能如下：

（1）Bill of Materials：材料清单。

（2）Component Datail Report：元件细节报告。

（3）Netlist Report：网络表报告。

（4）Cross Reference Report：交叉引用报告。

（5）Schematic Statistics：原理图统计报告；

（6）Spare Gates Report：空闲门报告。

9. 选项（Options）菜单

Options 菜单用于定制电路的界面和电路某些功能的设定，其下拉菜单如图 3.2.11 所示。

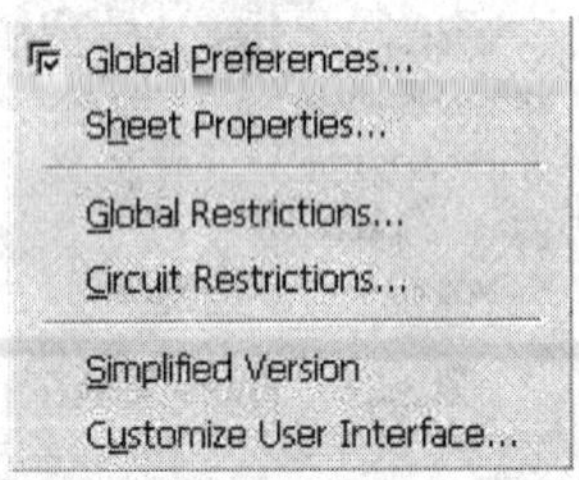

图 3.2.11 Options 菜单

Options 菜单中的命令及功能如下：

（1）Global Preferences：打开全局参数选择对话框。

（2）Sheet Properties：打开表格属性对话框。

（3）Global Restrictions：全局限制设置。

（4）Circuit Restrictions：电路限制设置。

（5）Simplified Version：简化版本。

（6）Customize User Interface：打开用户系统环境设置对话框。

10. 窗口（Winows）菜单

Windows 菜单的下拉菜单如图 3.2.12 所示。

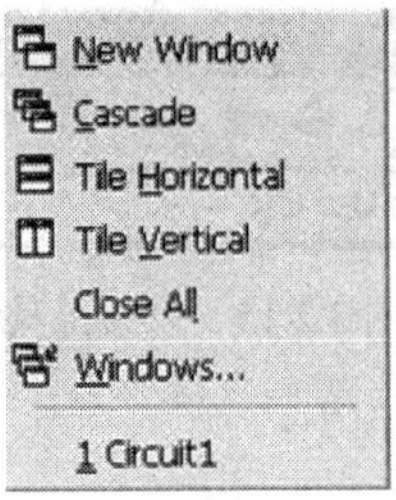

图 3.2.12　Winows 菜单

Windows 菜单的下拉菜单中的命令及功能如下：

（1）New Window：新建含有电路的窗口。

（2）Cascade：层叠显示电路。

（3）Tile Horizontal：水平排列显示窗口。

（4）Tile Vertical：垂直排列显示窗口。

（5）Close All：关闭所有电路。

（6）Windows：选择显示活动窗口。

11. 帮助（Help）菜单

Help 菜单如图 3.2.13 所示。

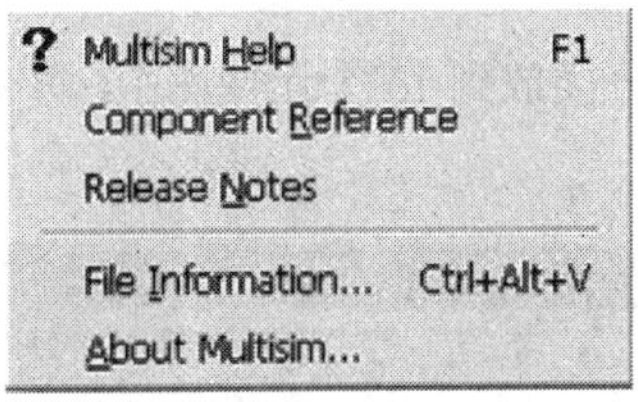

图 3.2.13　Help 菜单

（1）Multisim Help：帮助主题目录。

（2）Component Reference：帮助主题索引。

（3）Release Notes：版本注释。

（4）File Information：当前电路说明。

（5）About Multisim：有关 Multisim 的说明。

三、标准工具栏

标准工具栏如图 3.2.14 所示，它包括了常用的系统工具栏，包含一些文件、新建、打开、保存等基本功能，与 Windows 应用软件基本功能相同。

图 3.2.14　标准工具栏

设计工具栏如图 3.2.15 所示，该工具栏是对 Multisim8 进行操作的核心，使用它可以进行电路仿真、分析并最终输出设计数据等。

图 3.2.15　设计工具栏

这些工具栏的主要按钮从左到右分别为：

（1）：显示工程文件管理窗口。

（2）：打开元件对照表，该表位于电路工作区的下方，可以显示当前工作区所有元件的细节并可进行编辑。

（3）：打开元件数据库管理窗口。

（4）：打开创建新元件向导。

（5）：仿真按钮，用于开始和结束电路仿真。

（6）：选择仿真分析方法。

（7）：电气规则检查。

（8）：显示面包板。

（9）--- In Use List ---：使用中元件列表。

四、元件工具栏

Multisim8 将所有的元件模型分类放到 13 个元件库中，每个元件库放置同一类型的元件，如图 3.2.16 所示。

图 3.2.16　元件工具栏

另外为了仿真时取用元器件方便，Multisim 8 提供了一个常用的虚拟元件栏，如图 3.2.17 所示，该栏只包括一些常用的虚拟元件，不包括现实元件。

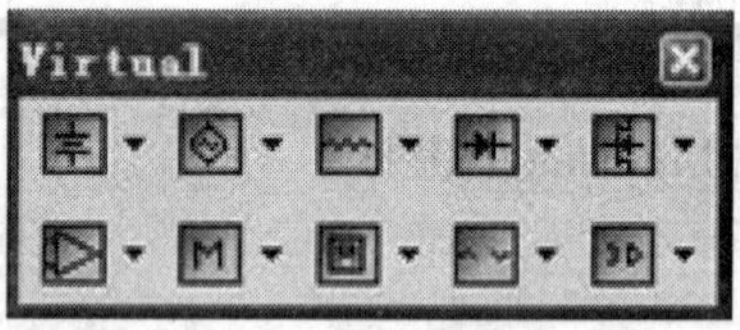

图 3.2.17　虚拟元件工具栏

虚拟元件和实际元件之间根本差别在于：一种是与实际元器件的型号、参数值以及封装都相对应的元器件，在设计中选用此类器件，不仅可以使设计仿真与实际情况有良好的对应性，还可以直接将设计导出到 Ultiboard 中进行 PCB 的设计，这类器件称为实际器件；另一种器件的参数值是该类器件的典型值，不与实际器件对应，用户可以根据需要改变器件模型的参数值，只能用于仿真，这类器件称为虚拟器件。它们在工具栏和对话窗口中的表示方法也不同。在元器件工具栏中，虽然代表虚拟器件的按钮的图标与该类实际器件的图标形状相同，但虚拟器件的按钮有底色，而实际器件没有。

元件工具栏从左到右分别为：信号及电源库、基本元件库、二极管元件库、晶体管元件库、模拟元件库、TTL 元件库、CMOS 元件库、其他数字元件库、混合元件库、显示元件库、其他元件库、机电类元件库和射频元件库等。

1. 信号及电源库

单击元件工具栏的信号及电源库图标，弹出如图 3.2.18 所示的元件选择对话框。

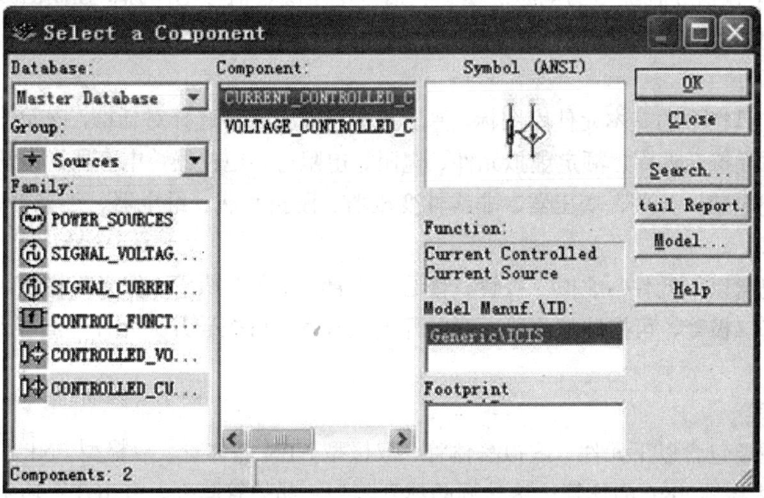

图 3.2.18　元件选择对话框

该对话框的各项说明如下：

（1）Datebase：元件所属的数据库。

（2）Group：元件库的分类，在其下拉列表中包括 13 种库。

（3）Family：选择在每种库中包含的不同的元件箱。

（4）Component：显示 Family 栏中元件箱所包含的所有元件。

（5）Symbol：显示选中的元件的符号，此处采用的是 ANSI 标准。

（6）Function：显示所选择元件的功能描述。

（7）OK 按钮：单击该按钮将选择的元件放到工作区。

（8）Close 按钮：单击该按钮关闭当前对话框。

（9）Search 按钮：单击该按钮弹出如图 3.2.19 所示对话框，根据元件所属的数据库类型、分类、元件名等信息搜索所需要的元件。

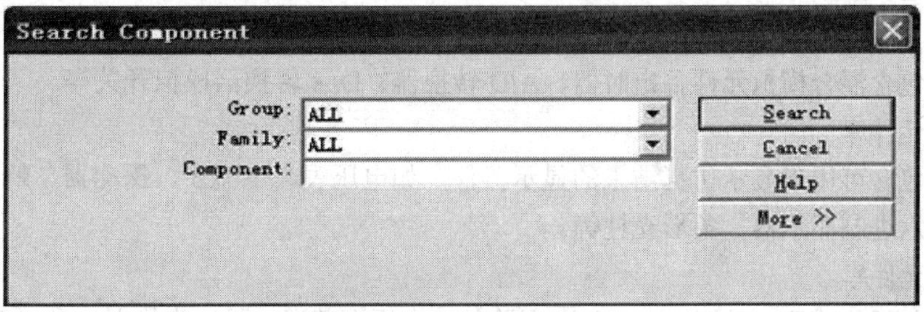

图 3.2.19　元件搜索对话框

（10）Print 按钮：打印元件的详细报告。

（11）Model 按钮：显示元件的模型报告。

（12）Help：获取帮助信息。

其他元件库的元件选择对话框的设置和按钮功能与图 3.2.18 基本相同，不再赘述。仅对 Family 栏中的内容进行说明。

在 Family 中包括 6 种类型的电源：电源、信号电压源、信号电流源、控制函数模块、电压控制源、电流控制源等。

2. 基本元件库

单击元件工具栏中的基本元件库图标，弹出基本元件库元件选择对话框，该元件库包含以下基本元件库：基本虚拟元件库、额定虚拟元件、电阻、电阻排、电位器、电容器、电解电容、可变电容、电感、可调电感、开关、变压器、非线性变压器、阻抗负载、继电器、连接器、插座等。

3. 二极管库

该元件库包含以下元件：虚拟二极管、普通二极管、稳压二极管、发光二极管、全波桥式整流二极管、肖特基二极管、可控硅整流器、双向开关二极管、可控硅开关元件、变容二极管、PIN 结构二极管。

4. 晶体管库

该元件库主要包含以下元件：虚拟晶体管、双极型 NPN 晶体管、双极型 PNP 晶体管、达林顿 NPN 晶体管、达林顿 PNP 晶体管、达林顿晶体管阵列、晶体管阵列、“IGBT”功率开关、三端 N 沟道耗尽型 MOSFET、三端 N 沟道增强型 MOSFET、三端 P 沟道增强型 MOSFET、N 沟道 JFET、P 沟道 JFET、N 沟道功率 MOSFET、P 沟道功率 MOSFET、可编程单结型晶体管、带热模型的 NMOSFET。

5. 模拟元件库

该元件库主要包含以下元件：虚拟模拟元件、运算放大器、诺顿运放、比较器、宽带运放、特殊功能运放等。

6. TTL 元件库

单击元件工具栏的 TTL 元件库图标，弹出 TTL 元件库选择对话框，TTL 元件库含有 74 系列的 TTL 数字集成逻辑器件，包括标准型集成电路、低功耗肖特基型集成电路等。

7. COMS 元件库

COMS 元件库含有 74HC 系列和 4×××系列的 COMS 集成逻辑器件。

8. 其他数字元件库

该元件库包含数字逻辑器件、存放用硬件描述语言编写的若干常用的数字逻辑器件。

9. 混合元件库

该元件库包含混合模拟元件、定时器、A/D 转换器、D/A 转换器模拟开关等。

10. 显示元件库

该元件库包含可用来显示仿真结果的显示器件，如电压表、电流表、探测器、蜂鸣器、灯泡、虚拟灯泡、十六进制显示器、条形光柱等。

11. 其他元件库

该元件库包括传感器、晶振、真空管、保险丝、电压调节器、降压变换器、升压变换器、降压/升压变换器、有损耗传输线、无损耗传输线、网络及其他元件等。

12. 射频元件库

当电路工作于射频状态时，电路的工作频率很高，导致元件模型发生很多变化，在低频下的模型将不能适用于射频工作状态，因此 Multisim 8 提供了专门适合射频电路的元件模型，包括射频电容器、射频电感器、射频 NPN 晶体管、射频 PNP 晶体管、射频 MOSFET、射频隧道二极管、射频传输线等。

13. 机电类元件库

机电类元件库主要由一些电工类元件组成，包括感测开关、瞬时开关、接触器、定时接触器、线圈与继电器、线性变压器、保护装置、输出设备等。

五、仪器工具栏

仪器工具栏如图 3.2.20 所示，Multisim 8 提供了多种虚拟仪器，如数字万用表、函数信号发生器、瓦特表、双通道示波器、四通道示波器、波特图仪、频率计、逻辑分析仪、逻辑转换仪、伏安特性分析仪、失真分析仪等，此外还包括显示元件库里常用的电压表和电流表，这些仪器仪表可用于模拟电路、数字电路和高频电路的测试和分析。

图 3.2.20　仪器工具栏

1. 数字万用表（Multimeter）

数字万用表是一种可以自动调整量程的数字显示万用表，其在电路中的图标如图 3.2.21 所示，双击仪器图标弹出如图 3.2.22 所示面板，其电压档与电流档的内阻、电阻挡的电流值和分贝档的标准电压值都可以任意进行设置，点击 Set 按钮可以设置万用表的内部参数，一般保持默认即可。

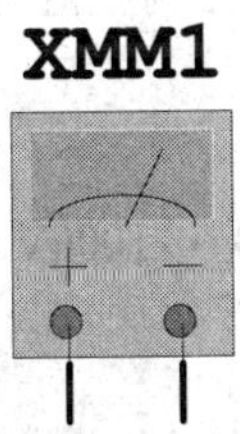

图 3.2.21　数字万用表图标

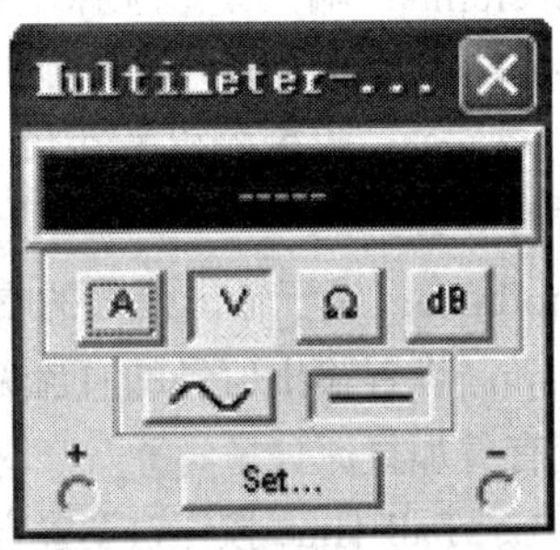

图 3.2.22　数字万用表面板

2. 电压表和电流表

电压表和电流表都放在指示器元件库中，图标如图 3.2.23 所示。在使用中数量没有限制，可以用于测量交（直）流电压和交（直）流电流，电压表并联在被测电路中，电流表串联在被测电路中。通过旋转可以改变引出线方向。为了使用方便，在指示器元件库中有引线垂直和水平两种形式的仪表。

电压表　　　　电流表

图 3.2.23　电流表和电压表图标

3. 函数信号发生器（Function Generator）

函数信号发生器可以用来产生正弦波、三角波和方波三种不同的波形，电路中的图标如图 3.2.24 所示，双击弹出如图 3.2.25 所示的面板，波形的选择从“Waveforms”中选，占空比主要用于三角波和方波的调整，幅度参数是指信号波形的峰值。

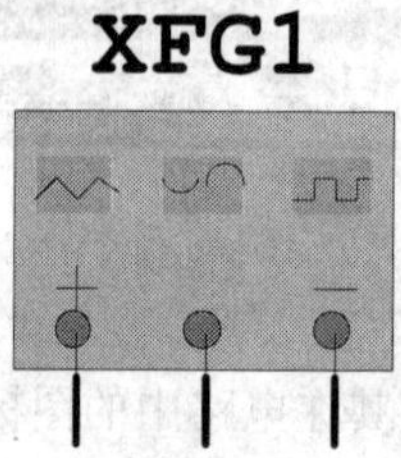

图 3.2.24　函数信号发生器图标

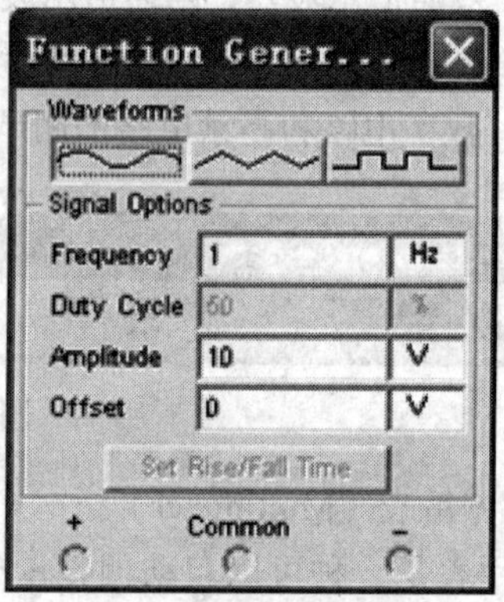

图 3.2.25　函数信号发生器面板

对函数信号发生器面板从上到下依次说明如下：

（1）Waveforms：输出波形选择，3 个按钮依次选择正弦波、三角波、方波。

（2）Frequency：设置输出信号频率。

（3）Duty Cycle：设置输出方波和三角波信号的占空比，占空比调整值为 1%～99%，仅对方波和三角波信号有效。

（4）Amplitude：设置输出信号的幅值。

（5）Offset：设置输出信号的直流偏置电压，设置范围为-1000～+1000V。默认设置为 0，表示输出电压没有叠加直流分量。

（6）Set Rise/Fall Time 按钮：设置方波的上升和下降时间，仅对方波有效。

4. 双通道示波器（Oscilloscope）

双通道示波器是用来显示电压信号波形的形状、大小和频率等参数的仪器。示波器图标如图 3.2.26 所示 A、B 表示两个输入通道，T 为触发信号输入端，G 为接地端。双击该图标弹出如图 3.2.27 所示面板。

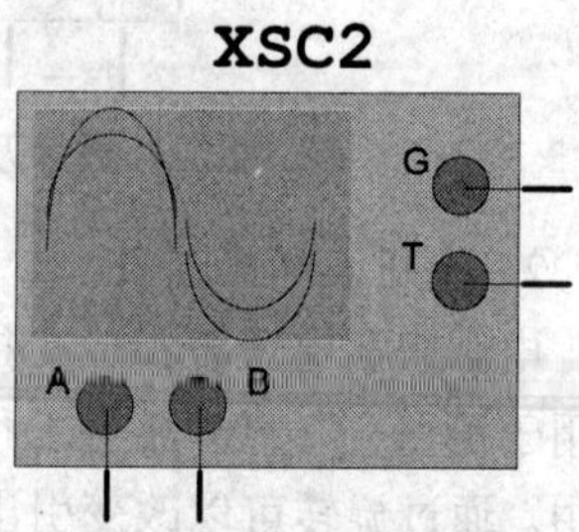

图 3.2.26　双通道示波器图标

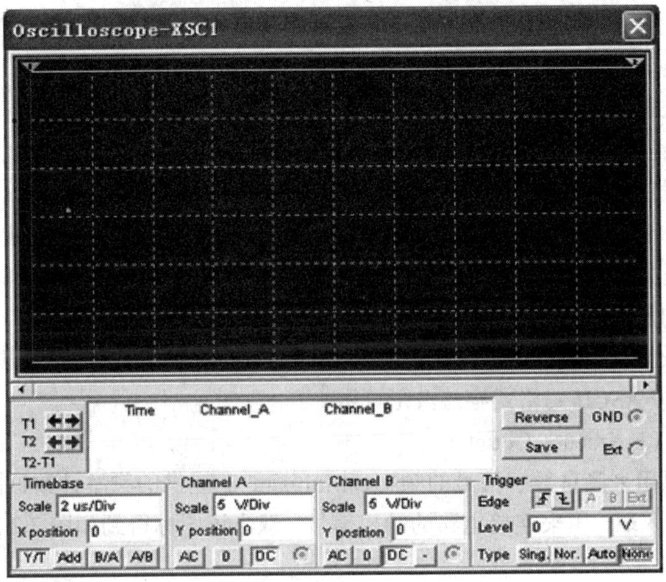

图 3.2.27　双通道示波器面板

示波器面板的各个按钮的作用调整及参数的设置与实际的示波器类似，具体设置如下：

（1）时基控制部分的调整。时间标尺（Scale）：设置 *X* 轴刻度显示的时间基准，改变其参数可将波形水平方向展宽或压缩；*X* 轴位置控制（X position）：*X* 轴的起始点，当 *X* 轴位置调到 0 时，信号从示波器显示屏的左边缘开始；显示方式选择：示波器的显示方式有 *Y/T*（幅度/时间）方式、A/B（A 通道/B 通道）方式、B/A（B 通道/A 通道）方式和 Add 方式（*X* 轴显示时间，*Y* 轴显示 A 通道和 B 通道的输入电压之和）。

（2）示波器输入通道的设置。

示波器输入通道（Channel A/B）的设置各项说明如下：

Y 轴刻度选择（Scale）：*Y* 轴电压刻度范围从 1pV/Div～1000TV/Div，可以根据输入信号的大小来选择 *Y* 轴刻度值的大小，使信号波形在示波器上显示出合适的幅度。

Y 轴位置控制：此选项控制 *Y* 轴的起始点，当 *Y* 的位置为 0 时，*Y* 轴的原点在示波器的屏幕中线，*Y* 轴的位置加 1，*Y* 轴原点位置从示波器屏幕中线向上移一格，*Y* 轴位置减 1，*Y* 轴原点位置从示波器屏幕中线向下移一格。*Y* 轴的位置调节范围为-3～+3，改变 *Y* 轴的位置有助于比较或分辨两通道的波形。

Y 轴的输入方式：即信号输入的耦合方式。当用 AC 耦合时，示波器只显示信号的交流分量；当用 DC 耦合时，显示的是直流和交流的叠加；当用 0 耦合时，在 *Y* 轴设置的原点位置显示一条水平直线。

（3）触发参数设置区。

触发方式选择：Auto 表示不需触发信号；Single 表示单次触发；Normal 表示普通触发方式。

触发源选择：A 或 B 表示使用相应通道的信号作为触发信号；EXT 表示由外触发端（图 3.2.26 中示波器图标的 T 端）输入的数字信号触发。

触发沿（Edge）选择：可以选择触发信号的上升沿或下降沿触发。

触发电平（Level）选择：该栏用以预先设定触发电平的大小，包括两个文本框，左边文本框用于输入触发电平的大小，可由用户自行设置，默认值为 0；右边文本框用于设置触发电平的单位，默认单位为 V。此项设置只适用于 Single 和 Normal 采样模式，当 A/B 通道输入信号大于此处设定的触发电平时，示波器才开始采样。

（4）示波器其他设置。

示波器的其他设置的各项说明如下：

波形参数测量：要显示波形读数的精确值时，可用鼠标将垂直光标拖到需要读取数据的位置。在示波器显示屏幕下方的方框内，显示光标与波形垂直相交点处的时间和电压值，以及两光标位置之间的时间、电压的差值。

波形存储和背景颜色控制：单击面板右侧 Reverse 按钮可改变示波器屏幕的背景颜色，单击面板右侧 Save 按钮可按 ASCII 码格式存储波形读数。

5. 频率计数器（Frequency Counter）

频率计数器可以用来测量数字信号的频率，Multisim 8 提供的频率计数器图标如图 3.2.28 所示，其中只有一个输入端，用来连接电路的输出信号，双击该图标得到如图 3.2.29 所示的频率计数器面板。

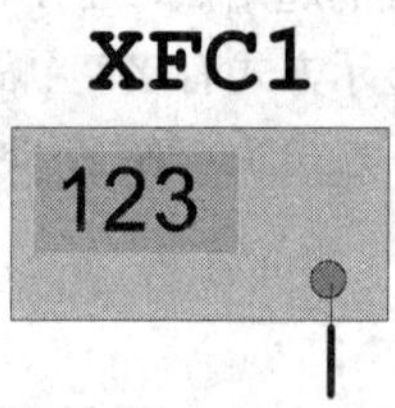

图 3.2.28 频率计数器图标

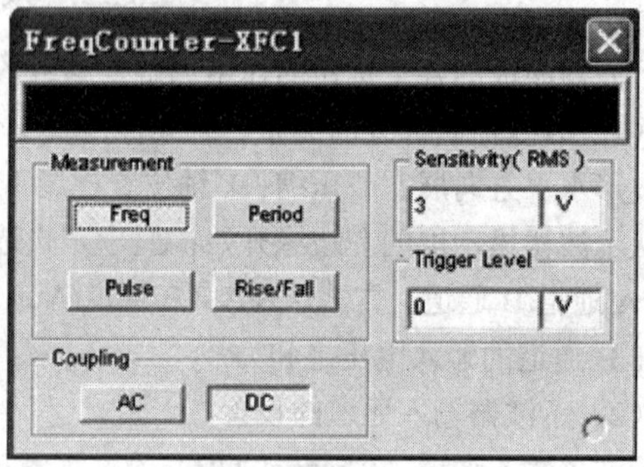

图 3.2.29 频率计数器面板

各项功能如下：

（1）Measurement 选项区域。该区域包括 4 个按钮，单击 Freq 测量频率，单击 Period 测量周期，单击 Pulse 测量正极性和负极性脉冲的持续时间，单击 Rise/Fall 测量脉冲的上升和下降时间。

（2）Coupling 选项区域。AC 表示交流耦合方式，DC 表示直流耦合方式。

（3）Sensitivity（RMS）选项区域。灵敏度选择。

（4）Trigger Level 选项区域。选择触发电平，通过左边栏输入触发电平值，输入信号必须大于触发电平才能进行测量。

用函数信号发生器与频率计数器连接得到如图 3.2.30 所示的电路，启动仿真，得到频率计数器输出结果，该测量结果与函数信号发生器的输出频率一致，都为 10kHz。

6. 字信号发生器（Word Generator）

字信号发生器是能产生 32 路同步逻辑信号的一个多路逻辑信号源，用于对数字逻辑电路进行测试。字信号发生器的图标如图 3.2.31 所示，R 端为信号准备好输出端子，T 端为外触发信号端子，双击该图标，可得如图 3.2.32 所示字信号发生器面板。

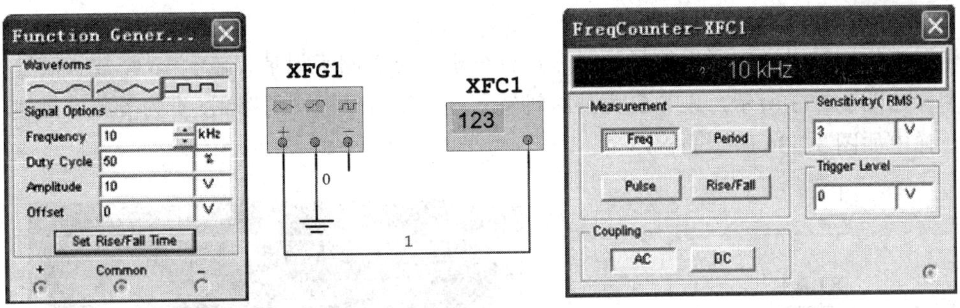

图 3.2.30　频率计数器测试电路及结果

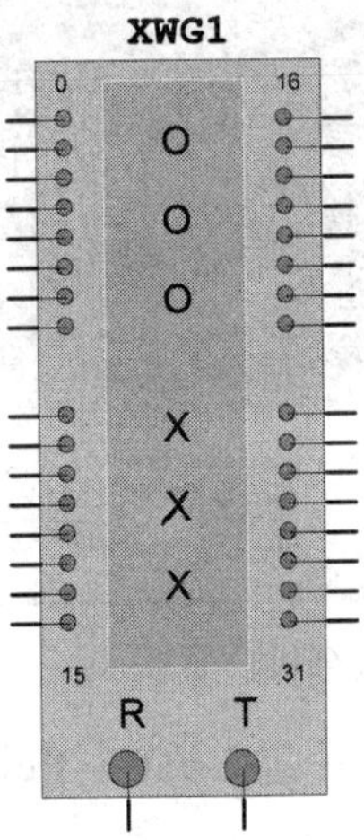

图 3.2.31　字信号发生器图标

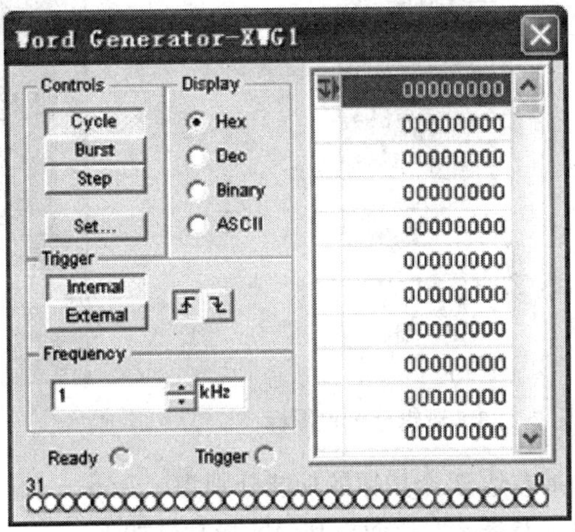

图 3.2.32　字信号发生器面板

面板各选项区域功能如下：

（1）字信号编辑显示区域。位于面板的最右侧，默认设置 32 位字信号以 8 位十六进制数形式显示在该区域，也可通过 Display 区选择其他进制显示形式。单击其中某一条字信号可实现对其定位和改写。

（2）Display 选项区域。选择字信号的显示形式，包括 Hex（十六进制）、Dec（十进制）、Binary（二进制）和 ASCII 码显示形式。

（3）Controls 选项区域。该区域包括 4 个按钮，每个按钮对应功能如下：

Cycle：循环输出。

Burst：单次输出。

Step：单步输出，即单击该按钮一次输出一条字信号。

Set：字信号发生器的参数设置。

（4）Trigger 选项区域。该区域用于设置触发方式，包括 4 个按钮，对应功能如下：

Internal：内部触发方式。

External：外部触发方式。

：上升沿触发。

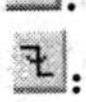：下降沿触发。

（5）Frequency 选项区域。设置字信号发生器的时钟频率。

7. 逻辑分析仪（Logic Analyzer）

逻辑分析仪用于对数字逻辑信号的时序进行分析，可以同步记录和显示 16 路数字信号。在电路中的图标如图 3.2.33 所示，其中 C 为外时钟输入端，Q 为时钟输入控制，T 为外触发控制。双击该图标，弹出如图 3.2.34 所示面板。

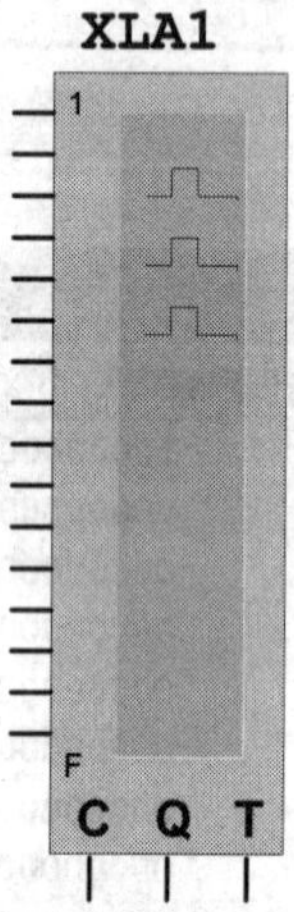

图 3.2.33 逻辑分析仪图标

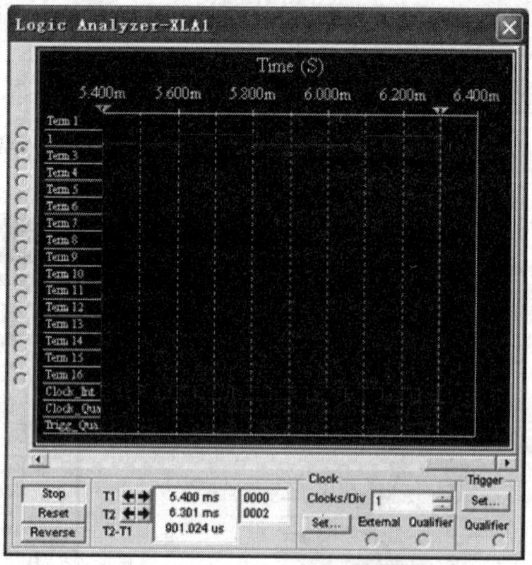

图 3.2.34 逻辑分析仪面板

其中最左边 3 个按钮的功能分别为：Stop——停止仿真；Reset——重新仿真；Reverse——反色波形显示背景区。该面板其他区域功能如下：

（1）波形显示区。该区显示各路输入的数字信号时序。

（2）波形参数显示区。显示两个光标测量的参数。

（3）Clock 选项区域。其中 Clock/Div 栏设置水平刻度显示时钟脉冲个数，单击逻辑分析仪面板 Clock/Div 栏下方的 Set 按钮，将弹出参数设置对话框，在此对话框内可以设置与逻辑分析仪的采样时钟相关的参数。

（4）Trigger 选项区域。单击该面板 Trigger 区下方的 Set 按钮，将弹出触发方式参数设置对话框，在此对话框中可以设置与逻辑分析仪的触发方式相关的参数，包括以下几项：Trigger Clock Edge——设定触发方式（包括上升沿触发、下降沿触发、上升下降皆可触发 3 种触发方式）；Trigger Qualifier——设定触发检验；Trigger Patterns——设定触发模式。

8. 逻辑转换仪（Logic Converter）

逻辑转换仪是 Multisim 软件特有的仪器，能够完成真值表、逻辑表达式和逻辑电路三者之间的相互转换，现实中不存在与此对应的设备。逻辑转换仪图标如图 3.2.35 所示，包括 9 个端子，左边 8 个端子为输入，连接需要分析的逻辑电路的输入信号，最右边的一个为输出，连接需要分析的逻辑电路的输出。双击该图标，可得到如图 3.2.36 所示的逻辑转换仪面板。

该面板包括 3 部分，左边窗口显示真值表，底部栏显示逻辑表达式，最右边的选项区域包括 5 个控制按钮，这 5 个按钮从上到下功能依次为：逻辑电路转换为真值表，真值表转换为逻辑表达式，真值表转换为真值表对应的简化逻辑表达式，由底部栏中的逻辑表达式转换为逻辑电路，由底部栏中的逻辑表达式转换为全部由与非门构成的逻辑电路。

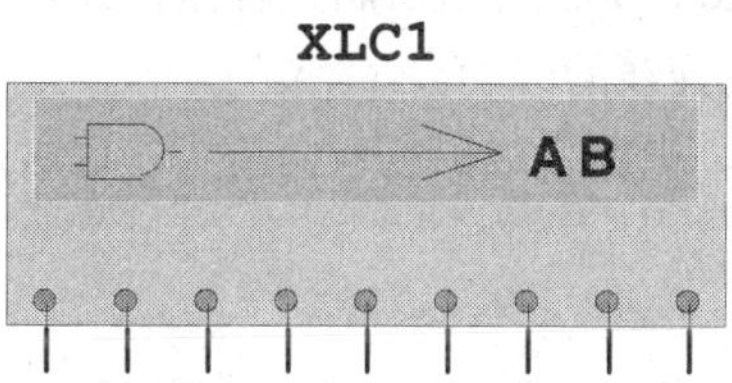

图 3.2.35 逻辑转换仪图标

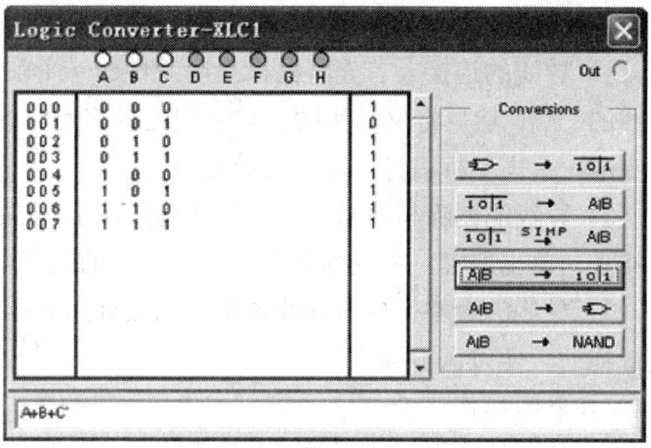

图 3.2.36 逻辑转换仪面板

9. 其他仪器

另外 Multisim 中还包含了模拟电路中常用的仿真仪器，如伏安特性分析仪、失真分析仪等，高频电路中常用的仿真仪器，如频谱分析仪、网络分析仪等。在此不再赘述。

项目三 Multisim 8 操作使用方法

一、电路的创建

启动 Multisim 8 后，程序将自动建立名为 Circuit1 的空白电路文件，保存该文件并重新命名。电路工作区的颜色、尺寸、显示模式等设置可根据用户习惯在 Option 菜单中设置，一般保持程序默认设置即可。电路是由元件与连接导线组成的，要创建一个电路必须掌握元件的操作和导线的连接方法。

1. 元件的操作

（1）元件选用。选用元件时，首先在元件工具栏中单击包含该元件的元件库图标，弹出如图 3.2.18 所示的元件选择对话框，选择元件后点击 OK 按钮，所选中的元件粘贴在鼠标上随鼠标移动，选择合适的位置，单击鼠标左键，元件被放置在电路图中。如果还需其他元件，重复上述操作。

（2）元件的选中。单个元件的选中，可以用左键单击元件，元件周围出现虚线框，表示元件已被选中。多个元件选中，可用 Shift＋鼠标左键单击。

（3）元件的移动。鼠标左键按住元件拖曳，元件可随鼠标移动。多个元件的移动，可先选中需要移动的元件，然后用鼠标左键按住其中一个进行拖曳。

（4）元件的删除。选中需要删除的元件，按 Delete 键或者使用菜单 Edit－Delete 可对元件进行删除操作。

（5）元件的旋转。选中该元件，然后使用工具栏中的 Edit－Orientation－Flip Horizontal/Flip Vertical 进行旋转。

（6）元件属性的修改。双击元件，弹出元件属性对话框，可对元件的参数进行修改。

（7）节点的使用。节点是一个小圆点，类似于导线的接头，是导线的起点或终点。执行 Place－Junction 命令，可将节点放置到电路中去。

2. 导线的操作

（1）导线的连接。首先将鼠标指向元件的一个端点使其出现一个小黑圆点，单击鼠标左键确定导线的一端，然后将鼠标移动至与之相连接的元件的一端，出现小黑圆点时单击鼠标左键，导线连接完成。单击鼠标右键，取消导线连接。

（2）导线的删除与改动。单击导线选中，按键盘 Delete 键删除导线。将鼠标指向元件与导线的连接点，单击左键，将鼠标移至另一元件的的端点，实现连线的改动。

（3）导线的调整。单击导线选中，当鼠标指向导线时，光标变成黑色双向箭头，这时按住鼠标左键拖动，便可调整导线的位置。

3. 仪器的操作

（1）仪器的选用。从仪器工具栏中将相应的仪器图标拖曳至电路工作区。仪器图标上有连接端用于将仪器连入电路，拖曳仪器图标可以移动仪器的位置。

（2）仪器参数的设置。双击图标，打开仪器面板即可设置仪器参数。

二、仿真实例

在此将以电路仿真实例说明 Multisim 在电路设计和分析中的使用方法。Multisim 的基础是正向仿真，为用户提供了一个软件平台，允许用户在进行硬件实现以前对电路进行观测和分析。

1. 十进制计数器设计

常用的集成十进制计数器有 74HC162（同步清零）、74HC160（异步清零）等。采用 74HC162 创建的十进制同步计数器如图 3.3.1 所示。74HC162 的 A、B、C、D 为预先设置的初始值，当 LOAD 端为低电平时，初始值有效。CLR 为清零端，低电平有效。RCO 为进位端，当输出全为 1 时，RCO 有效。

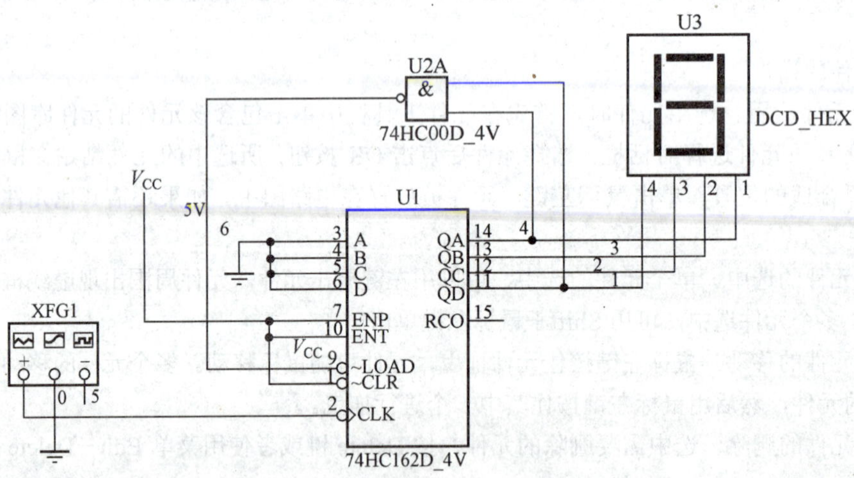

图 3.3.1　十进制同步计数器

按图 3.3.1 所示搭建电路，令 $A=B=C=D=0$，即计数初始值为 000，用函数发生器产生 100Hz/5V 的方波脉冲来模拟时钟脉冲。用一个与非门产生进位位，当 $Q_AQ_BQ_CQ_D$=1001 时，Q_A=1，Q_D=1 通过与非后变为 0，从而使 LOAD 端变为低电平，重新装入初始值，计数器又从 0 开始计数。

运行仿真，观察到 7 段数码管由 0～9 循环显示。改变与非门的输入可构建其他进制的计数器。

2. 555 定时器组成的波形发生电路

从 Mixed 库（混合集成库）里面找到 555 定时器 LM555，并用示波器和频率计数器作为测量元件，建立如图 3.3.2 所示的电路。该电路构成了自激多频振荡器，也称为无稳态触发器。该电路勿需外加触发脉冲，就能输出矩形脉冲，因输出举行脉冲含有许多高次谐波，因此称为多谐波振荡器。其中 R_1 和 R_4 是外接定时电阻，C_1 是外接定时电容。图 3.3.2 中电阻 R_1、R_4 及电容 C_1 构成充放电回路，当 $V_{C1}>2V_{CC}/3$ 时，555 定时器内部三极管导通，电容 C_1 通过电阻 R_4 放电；当电容 C_1 上电压 $V_{C1}<V_{CC}/3$ 时，555 定时器内部三极管截至，电容开始充电。

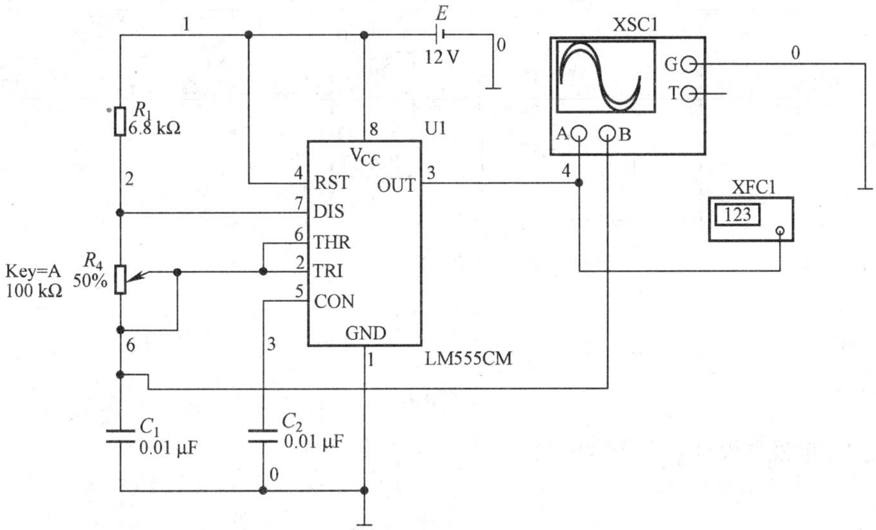

图 3.3.2　自激多谐振荡电路

启动仿真开关，双击示波器，打开如图 3.3.3 所示的示波器面板，可以看到输入和输出波形，可以根据占空比计算充电和放电时间。双击频率计，打开如图 3.3.4 所示的频率计面板，可以看到在图 3.3.3 所示的参数下，得到的脉冲频率是 1.319kHz。

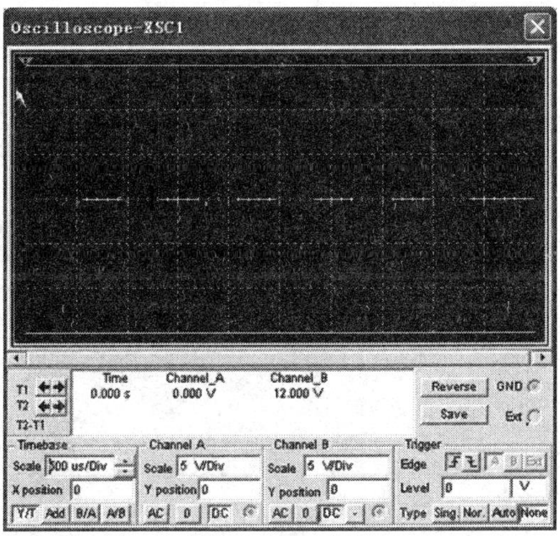

图 3.3.3　自激多谐振荡电路输入输出波形

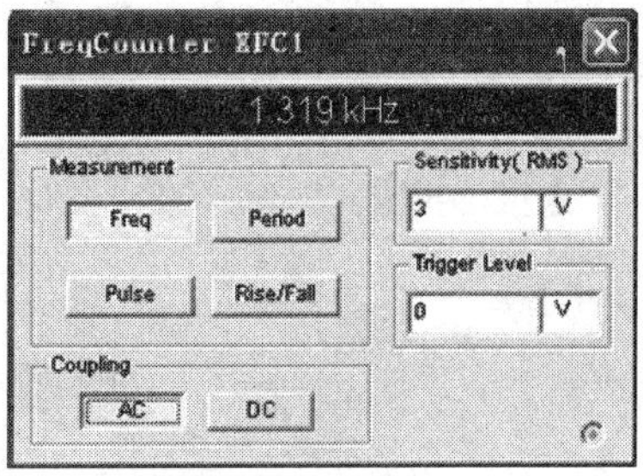

图 3.3.4　频率测量结果

习题三

3.1　熟悉 Multisim 8 的工作环境，并创建和保存一个原理图文件。

3.2　用示波器测量函数发生器的输出波形，调整各参数，观察波形变化。

3.3　数字电路仿真的常用仪器有哪些？熟悉各仪器参数的含义和测量方法。

3.4　创建如题图 3.1 所示电路，改变 D 端和 CLK 端输入，观察输出变化。

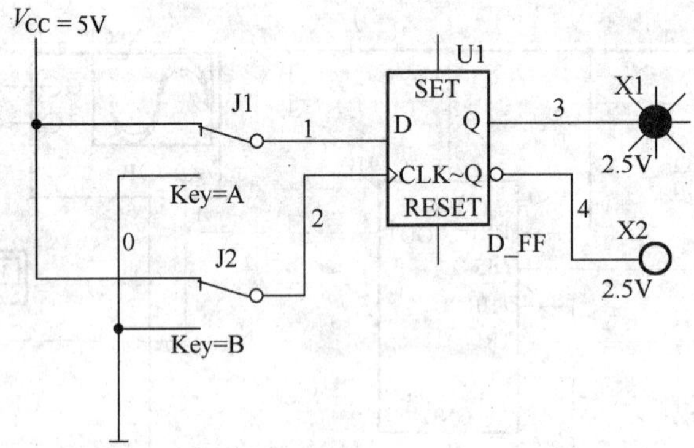

题图 3.1

3.5　用 JK 触发器设计一个十六进制计数器。

模块四

实践篇

科技发展离不开电子技术，电子技术的应用已经渗透到社会的多个领域。近几年来数字电子技术的应用更为突出。

数字电子技术是一门密切联系实际的课程，实用性、实践性很强，本模块将主要分析数字电路的综合应用案例，其目的是将前3个模块所所学习的数字电子技术基础理论与工程应用联系结合，以理论为指导，巩固所学知识，达到4种基本技能的培养：根据实际需要合理选择和检测元器件的技能；正确使用元器件的技能；电子产品的安装技能；电子产品的故障检测及维修技能，并培养学生的创新能力。

项目一　带门铃的编码电子锁

一、电路分析

（一）电路功能

编码电子锁不需要钥匙，只要记住一组十进制数字，即所谓编码，编码一般为4位数，图4.1.1所示电路的编码是 1469，顺着数字的先后从高位数到低位数用手逐个按下按键开关，锁便能自动打开。若操作顺序不对，锁就打不开。同时，该锁还具有电子门铃的功能，只要按下0号键，音乐就能驱动扬声器发出音乐声。

（二）电路结构与工作原理

如图4.1.1所示，其中有10个按键开关 S_0～S_9，分别标记为0～9。电路中有4个D触发器，由两片74LS系列的双D触发器组成。4个D触发器的复位端（也叫置零端）都连在一起，由反相器4的输出控制，并接一只电容 C_2 接地，由于电容两端的电压不能跃变，因此在接通电源的瞬间，$\bar{R}_d$ 端为低电平，将4个触发器置零。F 输出为低电平，电子锁处在关闭的状态。

右边第一个触发器的 D_1 端悬空（或通过一只电阻接电源），始终处于高电平。它的输出端 Q_1 接下一个触发器的 D_2 端，一次类推，Q_2 接 D_3，Q_3 接 D_4。因此，后一个D触发器的输入状态与前一个触发器的输出相同，即 $D_{n+1}=Q_n$。4个D触发器的 CP 脉冲输入端 CP_1、CP_2、CP_3、CP_4 分别

通过按键开关 S_1、S_4、S_6 和 S_9 接地。形成 1469 四位编码。当 S_1、S_4、S_6、S_9 没有被按下时，4 个 CP 脉冲端均悬空，相当于输入高电平，输出保持原状态不变，当按下 S_1 键后，CP_1 变为低电平，松手后，CP_1 来了一个上升沿，使触发器 D_1 的输出 Q_1 变为高电平，再按下 S_4 并松手后，CP_2 来了一个上升沿，使触发器 D_2 的输出也变为高电平，依此类推，当人们先后按此序按下 S_1、S_4、S_6、S_9 时，将会依次使 $D_2=Q_1$，$D_3=Q_2$，$D_4=Q_3$，$Q_4=Q_3=1$，$Q_4=F=1$。F 做为输出端，驱动控制电路，将锁打开。若输入的次序不对，锁将不能被打开。

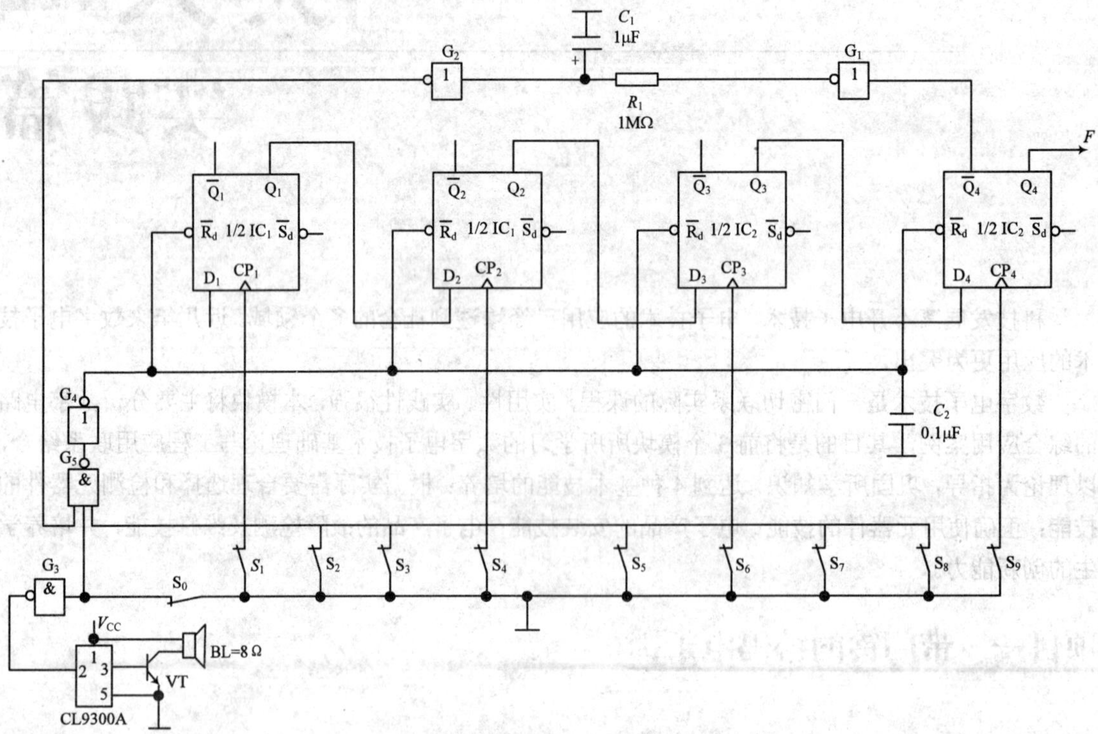

图 4.1.1　编码电子锁原理图

电路中，G_5 的输出经 G_4 后接到 4 个触发器的复位端。G_5 有 3 个输入端，一个通过 S_0 接地，当按下 S_0 时，G_5 输出高电平，经反相后将各触发器复位后，同时，由于 S_0 被按下，将使 G_3 的输出为高电平，给 CL9300A 的触发端提供一个触发信号，音乐片带动扬声器工作，发出声音，即具有电子门铃的功能。G_5 的第二个输入端与开关 S_2、S_3、S_5、S_7，S_8 相连，当这些开关中有一个被按下时，都将会将 D_1～D_4 置零。

与非门的第三个输入端经反相器 1 和 2 及有 R_1，C_1 组成的延时网络与第 4 个触发器的 $\bar{Q}_4$ 端相连，当依次输入密码将锁打开后，$\bar{Q}_4$ 输出低电平，使反相器 1 输出高电平，经 RC 延时网络延时一定时间后，将反相器 2 置零，使各个 D 触发器复位。延迟时间的长短，取决于电阻 R_1 和电容 C_1 的值。

二、元器件选型与调试

（一）安装与调试

如图 4.1.1 所示的编码电子锁电路的安装与调试可以在电子线路插接板上进行。各集成电路必须选用TTL集成电路，4个触发器可以由74LS双D触发器组成，3输入端G_5和G_4可以用一片74LS20完成，G_1、G_2、G_3可以用一片74LS00实现。

（二）元器件清单

编码电子锁元器件清单如表4.1.1所示。

表4.1.1 编码电子锁电路元器件清单

符号	名称	规格
IC_1、IC_2	双D触发器	74LS74
IC_3	2/4输入与非门	74LS20
IC_4	4/2输入与非门	74LS00
R_1	电阻器	1MΩ，0.125W
C_1	电解电容	1μF/16V
C_2	电容器	0.1μF
S_0～S_9	按钮开关	
VT	三极管	9013
IC_5	音乐片	CL9300A
BL	扬声器或蜂鸣器	1.5in/8Ω

项目二 3位计数、译码和显示电路

一、电路分析

（一）电路功能

3位计数电路是将计数、译码、显示电路组合在一起，可以对输入的脉冲信号进行计术，计数范围是000～999，在任何时刻，均可以通过置零复位。

（二）电路结构与工作原理

3位计数、译码、显示电路如图4.2.1所示。利用同步计数器74LS160的CP端进行计数的输入，其输出为十进制数，再利用74LS248进行4线/7线译码输出，驱动7段数码显示器显示一位十进制数，组成一个0～9的十进制计数显示系统，若将74LS160进行级联，可显示多位数，显示的数字范围是000～999。由于74LS160是超前进位，因此在其CO端加一反相器。

二、元器件选型与调试

（一）调试方法

（1）在计数器74LS160（1）的CP端连续输入单个脉冲，可以用无抖动开关来提供CP脉冲，如图4.2.1所示，也可以将无抖动开关断开，用脉冲信号发生器直接提供脉冲信号，观察显示结果。

（2）电路中，74LS248的$\overline{LT}$、$\overline{BI}/\overline{RBO}$、$\overline{RBI}$和74LS160的$\overline{CR}$、$\overline{LD}$、$CT_T$、$CT_P$端钧应接高电位，需要注意的是：若所选集成电路为TTL集成电路，可以将这些端子悬空；若所选集成电路为CMOS集成电路，则必须将这些端子接高电平。

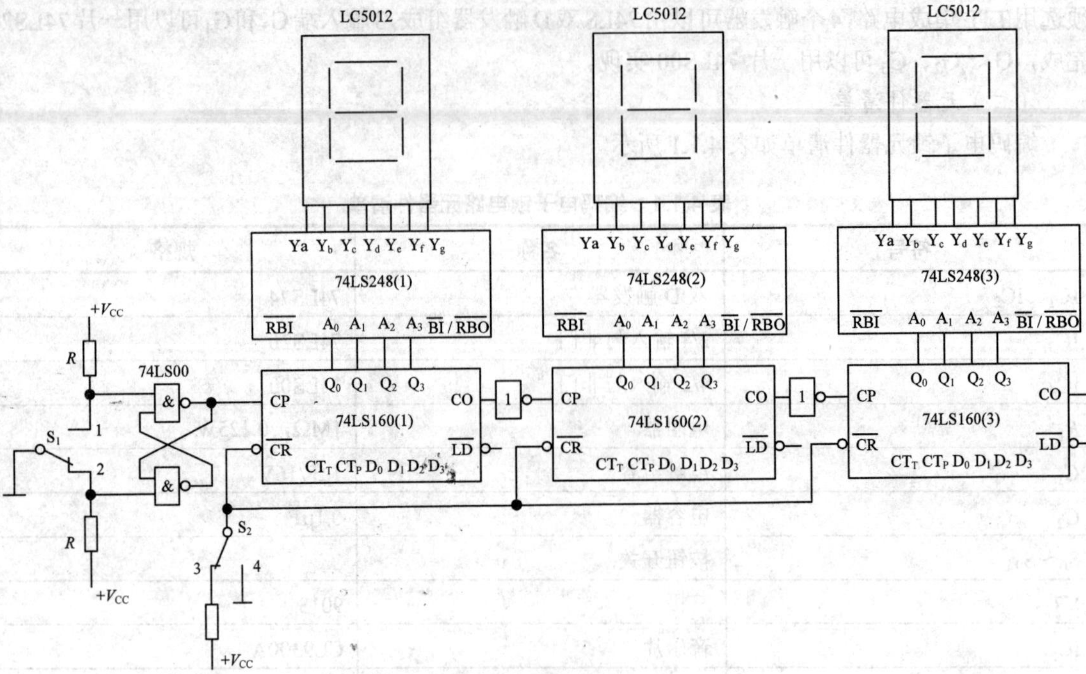

图 4.2.1　3 位计数器电路图

（3）在计数过程中，可以将开关 S_2 置 4 端，对计数器清零。

（二）元件清单及各集成块功能说明

1. 3 位计数器电路元件清单

如表 4.2.1 所示。

表 4.2.1　3 位计数器元器件清单

符号	名称	数量
74LS160	十进制计数器	3 片
74LS248	4 线/7 线计数译码显示器	3 片
LC5012	共阴极数码管	3 片
74LS00	4/2 输入与非门	2 片
R	100Ω电阻	2 片
S_1、S_2	单刀双掷开关	2 片

2. 74LS160 的状态表及功能说明

（1）表 4.2.2 是 74LS160 的状态表。

（2）元件功能说明。74LS160 为可以预置的十进制同步计数器。

1）74LS160 是异步清零，当清除端 $\overline{CR}$ 为低电平时，不管时钟端的状态如何，都可以完成清零功能。

表 4.2.2 74LS160 的状态表

输入									输出					
$\overline{CR}$	$\overline{LD}$	CT_P	CT_T	CP	D_0	D_1	D_2	D_3	Q_0^{n+1}	Q_1^{n+1}	Q_2^{n+1}	Q_3^{n+1}	动作	CO
0	×	×	×	×	×	×	×	×	0	0	0	0	异步清零	0
1	0	×	×	↑	d_0	d_1	d_2	d	d_0	d_1	d_2	d	同步置数	
1	1	1	1	↑	×	×	×	×					递增计数	
1	1	0	×	×	×	×	×	×	Q_0^n	Q_1^n	Q_2^n	Q_3^n	保持	
1	1	×	0	×	×	×	×	×	Q_0^n	Q_1^n	Q_2^n	Q_3^n	保持	0

2）74LS160 是同步置数。当输入控制端 $\overline{LD}$ 为低电平时，在 CP 上升沿作用下，输出端 Q_0～Q_3 与数据输入端 D_0～D_3 一致。

3）74LS160 是同步计数器。

4）74LS160 的同步计数功能。当 $\overline{CR}=\overline{LD}=1$ 时，$CT_T=CT_P=1$，则计数器按照自然二进制数的递增顺序对 CP 的上升沿进行计数。当达到 1001（第九个上升沿）时，产生进位信号 $CO=1$，其宽度为 Q_0 的高电平部分。

5）引出端符号如下：

CO：进位输出端。

CT_T、CT_P：计数控制端。

Q_0～Q_3：输出端。

D_0～D_3：并行数据输入端。

CP：时钟脉冲输入端。

$\overline{LD}$：同步并行置入控制端。

$\overline{CR}$：异步清零输入端。

3. 4 线/7 线译码器/驱动器 74LS248 功能说明

74LS248 为有内部上拉电阻的 BCD－7 段译码器/驱动器。输出端 Y_a～Y_g：为高电平有效，可以驱动缓冲器或共阴极的 LED。其引出端符号及功能如下所示：

A_0～A_3：地址码输入端。

Y_a～Y_g：7 段数码管的单段输出，高电平有效。

$\overline{BI}$：消隐输入端（低电平有效）只要该端接低电平，不管其他各端输入如何，各段钧熄灭。

$\overline{RBO}$：串行消隐输出（低电平有效），当该输出端为 0 时，各段输出均为 0，称为灭 0，当该输出端为 1 时，则不灭 0。

$\overline{RBI}$：串行消隐输入端（低电平有效），其作用在于多位显示时，灭无效零。$\overline{RBI}=0$，$\overline{LT}=1$，$ABCD$＝0000 时，使 $\overline{RBO}=0$，则各端熄灭，称灭 0；若 $ABCD$≠0000，则 $\overline{RBO}=1$，正常显示。当 $\overline{RBI}=1$，$\overline{LT}=1$ 时，即使 $ABCD$＝0000，也不灭 0。

74LS00：4/2 输入与非门。

LC5012：为共阴极 7 段显示器。其输入端可以直接接 74LS248 的输出，为了安全起见，可以将 74LS248 的输出端通过一只 100Ω的电阻器接入其输入端。

项目三　红外线自控水龙头电路

一、电路分析

（一）常用发光及光敏器件

常用光敏器件为光敏电阻、光敏二极管、光敏三极管。光敏器件一般用于光控制电路中，将光照强弱的变化转化为电信号，以实现信息的变化和检测。直流信号、交流信号、脉冲信号均能作为发光二极管的驱动信号。

1. 光敏电阻

光敏电阻是根据半导体的光电效应制成的，其电阻率对某段波长的照度变化敏感，照度增加时，电阻率减少。在一定条件下，照度和电阻率呈线形关系。光敏电阻在无光照时也具有一定的阻值，为暗阻，其阻值一般大于 1500kΩ；在有光照时，为亮阻，其阻值为几 kΩ，两者相差很大。光敏电阻所用的材料主要有硫化铝、硫化镉、硫化铋、硒化镉、硒化锌、砷化镓等，其中硫化镉是最具有代表性的一种。

2. 半导体光敏管

半导体光敏管主要有光敏二极管和光敏三极管。

光敏二极管又称光电二极管，它有 4 种类型：PN 结型、PIN 结型、血崩型和肖特基结构类型。光敏二极管（以 PN 结型为例）是通过在 PN 结加入反向电压，即在一定的反向电压范围内，其反向电流将随光照强度的增加而线性增加，这个反向电流被称为光电流。因此对应一定光照度的光敏二极管相当于一个恒流源。

光敏三极管在原理上与晶体管相似，区别在于它的集电结为光敏二极管结构，其等效电路如图 4.3.1（a）所示。因为集电极电流由光敏二极管提供，一般没有基极外引线。如果在光敏三极管集电极 C 和发射极 E 之间加电压，使集电结反偏，则在无光照时，C、E 间只有漏电电流 I_{CEO}，称为暗电流，大小约为 0.3μA。有光照时，产生光电流 I_B，同时 I_B 被放大形成集电极电流，大小在几百 μA 到 mA 之间，正是因为光敏三极管在把光信号转换为电信号的同时，放大了信号电流，所以比光敏二极管具有更高的灵敏度，应用范围更广。

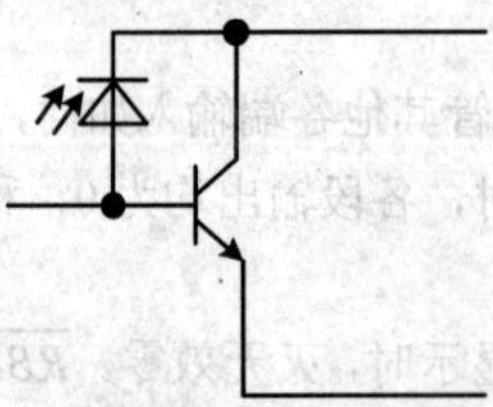

（a）等效电路

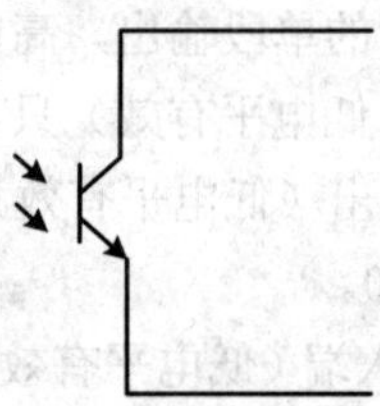

（b）符号

图 4.3.1　光敏三极管等效电路和符号

（二）红外线自动控制水龙头电路分析

一体化红外线自动控制水龙头具有结构简单、成本低廉的特点，便于普及应用，非常适合在医院、宾馆、饭店及家庭使用。

红外线自动控制水龙头电路图如图 4.3.2 所示。它有红外线发射电路、红外接受电路、选频放大电路、驱动电路、电源及执行电路等组成。

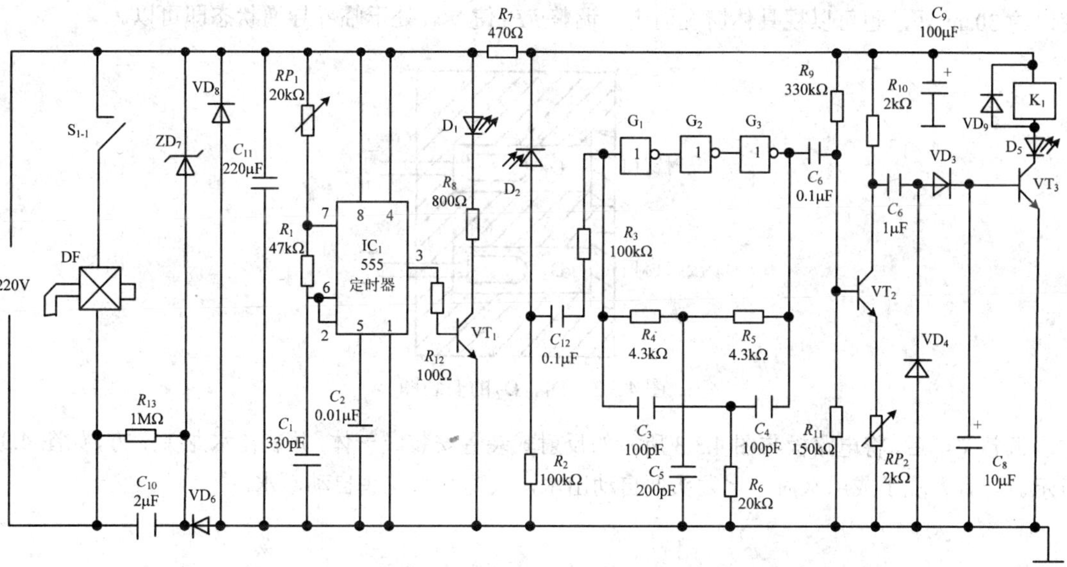

图 4.3.2　红外线自动控制水龙头电路原理图

发射电路由 IC_1、RP_1、R_1、C_1、C_2、VT_1、D_1 等元件构成，IC_1 及外围元件构成多谐振荡电路，选者 RP_1、R_1、C_1 使其震荡频率为 38Hz。震荡由 3 脚输出，经 VT_1 进行功率放大后，驱动红外发光二极管 D_1 发出红外光脉冲。

D_2 是红外光敏二极管，当它受到红外光脉冲照射时，其内阻作同频率的变化，D_2 变化的电阻与 R_2 分压后，便在 C_{12} 左端产生一个微小的同频率交流电信号，经 C_{12} 耦合给选频放大器。选频放大器由 COMS 与非门 G_1、G_2、G_3、R_3、R_4、R_5、R_6、C_3、C_4、C_5 构成，R_4、R_5 既是 RC 双 T 选频网络的元件，又是将 G_1～G_3 偏置在线性工作区的负反馈偏置电阻，双 T 选频网络在此为放大器的交流负反馈通道，当输入信号频率满足 $f_0=1/2\pi RC$（$R=R_4=R_5$，$R_6=R/2$，$C=C_3=C_4$，$C_5=2C$）时，反馈通道的交流阻抗最大，也就是交流负反馈系数最小，

放大器放大倍数最大，故电路将选出频率为 f_0 的信号进行放大，选出的信号经 C_6 耦合至 VT_2 等构成的交流放大器进一步放大，以达到一定的幅度值。

VD_3、VD_4、C_8 将 C_7 送来的具有一定幅度值的交流信号进行半波整流和滤波，变为直流电压作用于 VT_3 基极，VT_3 基极导通，驱动 K_1 吸合，电磁阀通电导通，同时，变色发光二极管 D_5 发光，指示出此刻的电路状态。

VD_6、ZD_7、VD_8 以及 C_{10} 构成电容降压半波整流电路。

二、元器件选型与调试

（一）元器件的安装、调试

首先，将 D_1、D_2 靠近，并将 RP_2 调至最小，调节 RP_1，使发射与接受频率相同，VT_3 导通，D_5 发光。然后，拉开 D_1、D_2 的距离至 3m 左右，并将 D_1、D_2 的发光面与受光面相对，观察 VT_3 是否导通，如未导通，再微调 RP_1 来达到要求。这样，初调之后，将 D_1、D_2 装入如图 4.3.3 所示的

反射式发射－接收装置中，反射式发射－接收装置的壳体用不透明的塑料或其他材料加工而成，发射与接收窗口用红色透光有机玻璃。当有人体或有物体靠近发射与接收窗口时，D_1 发出的光脉冲反射到 D_2，使电路动作，反射距离可以通过 RP_2 来调整，方法是将手或物体移至距离发射与接收窗口约 30cm 处，也可以视具体情况而定，调整 RP_2 使 VT_3 处于临界导通状态即可以。

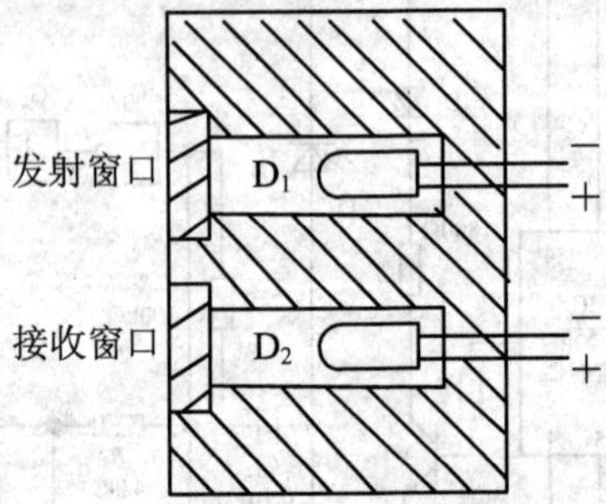

图 4.3.3　D_1、D_2 的安装图

调整完毕后，将电路板与图 4.3.3 所示的反射式装置安装成一体，并装在水龙头上方，如图 4.3.4 所示。当有人洗手或用水时，水龙头便自动出水，人离开水龙头自动断水。

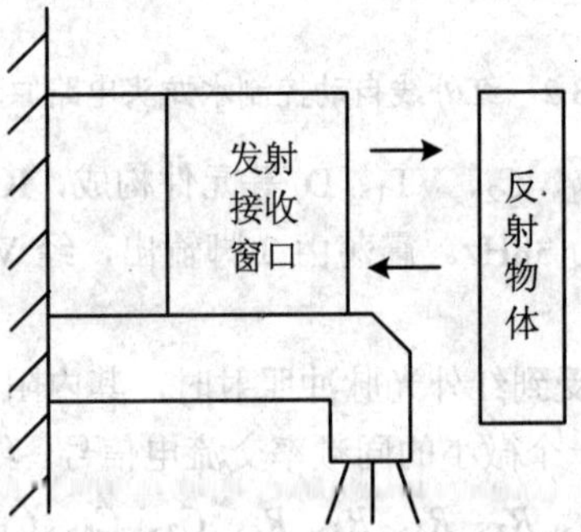

图 4.3.4　整体安装图

（二）元器件的选型

G_1～G_3 选用一片 4000 系列的 COMS 六非门 CD4069 或 74HC04。VD_3、VD_4、VD_9 用 IN4148，VD_6、VD_8 用 IN4007，D_7 用 6V/1W 硅稳压管。K_1 用 JRX－13F。DF 用 DF－1 型电磁阀，VT_1～VT_3 用 CS9013，$\beta \geqslant 100$。C_{10} 用电扇电容，耐压要大于 400V，电阻 R_8 用 1W 金属膜电阻。

红外线自动控制水龙头元器件清单表如表 4.3.1 所示。

表 4.3.1　红外线自动控制水龙头元器件清单

符号	名称	规格
G_1～G_3	COMS 六非门	CD4069
VD_3、VD_4、VD_9	二极管	1N4148
VD_6、VD_8	二极管	1N4007
ZD_7	6V/1W 硅稳压管	2CW
K_1	继电器	JRX-13F

续表

符号	名称	规格
DF	电磁阀	DF－1
VT_1～VT_3	NPN 小功率三极管	CS9013
R_1	1/8 碳膜电阻	47kΩ
R_2	1/8 碳膜电阻	100kΩ
R_3	1/8 碳膜电阻	10kΩ
R_7	1/8 碳膜电阻	470kΩ
R_4，R_5	1/8 碳膜电阻	4.3kΩ
R_6	1/8 碳膜电阻	20kΩ
R_{11}	1/8 碳膜电阻	150kΩ
D_1	红外发光二极管	TLN101
D_2	红外光敏二极管	PH302
D_5	变色发光二极管	2EF301
R_9	1/8 碳膜电阻	330kΩ
R_{10}	1/8 碳膜电阻	2kΩ
R_8	1W 金属膜电阻	100Ω
R_{13}	1/2 金属膜电阻	1MΩ
C_{10}	无极性电容（耐压≥400V）	2μF
C_1	瓷片电容	330pF
C_2	涤纶电容	0.01μF
C_3、C_4	瓷片电容	100pF
C_5	瓷片电容	200pF
C_6	涤纶电容	0.1μF
C_7	电解电容（耐压 25V）	1μF
C_8	电解电容（耐压 25V）	1μF
C_9	电解电容（耐压 25V）	100μF
C_{11}	电解电容（耐压 25V）	220μF
R_{12}	1/8 碳膜电阻	100Ω
RP_1	半可调电阻	20kΩ
RP_2	半可调电阻	2kΩ

需要注意的是电路板可能带电，调试安装时，人身不得触及带电线路，以免发生危险；电路板要用绝缘材料封闭好，防止进水，也防止人们触及电路。

项目四　数字频器计

一、电路分析

数字频器计是近代电子技术领域重要的测量工具之一，同时也是其他许多领域广泛应用的测量仪器，数字频率计具有测量精度高、读数直观、使用方便等优点，下面介绍简易数字频率计的原理以及制作和调试方法。

（一）数字频率计的性能指标

本节内容介绍的数字频率计采用模拟时钟集成电路和 COMS 数字集成电路，其性能指标如下：

（1）测量范围：1Hz～99.999kHz。

（2）分辨率：1Hz。

（3）输入灵敏度：<30mV。

（4）输入阻抗：1MΩ。

（5）输入电容：15pF。

（6）输入波形：正弦波、方波、三角波。

（7）最高输入电压：50V。

（8）显示方式：5 位 LED 数码管显示。

（二）数字频率计的电路结构与工作原理

数字频率计原理框图如图 4.4.1 所示，被测量信号经放大、整形后，送入闸门电路，由时基脉冲产生器产生的时基信号经门控电路形成控制方波，在方波期间开启闸门，计数器进行计数，并以十进制的方式显示结果。数字频率计的电路原理图如图 4.4.2 所示。

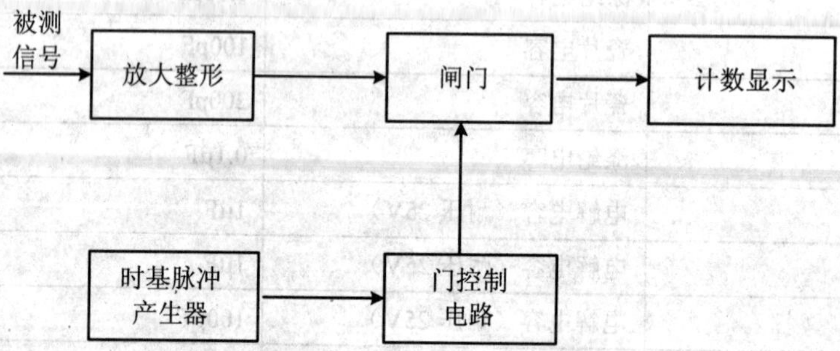

图 4.4.1　数字频率计原理框图

1. 被检测信号处理电路

被检测信号的处理电路由 V_3、VT_4、VD_3、VD_4、G_5、G_6 及外围元件组成，对输入信号进行放大、整形处理。输入信号由 IN 输入，V_3、VT_1 组成宽频带放大器，V_3 为场效应管，用于提高输入电阻。CMOS 反相器 G_5、G_6 和电阻 R_{14}、R_{15} 构成施密特触发器，将模拟信号变换成边沿陡直的方波脉冲送入计数器。VD_3、VD_4 为保护二极管。

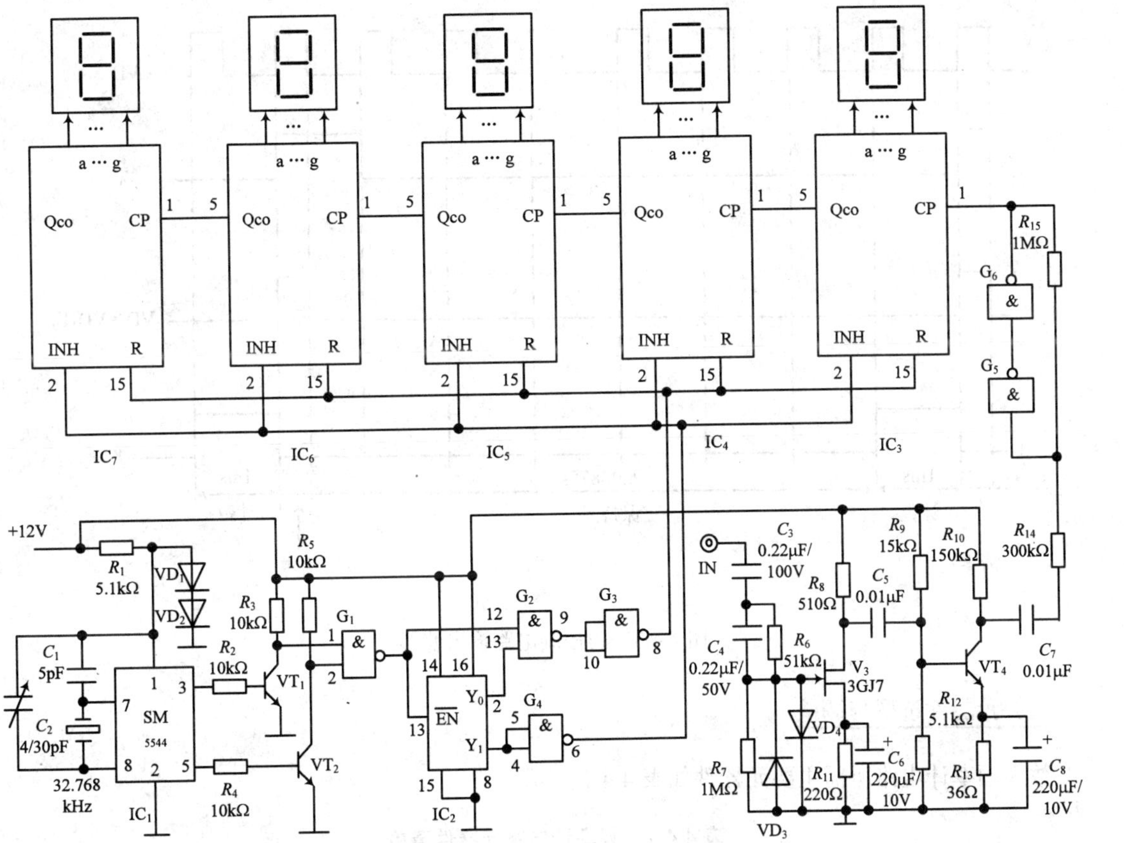

图 4.4.2 数字频率计电路原理图

2. 5 位计数显示电路

电路采用 5 片 CD4026（IC_3～IC_7）和 5 个 LED 数码管组成 5 位十进制数显示器。CD4026 内部包括十进制计数器和 7 段译码器两部分，译码器输出可以直接驱动 LED 数码管。R 为清零端，当 R=1 时，计数器直接清零。INH 端接闸门控制信号，当 INH=0 时，计数器开始计数，当 INT=1 时，停止计数，但显示的结果被保留，电路采用 12V 供电，以满足直接驱动 LED 的要求。

3. 闸门控制电路

闸门控制电路由 IC_1、IC_2、G_1、G_2、G_3、G_4、VT_1、VT_2 组成。IC_1 为石英钟集成电路 SM5544，该集成电路内包含 32.768kHz 晶振、多级分频、放大驱动等电路，7 脚和 8 脚外接 32.768kHz 晶振，VD_1、VD_2、R_1 为其提供 1.5V 电源电压。引脚 3、5 交替输出窄脉冲信号，脉冲宽 31.25ms，周期 2s，3 脚和 5 脚输出脉冲时差 1s，由于石英钟电路工作电压为 1.5V，而整个系统工作电压为 12V，因而用 VT_1、VT_2 进行逻辑电平转换，反相输出后再通过与非门 G_1 输出周期 1s 的窄脉冲串，如图 4.4.3 所示。八进制计数/分配器 IC_2 和与非门 G_2、G_3、G_4 对秒脉冲信号进行处理，形成清零信号 R 和闸门控制信号 INT，使计数器按照"清零（31.25ms）→计数（1s）→显示（6.96875ms）→清零……"的模式循环工作，其时间关系如图 4.4.3 所示。在一个循环中，清零和计数的时间一共只有 1s 多，而显示时间近 7s，可以方便地读取数据。

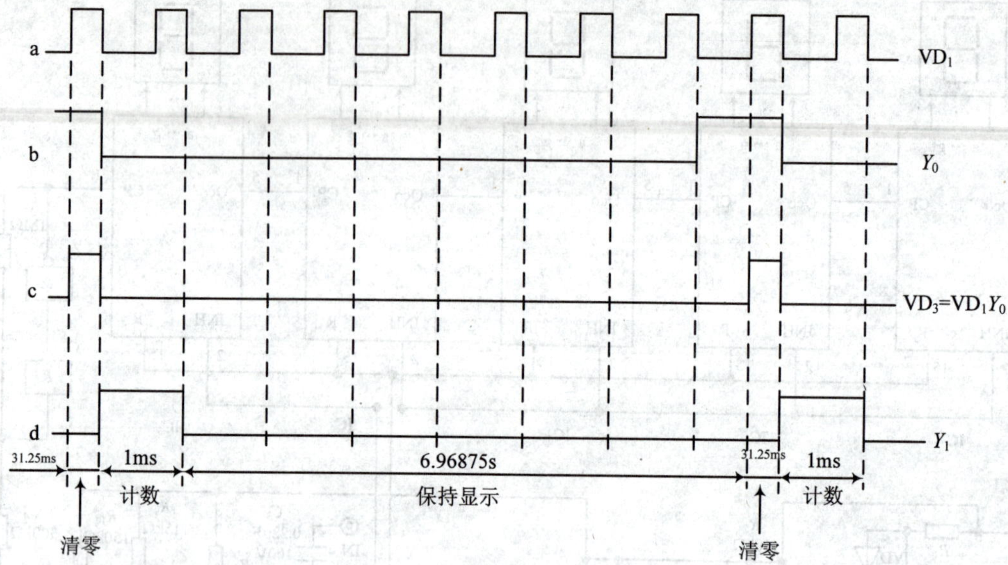

图 4.4.3　门控制电路输出波形

二、元器件选型与调试

数字频率计电路所需主要元器件如表 4.4.1 所示。

表 4.4.1　频率计电路元器件清单

符号	名称	规格/型号
IC_1	石英钟集成电路	SM5544
IC_2	CMOS 八进制计数/分配器	CC4022
IC_3～IC_7	CMOS 十进制计数/7 段译码器	CC4026
G_1～G_4	CMOS 四二输入与非门	C036
G_5～G_6	CMOS 六反相器	C033
VT_1、VT_2	三极管	9013
V_3	场效应管	3GJ7
VT_4	三极管	9018
VD_1～VD_2	二极管	1N4001
VD_3～VD_4	二极管	1N4148
R_1、R_{12}	碳膜电阻	5.1kΩ，1/8W
R_2、R_3、R_4、R_5	碳膜电阻	10kΩ，1/8W
R_6	碳膜电阻	51kΩ，1/8W
R_7、R_{15}	碳膜电阻	1MΩ，1/8W
R_8	碳膜电阻	510kΩ，1/8W
R_9	碳膜电阻	15kΩ

续表

符号	名称	规格/型号
R_{10}	碳膜电阻	150Ω
R_{11}	碳膜电阻	220Ω
R_{13}	碳膜电阻	36Ω
R_{14}	碳膜电阻	300kΩ
C_1	瓷片电容	5pF
C_2	可调电容器	4～30pF
C_3	涤纶电容	0.22μF/100V
C_4	电解电容	220μF/50V
C_5、C_7	瓷片电容	0.01μF
C_6、C_8	电解电容	220μF/10V

数字频率计可以分装在两块印制电路板上：主电路板和控制电路板。

输入信号放大与整形电路以及计数显示电路安装在主电路板上。数码管全部焊在电路板铜箔面上，以便电路板装入机壳后，可以从显示窗口看到数码管，为防止干扰，信号输入放大与整形电路应加以屏蔽，可用薄铜皮或铁皮制一屏蔽罩将这部分电路罩起来，并将屏蔽罩接地。控制电路板包括闸门产生、控制电路及电源电路。

主电路板固定在面板后边，控制电路板、电源电路板以及电源变压器固定在面板上。输入插座至主电路板输入端的连线须用屏蔽线，探头线也用长度约 1m 的屏蔽线制作。

将各部分链接好，反复核对无误后，便可通电调试。主要是调整晶振频率为准确的 32.768kHz，其他部分无须调试。调试方法有两种：一种是用标准多功能数字频率计测量与非门 G1 输出的秒脉冲信号周期，调节晶振微调电容 C_1、C_2，使周期 T=1s（必须精确）；另一种方法是用本机与标准数字频率计同时测量某一信号，调节 C_1、C_2，使本机读数与标准数字频率计一致。

数字频率计电路中集成电路：共阴极数码管、CC036、C033、SM5544、CC4022、CC4026 的引脚图如图 4.4.4 所示。

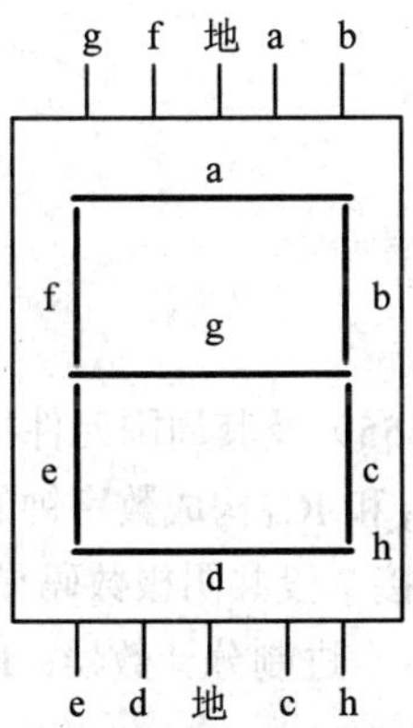

（a）　共阴极数码管

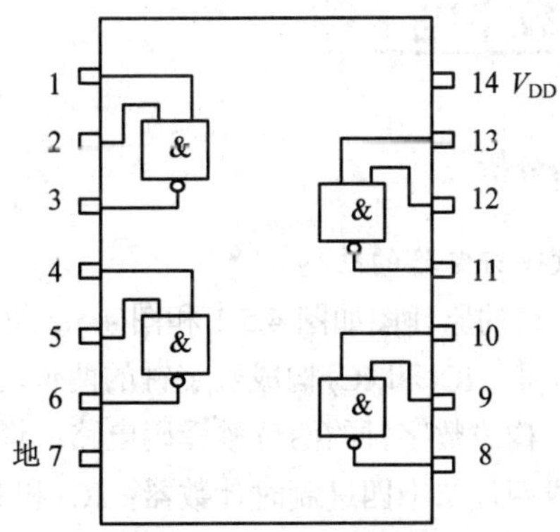

（b）　CC036

图 4.4.4　集成电路引脚图

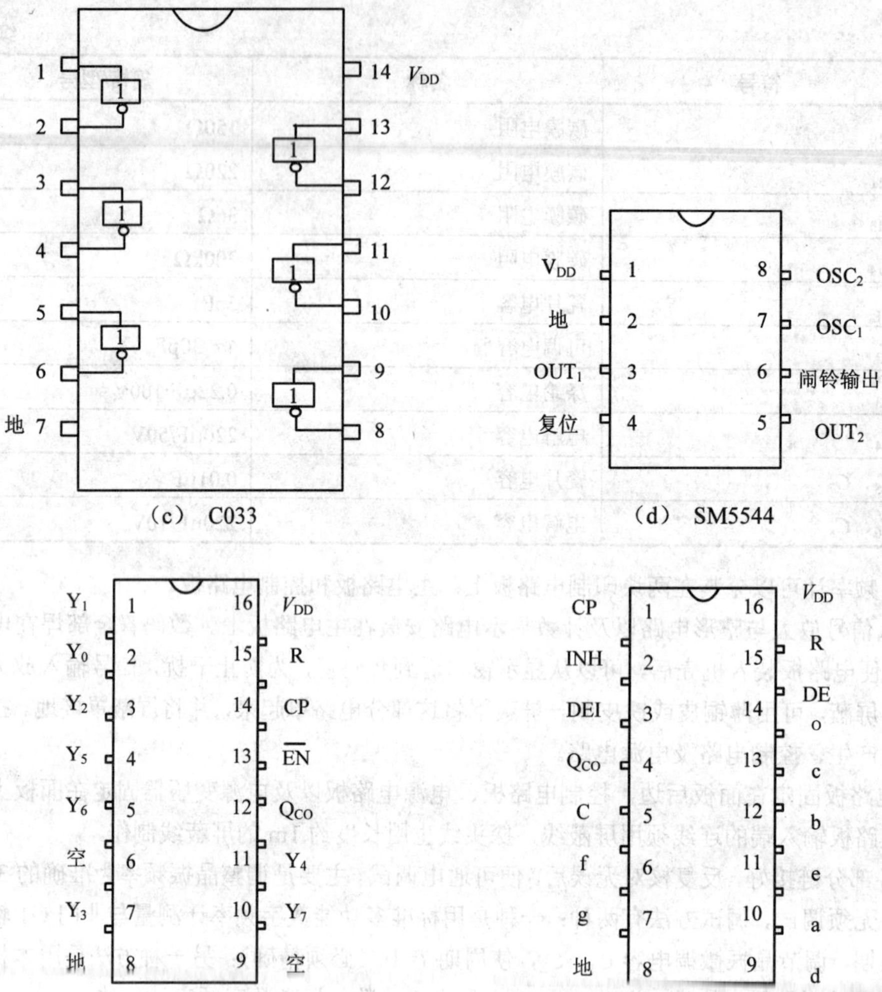

（c） C033

（d） SM5544

（e） CC4022

（f） CC4026

图 4.4.4 集成电路引脚图（续）

项目五　数字电子钟

一、电路分析

（一）数字钟电路的结构

数字钟电路的原理图如图 4.5.1 和图 4.5.2 所示。IC_{13}（NE555）及其周围元件构成秒信号发生器，产生秒信号；IC_1 和 IC_2 构成数字钟的两位时译码电路；IC_3 和 IC_4 构成数字钟的两位分译码电路；IC_5 和 IC_6 构成数字钟的两位秒译码电路；译码器的输出均接 7 段共阴极数码显示器 LC5012；IC_7 和 IC_8 构成两位二十四进制时计数器；IC_9 和 IC_{10} 构成两位六十进制分计数器；IC_{11} 和 IC_{12} 构成两位六十进制秒计数器。

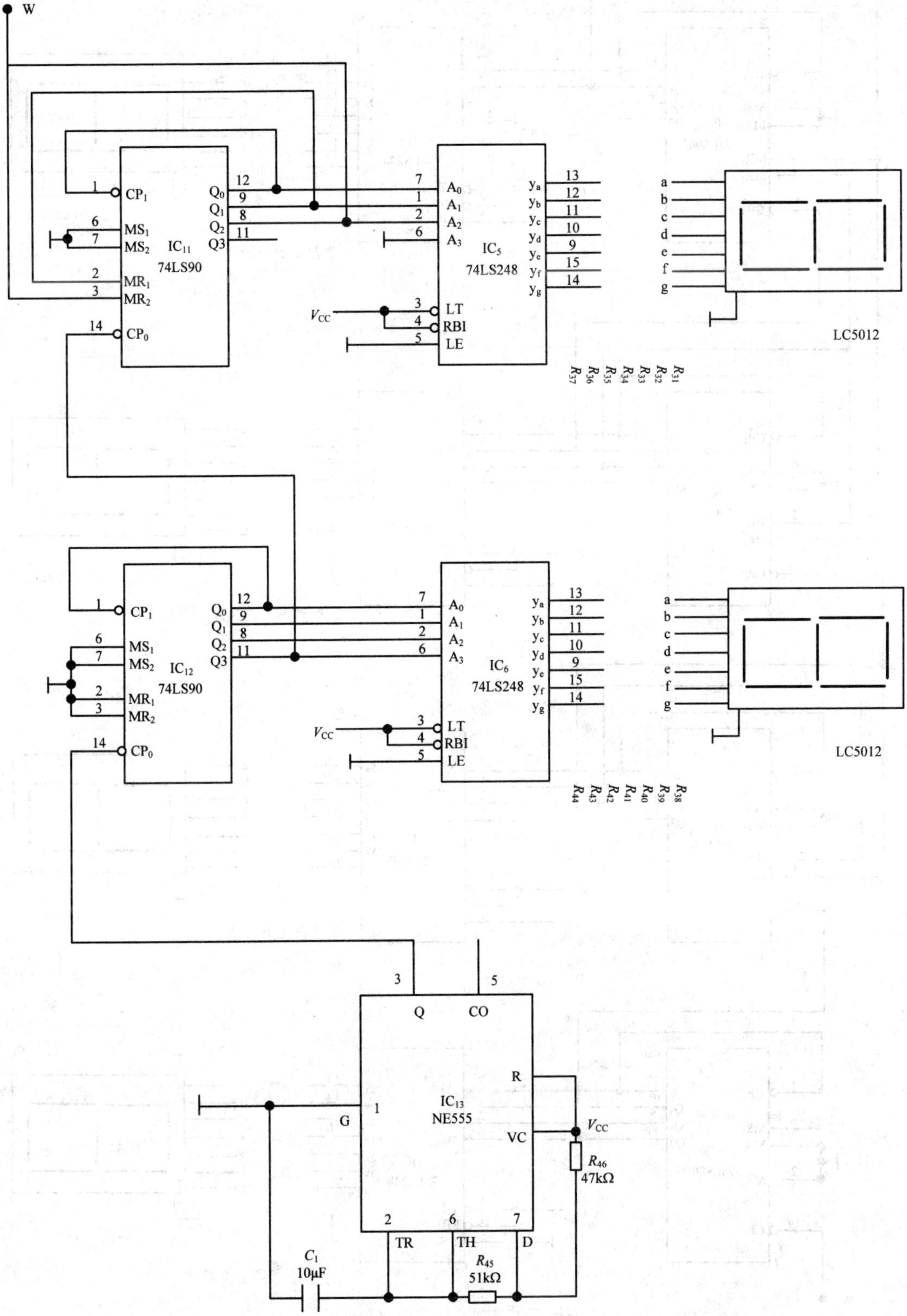

图 4.5.1 数字钟电路第一部分

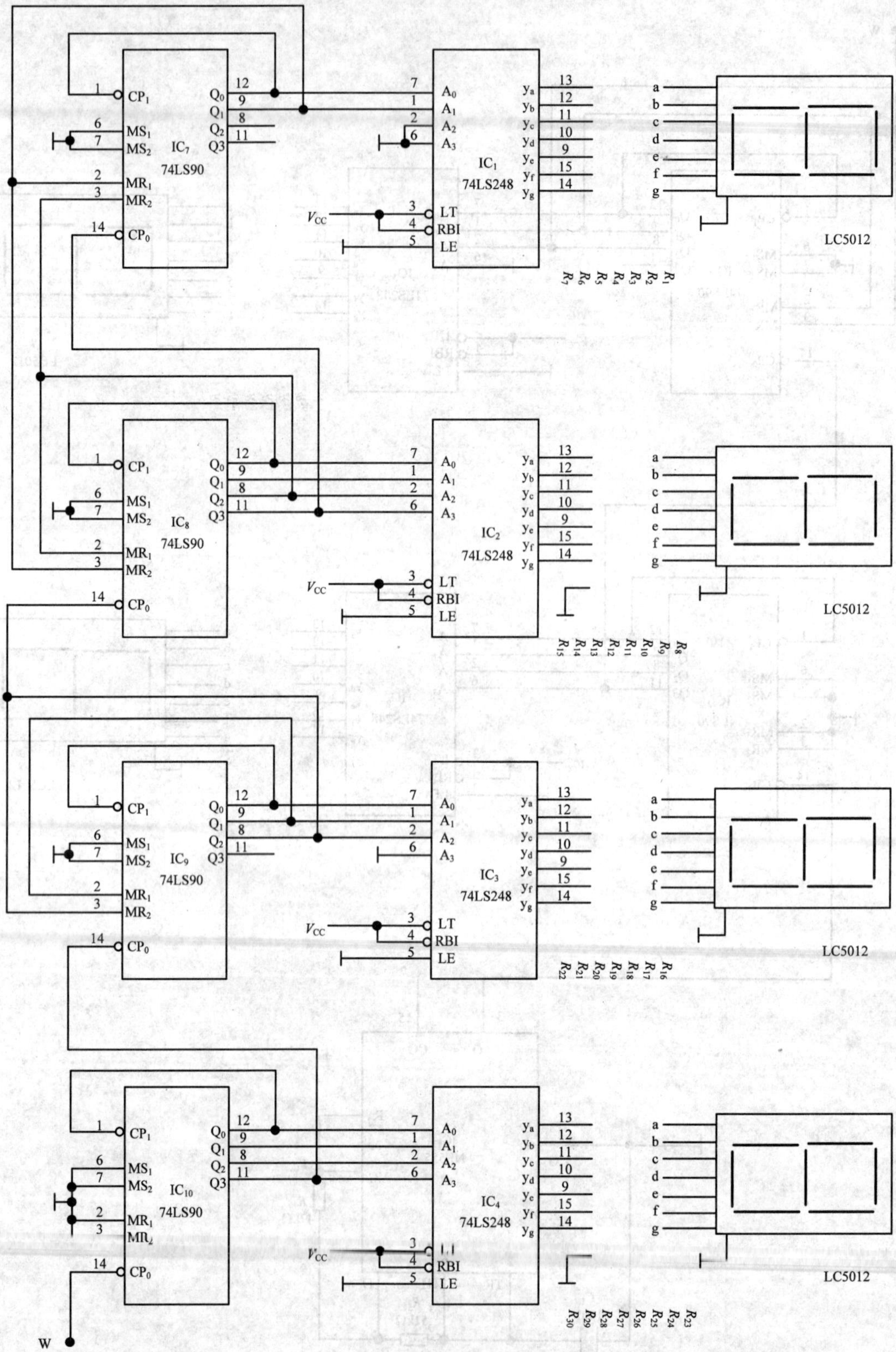

图 4.5.2　数字钟电路第二部分

其中，IC_1、IC_2、IC_3、IC_4、IC_5和IC_6与7段数码管LC5012的连接部分均分别使用了7个限流电阻。但R_{15}、R_{30}与IC_2、IC_4并不连接，而是一端接地，一端通过发沈二级管接LC5012，作用是显示时、分、秒之间的冒号，如12时30分30秒，显示为12:30:30。由于此部分非电路主体部分，在图4.5.1和图4.5.2中略去未画出。但不影响总体的物理意义。

（二）工作原理

计数、译码、显示电路由555定时器构成多谐振荡器，产生秒信号，由74LS90或74LS160构成六十进制和二十四进制计数器，计数器的输出送入7段译码驱动显示器74LS248进行译码，译码输出直接驱动共阴极数码管进行显示。

二、元器件选型与调试

电路中，定时器电路可以选用NE555或CC7555定时器，其中NE555为TTL电路，CC7555为CMOS门电路。计数器可以选用74LS90，74LS90为二－五－十进制计数器，通过适当的连接可以构成二进制、五进制、或十进制计数器，本电路中，我们先将每片计数器接成十进制计数器，再分别用两片计数器电路构成六十、六十和二十四进制计数器，作为数字钟的的秒、分和时。译码器可以选用7段译码器显示电路74LS248，用来驱动共阴极数码显示器，数码显示器可选用LC5012七段显示器。

（一）安装、调试

计数译码显示电路可以在电子线路插接板上安装，安装时，应该注意以下几个问题：

（1）必须弄清楚各集成电路管脚的功能，然后根据所示原理图画出布线图，再根据布线图插接电路，也可以直接根据原理图布线。

（2）各连接导线剥离出的裸露部分长度应合适，一般在6～8mm为宜。接线一定要仔细，不能插错位置。

（3）各集成电路的电源端和地端都应该接通，避免漏电。

（4）所选导线粗细要合适，避免造成接触不良。

调试时，可分为分级调试和通调两步进行。分级调试时，由555定时器产生的秒信号送入计数器的秒输入端，调节秒计数部分，再将此信号直接送到分信号输入端，对分计数部分进行调试，最后将此信号送入时信号输入端对时计数部分进行调试，各部分调试无误后，再进行通调。通调时，可将由555电路产生的信号断开，直接由函数信号发生器提供一方波信号，使信号的幅度值在2V左右，信号的频率由低到高慢慢增加，注意观察计数器的计数情况。

（二）常见故障的排除

在电子线路插接板上安装电路时，最常见的故障为电路连错、接触不良和器件损坏。查找故障的方法常用测电阻法和测电压法。

1. 电阻法

一般用于电路接触不良故障的查找。查找时，先不接通电源，用万用表的电阻档测试电路中相连两点间的电阻，看这两点是否连通，若不通，则说明中间导线接触不良。

2. 电压法

接通电源，用万用表的电压档测试电路中相连的两点间的电压或任意点的对地电压，根据电压值的大小判断电路故障。

（1）若电路中任意相连的两点间的电压不为零，则说明该两点间有导线接触不良。

（2）若电路中任意集成电路的一个输入端与另一个集成电路的输出端相连，而该点不接其他器件，则该点对地的电位或为高电平，或为低电平，若测得的电平为 2V 左右，则说明该输入端与输出端之间接触不良。

（3）若测得集成电路电源脚对地端之间的电压不是 5V，则说明电源接触不良；若集成电路电源脚电位不是 5V，则说明该电路电源没有接通；若地端电位不是 0，则说明该地端接触不良。

（4）若测得某集成电路各管脚（电源和地除外）的电位都是 5V 和 0V，则说明该集成电路已经损坏。

（三）元器件清单及器件说明

1. 元器件清单

数字钟电路的元器件清单如表 4.5.1 所示。

表 4.5.1　数字钟电路元器件清单

符号	名称	数量
LC5012	共阴极数码管	6 片
74LS90(74LS160)	二、五、十进制计数器（十进制计数器）	6 片
74LS28	驱动译码器	6 片
CC7555 或 NE555	集成定时器	1 片
R_{45}	51kΩ 电阻	1 只
R_{46}	47kΩ 电阻	1 只
C	10μF/16V 电容	1 只
R_1～R_{44}	100Ω 电阻	44 只

2. NE555 功能表

555 定时电路的功能表可参见模块二。

项目六　红外线遥控器

一、电路分析

在现代家用电子产品中，红外线遥控装置应用广泛。本节介绍一种红外线遥控电源开关，可以用来遥控电灯、电风扇等家用电器的开关，它具有下列特点：红外线发射机体积小，可以扣在钥匙串上，使用方便；采用音频解码电路，抗干扰性能好；灵敏度高，控制距离可以达 10m 以上。

（一）红外线遥控发射器

红外线遥控发射器的电路如图 4.6.1 所示。

1. 工作原理

CMOS 集成电路 CD4011 为四二输入与非门，G_1、G_2、R_3、R_4、C_3 等组成频率为 1kHz 的方波发生器，频率由 R_4、C_3 决定；G_3、G_4、R_5、R_6、C_4 等组成频率为 40kHz 的方波发生器，频率由 R_6、C_4 决定；R_2、C_2 等组成延时电路，使每次按下控制按钮 S 时电路工作时间受到控制，从而节省电能，以便使用氧化银或碱锰纽扣电池，减小发射器体积。

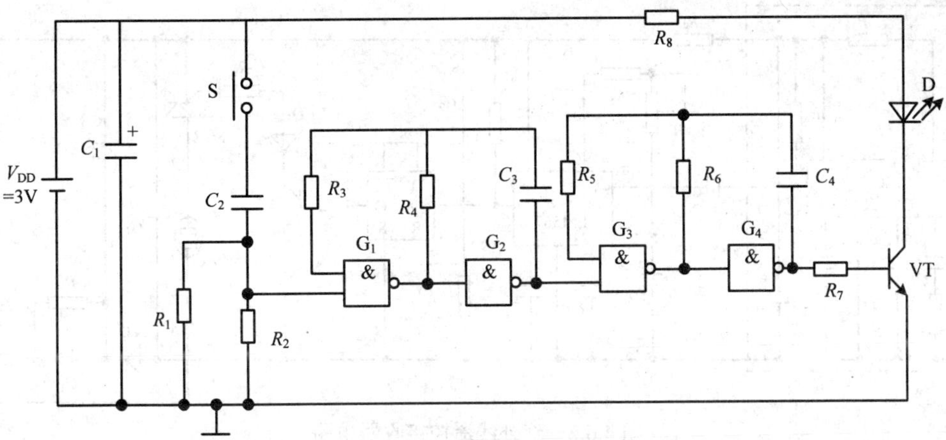

图 4.6.1　红外线遥控发射器电路

当 S 未按下时，A、B、C 点均为低电平，三极管 VT 截至，电路静态电流接近零；当 S 按下时，C_2 通过 R_2 充电，A 点起始电位为高电平，B 点输出 1kHz 的脉冲，C 点输出受 B 点脉冲调制的 40kHz 的脉冲信号，三极管 VT 推动红外线发射二极管 D 发出受调制的红外线。随着 C_2 的充电，A 点电位下降，当其小于 $0.5V_{DD}$（V_{DD} 为集成电路电源电压）时，电路停振，VT 截至。由 R_2、C_2 组成的延时电路的延时时间约为 0.2 秒，使得每次按下 S 后发射器工作时间不超过 0.2 秒。S 释放后 C_2 通过 R_1、R_2 放电，恢复到初始状态。

2. 元器件清单

红外线遥控发射器电路元器件清单如表 4.6.1 所示。

表 4.6.1　红外线遥控发射器电路元器件清单

符号	名称	规格
R_1、R_5	电阻	200kΩ
R_2	电阻	150Ω
R_3	电阻	1MΩ
R_4	电阻	100kΩ
R_6	电阻	24kΩ
R_7	电阻	3kΩ
R_8	电阻	30Ω
C_1	电容器	47μF
C_2	电容器	2.2μF
C_3	电容器	4700pF
C_4	电容器	470pF
VT	三极管	9014
D	红外线发射二极管	SE303
IC	四一二输入与非门	CD4011

（二）红外线遥控接收器

红外线遥控接收器的电路如图 4.6.2 所示。

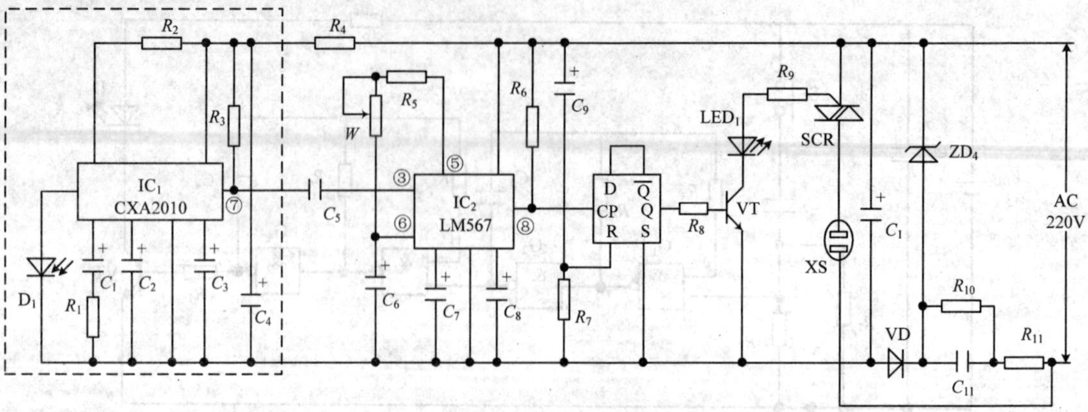

图 4.6.2　红外线遥控接收器电路

1. *工作原理*

图中 VD、D_4、C_{11} 等组成电容降压稳压电源。ZD_4 既给 C_{11} 反向充电提供通路，又起到稳压的作用。D_1 是红外接受二极管。IC_1 是接收红外信号的专用集成电路 CXA20106。

由发射器发出的 40kHz 红外线信号由 D_1 转化成电信号，经 IC_1 放大、限幅、带通滤波、检波和整形后在其输出端⑦脚得到 1kHz 的音频电信号。改变 R_1 可以改变 CXA20106 内部放大器的增益。IC_1 内部带通滤波器的中心频率为 40kHz。

IC_2 为锁相环音频译码集成电路 LM567。其引脚⑤的外接电阻 $W+R_5$、⑥脚的电容 C_6 决定了内部压控振荡器 VCO 的中心频率 $f_0=\dfrac{1}{1.1(RP+R_5)\times C_6}$。当③脚输入幅度大于 25mV 时，频率在器件带宽 $0.95f_0$～$1.05f_0$ 内的信号时，经跟踪后 f_0 和③脚输入信号频率一致，此时⑧脚由高电平变为低电平。这里 f_0＝1kHz，当 $IC_1$⑦脚将 1kHz 信号输入 IC_2 的③脚后，⑧脚即输出一个负脉冲，其后沿（上升沿）可以作为双稳态电路的触发信号。当③脚的输入信号频率在器件带宽之外时，⑧电平不便，这就提高了电路的抗干扰能力。

IC_3 为双 D 触发器，图中将 D、$\bar{Q}$ 端相连构成 T′ 触发器电路，其中③每输入一个脉冲，触发器的状态就发生翻转。C_9、R_7 组成开机置零电路，双向可控硅 SCR 做电源开关。XS 为受控电器插座，当 Q 端为高电平时，VT 导通，使 SCR 导通，用电器导通，同时 LD_1 发光；反之 SCR 截止，用电器断电。

综上所述，每按一下发射器的按钮开关 S，接收器的 SCR 即改变一次开关状态，从而控制用电器的开关。

2. 元件清单

红外线遥控接收器电路元件清单如表 4.6.2 所示。

表 4.6.2　红外线遥控接收器电路元件清单

符号	名称	规格
R_1	电阻	10Ω
R_2	电阻	200kΩ
R_3、R_6、R_7	电阻	20kΩ
R_4	电阻	200Ω

续表

符号	名称	规格
R_5	电阻	8.2kΩ
R_8	电阻	10kΩ
R_9	电阻	240Ω
R_{10}	电阻	1MΩ
R_{11}	电阻	100Ω
C_1	电解电容器	1μF/16V
C_2、C_9	电解电容器	4.7μF/16V
C_3	电容器	1000pF
C_4	电解电容器	47μF/16V
C_5	电容器	0.047μF
C_6	电容器	0.1μF
C_7	电解电容器	2.2μF/16V
C_8	电解电容器	10μF/16V
C_{10}	电解电容器	470μF/16V
C_{11}	电解电容器	0.68μF/16V
D_1	红外光敏二极管	PH302
LED_1	发光二极管	
VD	二极管	1N4007
ZD_4	稳压二极管	6V
SCR	双向可控硅	3A/400V 负向触发电流<15mA
VT	三极管	9013
W	电位器	4.7kΩ
IC_1	红外线接收器	CXA20106
IC_2	锁相环音频译码器	LM567
IC_3	双 D 触发器	CD4013

二、元器件选型与调试

发射器中的纽扣电池用 SR44 或 LR44，电池支架用磷铜皮制作，直接焊在印制板上即可。S 用微型按钮开关。

接收器中 SCR 用 3A/400V、负向触发电流小于 15mA 的双向可控硅。D_4 用稳压值 6V、工作电流大于 30mA 的稳压二极管，如 2CW54。LED_1 选用 $\Phi5$ 红色发光二极管。IC_1 及周围元件要用铁皮作屏蔽盒，在对应 D_1 的位置上开一个窗口，使红外线通过。

发射器只要安装无误，不需要调试即可以正常工作。

调试接收器时，先将发射器中 C_2 的两端用导线短接。按下 S，使发射器发出红外线。接通接收器的电源，调节 W 使 IC_2 的⑧脚输出低电平；松开 S，IC_2 的⑧脚即恢复高电平。由于接收器电源采用电容降压，因此整个接收器均和交流电相连，容易触电，调试时应加倍小心，必要时可用

6V 直流电源接在 C_{10} 两端进行调试。

上述调试结束后，拆掉发射器 C_2 上的短接线，接收器接上 220V 交流电源，XS 接上电灯作负载。将发射器和接收器拉开一定的距离，按动 S 应能控制电灯的开关。如果电灯点亮时亮度不稳，说明 SCR 的触发电流偏小，可适当减小 R_9 的阻值，并相应增加 C_{11} 的电容量，或换用触发电流小的双向可控硅。

习题四

4.1　分析如图 4.1.1 所示带门铃的编码电子锁电路的开锁原理。

4.2　说明如图 4.1.1 所示带门铃的编码电子锁电路中 R_1、C_1 的作用。当 R_1、C_1 发生变化时，电路功能将有什么改变？

4.3　说明如图 4.2.1 所示 3 位计数、译码、显示电路中 74LS160（1）和 74LS160（2）之间与非门的作用。

4.4　分析如图 4.2.1 所示 3 位计数、译码和显示电路的工作原理。

4.5　分析如图 4.3.2 所示红外线自动控制水龙头电路中 VD、ZD_7、VD 以及 C_{10} 的作用和工作原理。

4.6　分析如图 4.4.2 所示数字频率计电路的工作原理。

4.7　设计组装一个数字钟。

4.8　分析如图 4.6.2 所示红外线遥控接收器电路的工作原理。

习题参考答案

习题一

1.1　（1）$1\times10^3+9\times10^2+3\times10^1+7\times10^0$

（2）$2\times10^3+0\times10^2+1\times10^1+0\times10^0$

（3）$1\times2^3+1\times2^2+0\times2^1+1\times2^0$

（4）$0\times2^3+1\times2^2+1\times2^1+0\times2^0$

（5）$3\times8^8+7\times8^1+5\times8^0$

（6）$3\times8^8+2\times8^1+0\times8^0$

（7）$2\times16^{16}+13\times16^1+14\times16^0$

（8）$15\times16^{16}+13\times16^1+8\times16^0$

1.2　（1）1100100　　（2）10000000001　　（3）1101.101

1.3　（1）9　　（2）86　　（3）119

1.4　（1）$[10101010]_2=[252]_8=[\text{AA}]_{16}$

（2）$[10011100]_2=[234]_8=[9\text{C}]_{16}$

（3）$[1100111011]_2=[1473]_8=[33\text{B}]_{16}$

（4）$[154]_{10}-[10011010]_2=[232]_8=[9\text{A}]_{16}$

（5）$[11110011]_2=[363]_8=[\text{F}3]_{16}=[243]_{10}$

1.5　（1）001001100011　　（2）001001100011　　（3）001010010011

1.6　（1）110 111 011 001　　（2）000　001 100 110

（3）100 101 000 010 011 110　　（4）110 111 010 110

1.7～1.9　略

1.10　（1）$Y=AB$

（2）$Y=C$

（3）$Y = AB + \overline{C}$

（4）$Y = 1$

（5）$Y = \overline{A} + \overline{B} + \overline{C}$

（6）$Y = \overline{B} + AC + \overline{A}\,\overline{C}$

（7）$Y = 1$

（8）$Y = AB + \overline{A}D$

1.11 （1）$Y' = \overline{A\overline{B\overline{C}}}$

（2）$Y' = A\overline{B} + \overline{A}B + BC + \overline{A}C$

（3）$Y' = (A+B)(B+\overline{D})(\overline{B}+C)(\overline{C}+D)$

（4）$Y' = \overline{\overline{\overline{AB}}(C+D)} + \overline{\overline{\overline{CD}}(A+B)}$

1.12 （1）$\overline{Y} = (\overline{A}+B)(C+D)$

（2）$\overline{Y} = (A+B)(B+D) + (\overline{A}+\overline{C})(\overline{B}+\overline{D})$

（3）$\overline{Y} = (\overline{A}+\overline{\overline{B}C})(A+\overline{D})$

1.13 略

1.14 （1）$Y=\sum(3,5,6,7)$

（2）$Y=\sum(0,1,2,3,4,5,8,10)$

（3）$Y=\sum(14,15)$

（4）$Y=\sum(4,5,6,7,9,12,14)$

1.15 （1）$F = XY + \overline{X}\,\overline{Z}$

（2）$Y = \overline{A} + \overline{B}$

（3）$Y = BD + \overline{A}\,\overline{C}\,\overline{D} + \overline{A}B + \overline{A}CD + A\overline{B}\,\overline{D}$

（4）$Y = AC + BC + C\overline{D}$

（5）$Y(A,B,C) = \overline{C} + A\overline{B}$

（6）$Y(A,B,C,D) = ABC + ABD + BCD$

（7）$Y(A,B,C,D) = \overline{B}\,\overline{D} + BD$

（8）$Y(A,B,C,D) = A\overline{B} + AD + BC + C\overline{D}$

（9）$Y(A,B,C,D) = B\overline{D} + \overline{B}D + CD$

1.16 略

1.17 （1）$Y(A,B,C,D) = \overline{A}\,\overline{B} + C\overline{D} + \overline{B}\,\overline{D}$

$\sum d(10,11,12,13,14,15) = 0$

（2）$Y(A,B,C,D) = \overline{CD} + CD + \overline{AD}$

$\sum d(0,1,3,8,9,11) = 0$

1.18 （1）$Y(A,B,C) = \overline{A}\,\overline{C} + B \quad (AB + AC = 0)$

（2）$Y(A,B,C,D) = B + C + A\overline{C}\,\overline{D}\ (AB + AC = 0)$

1.19 （a）

图（a）真值表

A	B	Y
0	0	0
0	1	0
1	0	0
1	1	1

表达式：$Y=AB$

（b）

图（b）真值表

A	B	Y
0	0	0
0	1	1
1	0	1
1	1	1

表达式：$Y=A+B$

1.20　在组合电路中，任意时刻的输出状态只取决于该时刻的输入状态，而与该时刻前的电路状态无关，即输入和输出的关系具有即时性。各类门电路，在逻辑功能上均符合这一特点，都属组合电路。所谓分析，即给定某一个逻辑电路，通过推导计算得出电路的逻辑功能。

常用分析方法步骤：由逻辑图写出各输出端的逻辑表达式，可以从输入到输出或从输出到输入逐级写出；如果写出的逻辑表达式不是最简形式，要进行化简或变换，得到最简式；根据最简式列出真值表；根据真值表或最简式对逻辑电路进行分析，最后确定其功能。

1.21　（a）$Y=A \oplus B \oplus C \oplus D$

（b）$Y_1 = \overline{\overline{A}B + A\overline{B}}$　$Y_2=A \oplus B$

1.22　$Y = \overline{\overline{BCD}\,\overline{ACD}\,\overline{ABD}\,\overline{ABC}}$　电路图略

1.23　$Y_1 = \overline{D_3 D_2 D_1 D_0}$

$Y_2 = \overline{D_3}\,\overline{D_2} D_1 D_0 + \overline{D_3} D_2 \overline{D_1} D_0 + \overline{D_3} D_2 D_1 \overline{D_0}$

$+D_3 \overline{D_2}\,\overline{D_1} D_0 + D_3 \overline{D_2} D_1 \overline{D_0} + D_3 D_2 \overline{D_1}\,\overline{D_0}$

$Y_3 = D_3 \oplus D_2 \oplus D_1 \oplus D_0$　电路图略

1.24　$Y_1 = \overline{B_0}$

$Y_2 = \overline{B_3 B_2 B_1 B_0} + \overline{B_3} B_2 \overline{B_1} B_0 + B_3 \overline{B_2} B_1 \overline{B_0} + B_3 B_2 B_1 B_0$

$Y_3 = B_3 + B_2 B_0 + B_2 B_1$

$Y_4 = \overline{B_3} + \overline{B_2 B_1}$　电路图略

1.25　$Y=A \oplus B$　电路图略

1.26　$Y_{小}=\sum(1,2,4,7)$

$Y_{大}=\sum(3,5,6,7)$　电路图略

1.27　存在竞争冒险

习题二

2.1　略

2.2　0.61V　　1.4V

2.3　U_{NLA}=08V　　U_{NLB}=0.6V　　U_{NLA}=1.7V　　U_{NHB}=1.3V

2.4　270Ω

2.5　（a）正确；（b）错误；（c）正确；（d）错误；（e）正确；（f）正确。

2.6

真值表

A_1	A_0	Y
0	0	D_0
0	1	D_1
1	0	D_2
1	1	D_3

2.7　参见 2.6

2.8～2.23　略

2.24　触发器有两种主要的分类方法：

一是按照电路结构和工作特点的不同，分为基本触发器、同步触发器、主从触发器和边沿触发器。

二是根据时钟脉冲控制下逻辑功能的不同，可将时钟触发器分为 RS 型触发器、JK 型触发器、D 型触发器、T 型触发器和 T′ 型触发器等。

2.25～2.31　略

2.32　组合电路是由基本门电路所构成的，没有存储功能，其任意时刻的稳态输出仅取决于电路该时刻的输入。而在时序逻辑电路中，其任意时刻的稳态输出不仅取决于该时刻的输入，还与电路的原状态有关。特殊情况下（如 Moore 型时序电路），输出仅仅取决于电路的现态。

2.33～2.34　略

2.35　七进制计数器，可以自启动。图略。

2.36　六进制计数器，不可自启动。图略。

2.37　3 位二进制减法计数器，可以自启动。图略。

2.38　3 位二进制加法计数器，可以自启动。图略。

2.39　略

2.40　十二进制计数器。

2.41　十二进制计数器。

2.42　百进制计数器。

2.43　二十九进制计数器。

2.44～2.46　略

2.47 多谐振荡器是无稳态电路，有两个暂稳态，电源接通后无需外加信号而自激振荡。施密特触发器是双稳态电路，有 0、1 两个稳态，状态改变受外加信号控制。而单稳态触发器是单稳态电路，有一个稳态（0 态或 1 态）和一个暂稳态，在外加输入信号的作用下电路由稳态翻转到暂稳态，保持一段时间后自动返回。

2.48 施密特触发器不能寄存一位二进制数据，因为施密特触发器不具有记忆功能。

2.49

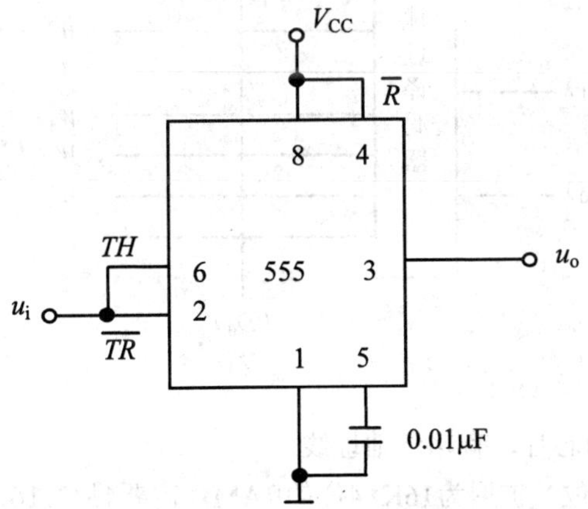

2.50 R 和 C 用于增加门 G_2 到 G_3 的传输延迟时间，R_S 是 G_3 的输入端限流保护电阻；增大 R 或 C 的值。

2.51 T=106μs　q=2/3

2.52 105ms

2.53 U_{T+}=10V　U_{T-}=5V　ΔU_T=5V

2.54 当放电管截止时，二极管 VD 导通，所以 555（I）电容充电时不通过 50kΩ电阻。因此 T_1=0.525s，T_2=1.4ms。图略。

2.55 39mV；2.4mV

2.56 01011010；10110101

2.57 010110011010；101101010100

2.58 （1）0.31V

（2）2.52V

（3）4.7V

2.59 31.37mV；1.95mV

2.60 （1）0.02V

（2）3V

（3）2.98V

2.61 $\frac{25}{6}$V

2.62～2.64 略

2.65　2048×8 位存储容量最大，有 11 根地址线，8 根数据线；1024×8 位有 10 根地址线，8 根数据线；4096×1 位有 12 根地址线，1 根数据线。

2.66　$Y_0=\sum m(1,3,6,7)$

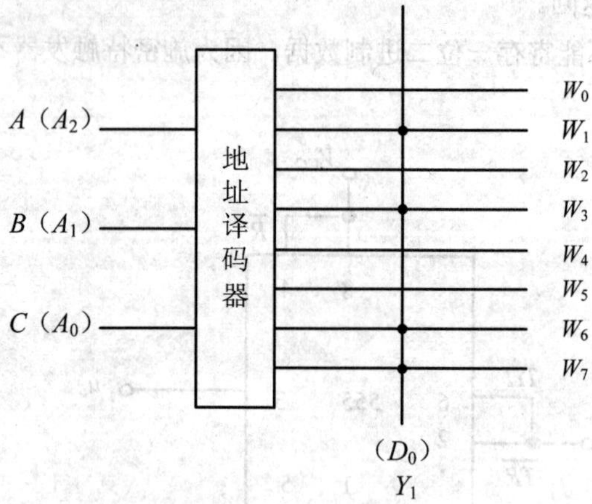

2.67　容量为16K×8的RAM芯片，有14条地址线。

2.68　用Intel 2116（16K×1位）扩展为16K×4位的RAM，需要4片2116，连线图参照图2.12.14。

2.69　用Intel 6264（8K×8位）扩展为16K×8位的RAM，连线图参照图2.12.13。

参考文献

[1] 阎石．数字电子技术基础．第 4 版．北京：高等教育出版社，1998．

[2] 康华光．电子技术基础（数字部分）．第 4 版．北京：高等教育出版社，2000．

[3] 余孟尝．数字电子技术基础简明教程．第二版．北京：高等教育出版社，1999．

[4] 余孟尝．数字电子技术基础简明教程教学指导书．北京：高等教育出版社，2004．

[5] 于晓平．数字电子技术．北京：科学出版社，2004．

[6] 邓元庆，贾鹏．数字电路与系统设计．西安：西安电子科技大学出版社，2003．

[7] 张申科，崔葛瑾．数字电子技术基础．北京：电子工业出版社，2005．

[8] 肖景和．实用报警电路 300 例．北京：中国电力出版社，2005．

[9] 黄继昌．数字集成电路应用 300 例．北京：人民邮电出版社，2002．

[10] 张延琪．常用电子电路 280 例解析．北京：中国电力出版社，2004．

[11] 胡斌．图表细说元器件及实用电路．北京：电子工业出版社，2005．

[12] 王公望．现代电子电路应用基础．西安：西安电子科技大学出版社，2003．

[13] 郭振民，丁红．电子设计自动化 EDA．北京：中国水利水电出版社，2009．

[14] 梅开乡．数字逻辑电路学习与实训指导．北京：电子工业出版社，2004．

[15] 李忠国．数字电子技能实训．北京：人民邮电出版社，2006．

[16] 吴慎山．数字电子技术实验与实践．北京：电子工业出版社，2011．

[17] 黄洁．数字电子技术应用基础．北京：电子工业出版社，2011．

[18] 谢兰清．数字电子技术项目教程．北京：电子工业出版社，2010．

21世纪 高职高专新概念规划教材

本套教材已出版百余种，发行量均达万册以上，深受广大师生和读者好评，近期根据作者自身教学体会以及各学校的使用建议，大部分教材已推出第二版，新版教材对原书内容进行了重新审核与更新，使其更能跟上计算机科学的发展、跟上高职高专教学改革的要求。

本套教材特色：

(1) 以《基本要求》和培养为编写依据，内容全面，结构合理，文字简练
(2) 采用“问题（任务）驱动”的编写方式，便于激发学习兴趣
(3) 精选实例并将知识点融于实例中，可读性、可操作性和实用性强
(4) 配有上机指导与实训教程，便于学生练习提高

21世纪 高职高专创新精品规划教材

引进高新技术，复合技术，培养创新精神和能力．教学资源丰富，满足教学一线的需求．

“教、学、做”一体化，强化能力培养
“工学结合”原则，提高社会实践能力
“案例教学”方法，增强可读性和可操作性

21世纪 高职高专规划教材

十一五 软件职业技术学院“十一五”规划教材

本套丛书特点：

（1）以实际工程项目为引导来说明各知识点，使学生学为所用。
（2）突出实习实训，重在培养学生的专业能力和实践能力。
（3）内容衔接合理，采用项目驱动的编写方式，完全按项目运作所需的知识体系设置结构。
（4）配套齐全，不仅包括教学用书，还包括实习实训材料、教学课件等，使用方便。

电脑美术与艺术设计实例教程丛书